物联网丛书

物联网的技术体系

杨震　等编著

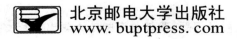
北京邮电大学出版社
www.buptpress.com

内 容 简 介

本书为物联网丛书第二册,即物联网的技术体系,包括物联网的感知技术、网络技术、应用技术、架构技术、安全技术等。可供广大从事该领域的工程技术科研人员及高校通信专业师生参考使用。

图书在版编目(CIP)数据

物联网的技术体系/杨震等编著. --北京:北京邮电大学出版社,2013.9
ISBN 978-7-5635-3680-1

Ⅰ.①物… Ⅱ.①杨… Ⅲ.①互联网络—应用②智能技术—应用 Ⅳ.①TP393.4②TP18

中国版本图书馆 CIP 数据核字(2013)第 210573 号

书 名	物联网的技术体系
著作责任者	杨 震等编著
责 任 编 辑	孔 玥
出 版 发 行	北京邮电大学出版社
社 址	北京市海淀区西土城路 10 号(邮编:100876)
发 行 部	电话:010-62282185 传真:010-62283578
E-mail	publish@bupt.edu.cn
经 销	各地新华书店
印 刷	北京源海印刷有限责任公司
开 本	787 mm×960 mm 1/16
印 张	16.75
字 数	360 千字
印 数	1—3 000 册
版 次	2013 年 9 月第 1 版 2013 年 9 月第 1 次印刷

ISBN 978-7-5635-3680-1 定 价:34.00 元

· 如有印装质量问题,请与北京邮电大学出版社发行部联系 ·

《物联网丛书》编委会

前　言

　　本书首先概括论述了物联网的技术体系,包括感知技术、网络技术、应用技术、共性技术等。在此基础上,着重讨论了物联网的传感技术,及其传感网络技术。

　　由于物联网的应用日趋普及,特别是应用较广的 M2M(机器对机器通信,即无线手持或车载装置通信),列了专章予以介绍,以便加深理解有关技术。

　　此外,本书较详尽地讨论了物联网的另一关键技术——云计算。

　　安全问题显然也是非常重要的,因为物联网涉及没有人参与的规模巨大的物与物的通信。

　　本书为物联网丛书的第二册,其中,第 1,3 章为杨震、胡海峰编写;第 2 章为杨庚、王健编写,其中 M2M 部分由王健编写;第 4 章由沈苏彬编写;第 5 章由毕厚杰、王健编写;第 6 章由吴蒙编写;最后,毕厚杰、王健对全书进行三校核。

　　由于参与编写人员较多,在杨震教授主持下,各人按讨论后的提纲分头编写,因而有的内容可能有适当的重复,但不影响各章的系统性,请读者予以理解。

　　随着物联网应用的日益普及,相应的技术发展很快,目前仍在不断发展中。对本书内容的不足、缺点和错误,望读者及时指正,以便不断改进和完善。

编著者

2013.8

目　　录

第1章 物联网的技术体系

1.1 感 知 技 术

感知技术也可以称为信息采集技术,它是实现物联网的基础。目前,信息采集主要采用 RFID 标签和读写器、EPC 标签和读写器、各种传感器(如温度感应器、声音感应器、震动感应器、压力感应器)、GPS、摄像头等,完成物联网应用的数据感知与识别、采集与捕获信息以及设施控制[1]。

1.1.1 无线射频识别和读写器

1. 无线射频识别的概念

无线射频识别(Radio Frequency Identification,RFID)也称为射频识别,它是一种新兴的自动识别技术。无线射频识别是指利用电磁波的反射能量进行通信的一种技术。无线射频识别可以归入短距离无线通信技术,与其他短距离无线通信技术如 WLAN、蓝牙、红外、ZigBee 及 UWB 相比最大的区别在于无线射频识别的被动工作模式,即利用反射能量进行通信。

射频识别(RFID)技术采用大规模集成电路计算、电子识别、计算机通信等技术,通过读写器和安装于载体上的 RFID 标签,能够实现对载体的非接触的识别和数据信息交换。再加上其具有方便快捷、识别速度快、数据容量大、使用寿命长、标签数据可动态更改等特点,较条码而言具有更好的安全性和动态实时通信能力,最近几年得到迅猛的发展。沃尔玛、IBM、惠普、微软、美国国防部、中国国家标准委员会,均开展了基于 RFID 技术的研究。RFID 系统逐渐应用于物流、航空、邮政、交通、金融、军事、医疗保险和资产管理等领域。

2. RFID 技术的特点[2]

(1)耐环境性

防水,防磁,耐高温,不受环境影响,无机械磨损,寿命长,不需要以目视可见为前提,可以在那些条码技术无法适应的恶劣环境下使用,如高粉尘污染、野外等。

(2)可反复使用

RFID 标签上的数据可反复修改,既可以用来传递一些关键数据,也使得 RFID 标签能够在企业内部进行循环重复使用,将一次性成本转化为长期摊销的成本。

（3）数据读写方便

RFID 标签无须像条码标签那样瞄准读取，只要被置于读取设备形成的电磁场内就可以准确读到，同时减少甚至排除因人工干预数据采集而带来的效率降低和纠错成本。无线射频识别每秒钟可进行上千次的读取，能同时处理许多标签，高效且准确，从而能使企业大幅度提高管理的精细度，让整个作业过程实时透明，创造巨大的经济效益。

（4）安全性

RFID 芯片不易被伪造，在标签上可以对数据采取分级保密措施。读写器无直接对最终用户开放的物理接口，能更好地保证系统的安全。

3. 无线射频识别的工作原理

RFID 系统由 RFID 标签、读写器、天线、数据传输及处理系统组成。最常见的是被动射频系统，当附有 RFID 电子标签物体接近读写器时，读写器将发射微波查询信号，而电子标签收到读写器的查询信号后，会将此信号与标签中的数据信息合为一体反射回读写器，反射回的微波合成信号，已带有电子标签上的数据信息，读写器接收到标签返回的微波信号后，经读写器内部微处理器处理后可将标签内储存的信息读取出来。在主动射频系统中，标签中装有电池并可在有效范围内被识别。RFID 系统能识别高速运动物体还可同时识别多个电子标签，操作快捷方便。RFID 工作原理如图 1-1 所示。

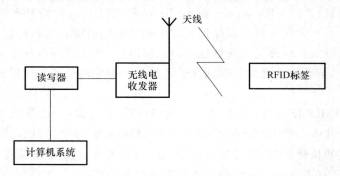

图 1-1　RFID 工作原理

4. 无线射频识别的系统组成

最基本的 RFID 系统由 RFID 标签、天线和读写器组成，如图 1-2 所示。大部分的 RFID 系统还要有数据传输和处理系统，用于对读写器发出命令以及对读写器读取的信息进行处理，以实现对整个系统的控制管理。

（1）RFID 标签[3]

RFID 标签俗称电子标签，也称应答器（Transponder，Responder，Tag）。电子标签中存储有能够识别目标的信息，由耦合元件及芯片组成，有的标签内置有天线，用于和射频天线间进行通信。标签中的存储区域可以分为两个区：一个是 ID 区，每个标签都有一个全球唯一的 ID 号码，即泛在 ID（Ubiquitous ID，UID），UID 是在制作芯片时放在 ROM

中的,无法修改。这个 ID 通常为 64 bit,96 bit,甚至更高,其地址空间大大高于条码所能提供的空间,因此可以实现单品级的物品编码。另一个是用户数据区,是供用户存放数据的,可以进行读写、修改、增加的操作。

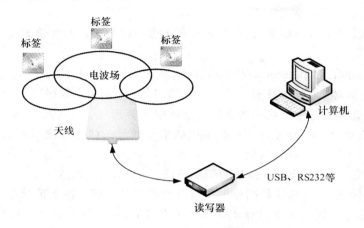

图 1-2　RFID 的系统组成

　　RFID 标签组成部分包括:天线、编/解码器、电源、调制解调器、存储器、控制器以及负载电路。

　　RFID 标签的基本工作原理是:从读写器传来的控制信息经过天线单元,编/解码单元进行解调和解码传输到控制器,由控制器来完成控制指令所规定的操作。从读写器传来的数据信息同样要经过解调和解码后,由控制器完成对数据信息的写入操作。相反,如果从 RFID 标签传送信息到读写器,状态数据由控制器从存储器中取出经过编码器、调制后通过卡内无线发送到阅读器。

　　(2) 天线

　　天线是一种以电磁波形式把前端射频信号功率接收或辐射出去的装置,是电路与空间的界面器件,用来实现导行波与自由空间波能的转化。在 RFID 系统中,天线分为电子标签天线和读写器天线两大类,分别承担接收能量和发射能量的作用。

　　目前的 RFID 系统主要集中在 LF(125~134.2 kHz)、HF(13.56 MHz)、UHF(860~960 MHz)和微波频段。不同工作频段的 RFID 系统天线的原理和设计有着根本上的不同。RFID 天线的增益和阻抗特性会对 RFID 系统的作用距离产生影响,RFID 系统的工作频段反过来对天线尺寸以及辐射损耗有一定要求。所以 RFID 天线设计的好坏对整个 RFID 系统的成功与否是至关重要的。

　　天线应有以下功能:

　　① 天线应能将导行波能量尽可能多地转变为电磁波能量。这首先要求天线是一个良好的电磁开放系统,其次要求天线与发射机或接收机匹配。

② 天线应使电磁波尽可能集中于确定的方向上,或对确定方向的来波最大限度地接收,即具有方向性。

③ 天线应能发射或接收规定极化的电磁波,即天线有适当的极化。

④ 天线应有足够的工作频带。

上述是天线最基本的功能,据此可定义若干参数作为设计和评价天线的依据。

(3) 读写器

读写器也称阅读器(Reader),是对 RFID 标签进行读/写操作的设备,可分为手持式和固定式两种,读写器对标签的操作有三类:识别读取 UID、读取用户数据、写入用户数据。

读写器主要包括射频模块和数字信号处理单元两部分。读写器是 RFID 系统中最重要的设备,一方面,RFID 标签返回的微弱电磁信号通过天线进入读写器的射频模块中转换为数字信号,再经过读写器的数字信号处理单元对其进行必要的加工整形,最后从中解调出返回的信息,完成对 RFID 标签的识别或读/写操作;另一方面,上层中间件及应用软件与读写器进行交互,实现操作指令的执行和数据汇总上传。在上传数据时,读写器会对 RFID 标签原始事件进行去重过滤或简单的条件过滤,将其加工成读写器事件后再上传,以减少与中间件及应用软件之间数据交换的流量,因此在很多读写器中还集成了微处理器和嵌入式系统,实现一部分中间件的功能,如信号状态控制、奇偶位错误校验与修正等。未来的读写器呈现出智能化、小型化和集成化趋势,还将具备更加强大的前端控制功能,例如,直接与工业现场的其他设备进行交互甚至是作为控制器进行在线调度。在物联网中,读写器将成为同时具有通信、控制和计算功能的核心设备。

RFID 读写器的原理组成如图 1-3 所示,主要包括基带模块和射频模块两大部分。其中,基带模块部分包括基带信号处理、应用程序接口、控制与协议处理、数据和命令收发接口及必要的缓冲存储区等;射频模块可以分为发射通道和接收通道两部分,主要包括射频信号的调制解调处理、数据和命令收发接口、发射通道和接收通道、收发分离(天线接口)等。

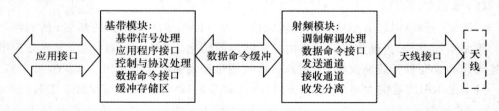

图 1-3 RFID 读写器原理组成

1.1.2 EPC 标签和读写器

EPC 与物联网是在物流领域兴起的概念,旨在解决利用信息技术进行物流数据交换时传递不及时、信息失真、交换错误等问题[4]。物联网是在 Internet 的基础上,利用射频识别(RFID)、无线数据通信、计算机等技术,构造一个覆盖世界上万事万物的实物

Internet(Internet of Things)。物联网内每个产品都有一个唯一的产品电子码,称做 EPC (Electronic Product Code),通常 EPC 码被存入硅芯片做成的电子标签内,附在被标识产品上,被高层的信息处理软件识别、传递、查询,进而在 Internet 的基础上形成专为供应链企业服务的各种信息服务,就是物联网。

1. 物联网中的 EPC 系统结构

EPC 系统是一个非常先进的、综合性的和复杂的系统。其最终目标是为每一单品建立全球的、开放的标识标准。它由全球产品电子代码(EPC)体系、射频识别系统及信息网络系统三部分组成,主要包括六个方面,如表 1-1 所示,EPC 系统结构如图 1-4 所示。

表 1-1　EPC 系统的构成

系 统 组 成	名　　称	注　　释
EPC 编码体系	EPC 编码体系	识别目标的特定代码
射频识别系统	EPC 标签	贴在物品之上的或内嵌在物品之中
	读写器	识读 EPC 标签
信息网络系统	神经网络软件(中间件)	EPC 系统的软件支持
	对象名称解析服务(ONS)	
	实体标记语言(PML)	

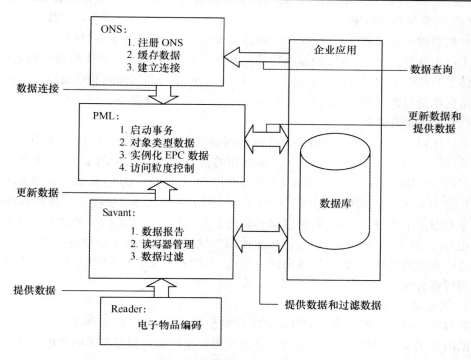

图 1-4　EPC 物联网系统结构[5]

(1) EPC 编码体系

EPC 编码是 EPC 系统的重要组成部分,它是对实体及实体的相关信息进行代码化,通过统一并规范化的编码建立全球通用的信息交换语言。EPC 编码是 EAN. UCC 在原有全球统一编码体系基础上提出的新一代的全球统一标识的编码体系,是对现行编码体系的一个补充。EPC 编码有三类七种类型,分别为 EPC-64-I、EPC-64-II、EPC-64-III、EPC-96-I、EPC-256-I、EPC-256-II、EPC-256-III。以 EPC-64 为例,格式如下:

××	×××…×××	×××…×××	×××…×××
2 位版本号	21 位域名管理	17 位对象分类	24 位对象序号

(2) 射频读写器

在射频识别系统中,射频读写器是将标签中的信息读出,或将标签所需要存储的信息写入标签的装置。读写器读出的标签的信息通过计算机及网络系统进行管理和信息传输。

(3) 神经网络软件

每件产品都加上 RFID 标签之后,在产品的生产、运输和销售过程中,读写器将不断收到一连串的产品电子编码。整个过程中最为重要,同时也是最困难的环节就是传送和管理这些数据。Auto-ID 中心提出一种更新数据名为 Savant(神经网络软件)的软件中间件技术,相当于该新式网络的神经系统,负责处理各种不同应用的数据读取和传输。

(4) 对象名称解析服务

对象名称解析服务(Object Name)提供数据 Service 对象名服务,简称 ONS。EPC 标签对于一个开放式的、全球性的追踪物品的网络需要一些特殊的网络结构。因为标签中只存储了产品电子代码,计算机还需要一些将产品电子代码匹配到相应商品信息的方法。这个角色就由对象名称解析服务担当,它是一个自动的网络服务系统。

(5) 实体标记语言

实体标记语言(Physical Markup Language)也称物理标识语言,简称 PML。EPC 产品电子代码识别单品,但是所有关于产品有用的信息都用一种新型的标准计算机语言,实体标记语言(PML)所书写,实体标记语言是基于为人们广为接受的可扩展标识语言(XML)发展而来的。实体标记语言提供了一个描述自然物体、过程和环境的标准,并可供工业和商业中的软件开发、数据存储和分析工具之用。它将提供一种动态的环境,使与物体相关的、静态的、暂时的、动态的和统计加工过的数据可以互相交换。因为它将会成为描述所有自然物体、过程和环境的统一标准,实体标记语言的应用将会非常广泛,并且进入到所有行业。

2. 读写器

读写器和射频标签是典型射频识别系统的组成部分,读写器是可以读或读/写标签内存数据的电子装置,射频标签是射频识别系统的数据载体。根据标签的供电方式不同,射频标签可分为有源射频标签、半无源射频标签和无源射频标签。标签内的电池不仅是标签的工作电源,而且还为标签和读写器的通信提供能量的射频标签是有源射频标签。半无源射频标签内的电池仅对标签内要求供电维持数据的电路或者标签芯片工作所需电压作辅助支持作用,标签与读写器通信所需能量主要来自读写器供应的射频能量,若标签所处位置的射频场强不足时,由标签内的电池补充。无源射频标签所需要的工作电能是由读写器发出的射频能量提供的。

读写器与标签之间的数据交换,是通过电子标签与读写器天线辐射远场区之间的电磁耦合(电磁波发射与反射)构成无接触的空间信息传输射频通道完成的。耦合的实质是读写器天线辐射出的电磁波照射到射频标签天线后形成反射回波,反射回波再被读写器天线接收。耦合过程中,利用的是读写器天线辐射出的交变电磁能,相当于天线的远场情况。读写器到标签的指令通过调制读写器辐射出的电磁波的幅度、频率、相位方式实现。射频标签的信息到读写器的回送是通过加载调制反射回波的幅度、频率、相位实现的。从雷达原理角度来讲,射频标签(天线)等效于一个雷达目标反射截面积(复变量)的变化随标签数据调制而变化的复数量。当标签向读写器方向传送的数据采用幅度调制式,等效的雷达目标发射截面积可等效为一个随标签数据调制而变化的实数量。读写器向标签传送指令和标签向读写器回送数据是分时实现的。

目前 EPC 标准的分类方法有两层,第一层 Class 用来区分标签技术和数据存入标签的方法,第二层 Generation 定义设备的物理层和可写的数据容量。

EPC global 组织制订的第一代 EPC class 0/1 标准的情况如下:

(1) EPC UHF Class 0:只读标签可存储 56 位数据,工作频率为 860～960 MHz。

(2) EPC UHF Class 1:支持一次写入多次读取。

支持 96 位数据存储,工作频率 860～960 MHz。

EPC UHF Generation 2(C1 G2):这个规范定义了读写器先讲(Reader Talk First, RTF)情况下被动反向散射的物理层和逻辑层要求,无线射频系统的工作频率在 860～960 MHz。读写器向标签发送在 860～960 MHz 频率范围内调制的 RF 信号,标签通过接收这些 RF 信号获得 EPC 第二代 UHF RFID 标准(Class1 Generation2,C1G2)信息和工作能量。标签是被动式标签,就是说它从读写器发送的 RF 波形中获得所需能量。读写器从标签接收信号,并发送 RF 信号的连续波,标签接收到信号后就会调整天线的反射系数(阻抗),然后向读写器反向散射信息。这种通信方式就称做 RTF(读写器先讲),就是说标签只有读写器命令它时才会根据接收的信息调整天线阻抗。读写器和天线不能同时发送信息,就是说,C1G2 的通信方式是半双工的,读写器发送信息时标签只能接收,反之亦然。

3. 无线射频识别(RFID)和产品电子码(EPC)的关系

RFID 与 EPC 之间有共同点,也有不同之处。从技术上来讲,EPC 系统包括物品编码技术、RFID 技术、无线通信技术、软件技术、互联网技术等多个学科技术,而 RFID 技术只是 EPC 系统的一部分,主要用于 EPC 系统数据存储与数据读写,是实现系统其他技术的必要条件；而对 RFID 技术来说，EPC 系统应用只是 RFID 技术的应用领域之一，产品电子码的应用特点，决定了射频标签的价格必须降低到市场可以接受的程度，而且某些标签必须具备一些特殊的功能（如保密功能等）。换句话说，并不是所有的 RFID 射频标签都适合做 EPC 射频标签，只是符合特定频段的低成本射频标签才能应用到 EPC 系统。

1.1.3　传感器

　　理论上讲传感器是一种能把物理量或化学量转变成便于利用的电信号的器件。国际电工委员会（IEC）的定义为："传感器是测量系统中的一种前置部件，它将输入变量转换成可供测量的信号"。按照 Gopel 等的说法是："传感器是包括承载体和电路连接的敏感元件"，而"传感器系统则是组合有某种信息处理（模拟或数字）能力的传感器"。传感器是传感器系统的一个组成部分，它是被测量信号输入的第一道关口。

　　我国国家标准 GB 7665—87 对传感器下的定义是："能感受（或响应）规定的被测量并按照一定的规律转换成可用信号的器件或装置。传感器通常由直接响应于被测量的敏感元件和产生可用信号输出的转换元件以及响应的电子线路所组成。"传感器是一种检测装置，能感受到被测量的信息，并能将检测感受到的信息，按一定规律变换成为电信号或其他所需形式的信息输出，以满足信息的传输、处理、存储、显示、记录和控制等要求。它是实现自动检测和自动控制的首要环节。

　　传感器的种类繁多，如温度、湿度、光电、位移、速度、重力、pH 值、热敏、气体、压力传感器，等等。如图 1-5 所示。

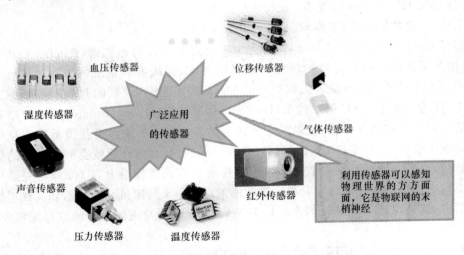

图 1-5　几类传感器

本章参考文献［6］分别介绍了几种常用传感器。

1. 温度传感器

温度是一个基本的物理量,自然界中的一切过程无不与温度密切相关。温度传感器是最早开发,应用最广的一类传感器。温度传感器的市场份额大大超过了其他的传感器。

温度传感器有多种类型,按敏感元件与被测介质接触与否,可分为接触式和非接触式两大类;按照传感器材料及元器件特性,可分为热敏电阻和热电偶两类。当然常用的温度传感器还有电阻温度传感器和 IC 温度传感器。

(1) 热电偶传感器

热电偶应用很广泛,因为它们非常坚固而且不太贵。两种不同材质的导体,如在某点互相连接在一起,对这个连接点加热,在它们不加热的部位就会出现电位差。这个电位差的数值与不加热部位测量点的温度有关,和这两种导体的材质有关。这种现象可以在很宽的温度范围内出现,如果精确测量这个电位差,再测出不加热部位的环境温度,就可以准确知道加热点的温度。由于它必须有两种不同材质的导体,所以称之为"热电偶"。

热电偶传感器的特点是:低灵敏度、低稳定性、中等精度、响应速度慢、高温下容易老化和有漂移,以及非线性。另外,热电偶需要外部参考端。不同材质做出的热电偶使用于不同的温度范围,它们的灵敏度也各不相同。热电偶的灵敏度是指加热点温度变化 1℃时,输出电位差的变化量。对于大多数金属材料支撑的热电偶而言,这个数值在 40~540 μV/℃ 之间。热电偶传感器有自己的优点和缺陷,它灵敏度比较低,容易受到环境干扰信号的影响,也容易受到前置放大器温度漂移的影响,因此不适合测量微小的温度变化。由于热电偶温度传感器的灵敏度与材料的粗细无关,用非常细的材料也能够做成温度传感器。也由于制作热电偶的金属材料具有很好的延展性,这种细微的测温元件有极高的响应速度,可以测量快速变化的过程。

(2) 接触式温度传感器

接触式温度传感器的检测部分与被测对象有良好的接触,又称温度计。温度计通过传导或对流达到热平衡,从而使温度计的示值能直接表示被测对象的温度。一般测量精度较高。在一定的测温范围内,温度计也可测量物体内部的温度分布。但对于运动体、小目标或热容量很小的对象则会产生较大的测量误差,常用的温度计有双金属温度计、玻璃液体温度计、压力式温度计、电阻温度计、热敏电阻和温差电偶等。它们广泛应用于工业、农业、商业等部门。

在日常生活中人们也常常使用这些温度计。随着低温技术在国防工程、空间技术、冶金、电子、食品、医药和石油化工等部门的广泛应用和超导技术的研究,测量 120 K 以下温度的低温温度计得到了发展,如蒸汽压温度计、声学温度计、顺磁盐温度计、低温热电阻和低温温差电偶等。低温温度计要求感温元件体积小、准确度高、复现性和稳定性好。利用多孔高硅氧玻璃渗碳烧结而成的渗碳玻璃热电阻就是低温温度计的一种感温元件,可用于测量 1.6~300 K 范围内的温度。

(3) 非接触式温度传感器

非接触式温度传感器又称非接触式测温仪表,它的敏感元件与被测对象互不接触。

这种仪表可用来测量运动物体、小目标和热容量小或温度变化迅速(瞬变)对象的表面温度,也可用于测量温度场的温度分布。最常用的非接触式测温仪表基于黑体辐射的基本定律,称为辐射测温仪表。辐射测温法包括亮度法、辐射法和比色法。各类辐射测温方法只能测出对应的光度温度、辐射温度或比色温度。只有对黑体(吸收全部辐射并不反射光的物体)所测温度才是真实温度。如欲测定物体的真实温度,则必须进行材料表面发射率的修正。而材料表面发射率不仅取决于温度和波长,而且还与表面状态、涂膜和微观组织等有关,因此很难精确测量。在自动化生产中往往需要利用辐射测温法来测量或控制某些物体的表面温度,如冶金中的钢带轧制温度、轧辊温度、锻件温度和各种熔融金属在冶炼炉或坩埚中的温度。在这些具体情况下,物体表面发射率的测量是相当困难的。对于固体表面温度自动测量和控制,可以采用附加的反射镜使与被测表面一起组成黑体空腔。附加辐射的影响能提高被测表面的有效辐射和有效发射系数。利用有效发射系数通过仪表对实测温度进行相应的修正,最终可得到被测表面的真实温度。

温度传感器之非接触测温优点:测量上限不受感温元件耐温程度的限制,因而对最高可测温度原则上没有限制。对于 1 800 ℃ 以上的高温,主要采用非接触测温方法。随着红外技术的发展,辐射测温逐渐由可见光向红外线扩展,700 ℃ 以下直至常温都已采用,且分辨率很高。

2. 湿度传感器[7]

随着工农业等部门对产品质量的要求越来越高,也就越来越需要对湿度进行严格监测及控制。湿度传感器是基于其功能材料能发生与湿度有关的物理效应或化学反应的基础上制造的。如今,湿度的检测和控制技术已经获得广泛应用,对湿度监测、控制的需要促进了对湿度传感器的研究进展。

湿度的测量方法有很多种,常用的有绝对湿度、比湿、混合比、相对湿度和露点等。日常生活中所指的湿度常为相对湿度,用 %rh(relative humidity)表示,即气体中的水蒸气压与其气体的饱和水蒸气压的百分比,它的值显示水蒸气的饱和度有多高。按照湿度传感器工作原理的不同进行分类。

(1) 伸缩式

伸缩式湿度计是使用历史较久的传感器,如最早出现的毛发湿度计和尼龙丝型湿度计。毛发湿度计是利用脱脂毛发的线性尺寸随环境气体水汽含量而变的原理制成。尼龙丝温度计是利用其线性尺寸的变化与气体中的湿度之间的关系来确定气体的湿度。

对于不同温度计的选定主要是根据测定材料在不同湿度时伸缩的不同进行湿度测量,材料选用毛发、尼龙丝等。由于材料的伸缩具有迟滞现象,且测量精度不高,因此,该种传感器仅在常温和常湿的环境下具有实用价值。

(2) 蒸发式

蒸发式温度计也称为干湿球湿度计,利用水分蒸发时必须向外界吸收热能这一效应研制而成。方法是采用两个相同的温度传感器分别放于被测湿度场和饱和湿度场中,当空气中的相对湿度发生变化时,两个温度传感器就会出现差值,从而测定空气中的相对湿度。该种传感器可以达到较高的精度,价格低廉,由于体积比较大,且没有误差补偿,功率消耗较大,使得该类传感器在流动性大及微型化领域不能满足要求,一般用做其他类型湿度传感器的调校标准。

（3）露点式

当一固体冷却至足以使周围水蒸气凝固时,固体上面开始结露。测出此物体表面的温度,即露点温度。根据测定露点的不同方法,可分为光电式、水晶式等冷凝式露点计。获得此量后,再加上温度和气压,就可以换算为任何需要的湿度表示。

以上这些传统的湿度传感器大多采用经典的感湿原理,由于体积较大,且存在机械部件,与电子控制设备不兼容,虽然在某些领域还有应用,但已不足以满足现代科技发展,特别是湿度控制的需要。

（4）电子式

电子式温度计是利用材料的电特性与周围空气中湿度变化呈现一定的关系确定气体湿度。这类湿度传感器特别适用于自动控制领域,主要有以下两种。

① 电阻式湿度计

利用吸湿性能较好的物质吸附水汽后电阻发生变化而制得,但由于电阻受温度影响较大,固有的温度系数使其不能工作在很宽的温度范围内。

② 电容式湿度计

利用感湿材料吸水后介电常数发生变化而改变电容值。它与电阻型湿度计相比有显著的优势:灵敏度高,功耗低,其优良的性能受到了科学家们的普遍关注。由于易于与CMOS工艺相结合,便于实现小型化、集成化,因此现在市面上出售的湿度计绝大部分都是电容型的,如常用的美国 Humirel 公司的 HS1000 系列产品。

（5）光电式

近年来,随着光纤技术和光集成技术的发展,光学湿度传感器受到极大关注并被广泛应用。该类传感器主要是利用光学材料在空气相对湿度发生变化后,材料媒介层理化性质会发生变化,从而引起波长、波导及反射系数等光学参数发生变化来进行湿度测量。

由于光学湿度传感器具有体积小、响应快、抗电磁干扰、抗高温、动态范围大、灵敏度高等优点,使其在恶劣的环境中发挥天然优势。在极端环境测量领域,光电技术的应用解决了湿敏元件长期暴露在待测环境中,容易被污染及腐蚀,从而影响其测量精度及长期稳定性这一难题,促进了湿度传感器领域的非接触检测和无损检测。

（6）其他

除了上述的湿度传感器外,还有声表面波湿度传感器以及微波式、二极管式、吸收式、红外线式等,这些湿度传感器都是利用空气中的湿度变化对传感器材料的特性(如振荡频率、传播速度、重量等)产生影响来进行湿度检测。

3. 光电传感器

光电传感器是利用光电子应用技术,将光信号转换成电信号从而检测被测目标的一种装置。目前常用的光传感器类型主要有光电管、光电倍增管和半导体光敏元件。由于它具有精度高,反应快,非接触等优点,而且可测参数多,传感器的结构简单,形式灵活多样,体积小,已经获得了广泛应用。

光电传感器一般由光源、光学通路和光电元件三部分组成。它可用于检测直接引起光量变化的非电量,如光强、光照度、辐射测温和气体成分等;也可用来检测能转换成光量的其他非电量,如零件直径、表面粗糙度、应变、位移、振动、速度和加速度,以及物体形状、工作状态等。光电式传感器由于具有非接触,响应快,性能可靠等特点,在工业自动化装置和机器人中获得广泛应用。近年来,新的光电器件不断涌现,特别是 CCD 图像传感器的诞生,为光电传感器的应用开创了新的一页。

(1) 光电传感器的工作原理

光电传感器是通过把光强度的变化转换成电信号的变化来实现控制的。光电传感器由发送器、接收器和检测电路组成。

发送器对准目标发射光束,发射的光束一般来源于半导体光源,如发光二极管(LED)、激光二极管及红外发射二极管等。光束不间断地发射,或者改变脉冲宽度。接收器由光电二极管、光电三极管、光电池组成。在接收器的前面,装有光学元件如透镜和光圈等。在其后面是检测电路,它能滤出有效信号并应用该信号,实现控制。此外,光电开关的结构元件中还有发射板和光导纤维。

(2) 光电传感器的分类

由光通量对光电元件的作用原理不同,所制成的光学测控系统是多种多样的,按光电元件(光学测控系统)输出量性质光电传感器可分两类,即模拟式光电传感器和脉冲(开关)式光电传感器。

模拟式光电传感器是将被测量转换成连续变化的光电流,它与被测量间呈单值关系。模拟式光电传感器按被测量(检测目标物体)方法可分为透射(吸收)式、漫反射式、遮光式(光束阻挡)三大类。

① 透射(吸收式)式光电传感器

所谓透射式是指被测物体放在光路中,恒光源发出的光能量穿过被测物,部分被吸收后,透射光投射到光电元件上。

② 漫反射式光电传感器

所谓漫反射式是指恒光源发出的光投射到被测物上,再从被测物体表面反射后投射到光电元件上。

③ 遮光式(光束阻挡)光电式传感器

所谓遮光式是指当光源发出的光通量经被测物光遮其中一部分,使投射到光电元件上的光通量改变,改变的程度与被测物体在光路位置有关。

1.1.4　GPS

GPS 即 Global Positioning System,全球定位系统。由空间部分、地面监控部分和用户接收机三大部分组成。具有在海、陆、空进行全方位实时三维导航与定位能力的卫星导航与定位系统。其定位精度最高可达厘米级和毫米级。

1. GPS 构成[8]

(1) 空间部分

GPS 的空间部分是由 24 颗工作卫星组成,它位于距地表 20 200 km 的上空,均匀分布在 6 个轨道面上(每个轨道面 4 颗),轨道倾角为 55°。此外,还有 3 颗有源备份卫星在轨运行。卫星的分布使得在全球任何地方、任何时间都可观测到 4 颗以上的卫星,并能在卫星中预存导航信息。GPS 的卫星因为大气摩擦等问题,随着时间的推移,导航精度会逐渐降低。

(2) 地面控制系统

地面控制系统由监测站(Monitor Station)、主控制站(Master Monitor Station)、地面天线(Ground Antenna)所组成,主控制站位于美国科罗拉多州春田市(Colorado Spring)。地面控制站负责收集由卫星传回之讯息,并计算卫星星历、相对距离、大气校正等数据。

(3) 用户设备部分

用户设备部分即 GPS 信号接收机。其主要功能是能够捕获到按一定卫星截止角所选择的待测卫星,并跟踪这些卫星的运行。当接收机捕获到跟踪的卫星信号后,就可测量出接收天线至卫星的伪距离和距离的变化率,解调出卫星轨道参数等数据。根据这些数据,接收机中的微处理计算机就可按定位解算方法进行定位计算,计算出用户所在地理位置的经纬度、高度、速度、时间等信息。接收机硬件和机内软件以及 GPS 数据的后处理软件包构成完整的 GPS 用户设备。GPS 接收机的结构分为天线单元和接收单元两部分。接收机一般采用机内和机外两种直流电源。设置机内电源的目的在于更换外电源时不中断连续观测。在用机外电源时机内电池自动充电。关机后,机内电池为 RAM 存储器供电,以防止数据丢失。目前各种类型的接受机体积越来越小,重量越来越轻,便于野外观测使用。其次则为使用者接收器,现有单频与双频两种,但由于价格因素,一般使用者所购买的多为单频接收器。

2. GPS 的原理

GPS 导航系统的基本原理是测量出已知位置的卫星到用户接收机之间的距离,然后综合多颗卫星的数据就可知道接收机的具体位置[9]。要达到这一目的,卫星的位置可以根据星载时钟所记录的时间在卫星星历中查出。而用户到卫星的距离则通过记录卫星信号传播到用户所经历的时间,再将其乘以光速得到〔由于大气层电离层的干扰,这一距离并不是用户与卫星之间的真实距离,而是伪距(PR)〕。当 GPS 卫星正常工作时,会不断地用 1 和 0 二进制码元组成的伪随机码（简称伪码）发射导航电文。GPS 系统使用的伪码一共有两种，分别是民用的 C/A 码和军用的 P(Y)码。C/A 码频率为 1.023 MHz，重复周期为 1 ms，码间距为 1 μs，相当于 300 m；P 码频率为 10.23 MHz，重复周期为 266.4 天，码间距 0.1 μs，相当于 30 m。而 Y 码是在 P 码的基础上形成的，保密性能更佳。导航电文包括卫星星历、工作状况、时钟改正、电离层时延修正、大气折射修正等信息。它是从卫星信号中解调制出来，以 50 bit/s 调制在载频上发射的。导航电文每个主帧中包含 5 个子帧，每帧长 6 s。前 3 帧各 10 个字码；每 30 s 重复一次，每小时更新一次。后两帧共 15 000 bit。导航电文中的内容主要有遥测码、转换码、第 1、2、3 数据块，其中最重要的则为星历数据。当用户接收到导航电文时，提取出卫星时间并将其与自己的时钟做对比便可得知卫星与用户的距离，再利用导航电文中的卫星星历数据推算出卫星发射电文时所处位置，用户在 WGS-84 大地坐标系中的位置速度等信息便可得知。

由此可见，GPS 导航系统卫星部分的作用就是不断地发射导航电文。然而，由于用户接收机使用的时钟与卫星星载时钟不可能总是同步，所以除了用户的三维坐标 x, y, z 外，还要引进一个 Δt，即卫星与接收机之间的时间差作为未知数，然后用 4 个方程将这 4 个未知数解出来。所以如果想知道接收机所处的位置，至少要能接收到 4 个卫星的信号。

GPS 接收机可接收到可用于授时的准确至纳秒级的时间信息；用于预报未来几个月内卫星所处概略位置的预报星历；用于计算定位时所需卫星坐标的广播星历，精度为几米至几十米（各个卫星不同，随时变化）；以及 GPS 系统信息，如卫星状况等。

GPS 接收机对码的量测就可得到卫星到接收机的距离，由于含有接收机卫星钟的误差及大气传播误差，故称为伪距。对 C/A 码测得的伪距称为 UA 码伪距，精度为 20 m 左右，对 P 码测得的伪距称为 P 码伪距，精度约为 2 m。

GPS 接收机对收到的卫星信号，进行解码或采用其他技术，将调制在载波上的信息去掉后，就可以恢复载波。严格而言，载波相位应被称为载波拍频相位，它是收到的受多普勒频移影响的卫星信号载波相位与接收机本机振荡产生信号相位之差。一般在接收机中确定的历元时刻量测，保持对卫星信号的跟踪，就可记录下相位的变化值，但开始观测时的接收机和卫星振荡器的相位初值是不知道的，起始历元的相位整数也是不知道的，即整周模糊度，只能在数据处理中作为参数解算。相位观测值的精度高至毫米，但前提是解出整周模糊度，因此只有在相对定位，并有一段连续观测值时才能使用相位观测值，而要达到优于米级的定位精度也只能采用相位观测值。

按定位方式，GPS 定位分为单点定位和相对定位（差分定位）。单点定位就是根据一台接收机的观测数据来确定接收机位置的方式，它只能采用伪距观测量，可用于车船等的概略导航定位。相对定位（差分定位）是根据两台以上接收机的观测数据来确定观测点之间的相对位置的方法，它既可采用伪距观测量也可采用相位观测量，大地测量或工程测量均应采用相位观测值进行相对定位。

在 GPS 观测量中包含了卫星和接收机的钟差、大气传播延迟、多路径效应等误差，在定位计算时还要受到卫星广播星历误差的影响,在进行相对定位时大部分公共误差被抵消或削弱,因此定位精度将大大提高,双频接收机可以根据两个频率的观测量抵消大气中电离层误差的主要部分,在精度要求高,接收机间距离较远时(大气有明显差别),应选用双频接收机。

3. GPS 特点

(1) 全球、全天候工作

① 定位精度高。定位精度优于 10 m;采用差分定位,精度可达厘米级和毫米级。

② 功能多,应用广。GPS 系统的特点:高精度、全天候、高效率、多功能、操作简便、应用广泛等。

(2) 定位精度高

应用实践已经证明,GPS 相对定位精度在 50 km 以内可达 10^{-6},100～500 km 可达 10^{-7},1 000 km 可达 10^{-9}。在 300～1 500 m 工程精密定位中,1 h 以上观测的解其平面位置误差小于 1 mm,与 ME-5000 电磁波测距仪测定的边长比较,其边长较差最大为 0.5 mm,校差中误差为 0.3 mm。

(3) 观测时间短

随着 GPS 系统的不断完善,软件的不断更新,目前,20 km 以内相对静态定位,仅需 15～20 min;快速静态相对定位测量时,当每个流动站与基准站相距在 15 km 以内时,流动站观测时间只需 1～2 min,然后可随时定位,每站观测只需几秒钟。

1.2 网络技术

1.2.1 ZigBee 技术

ZigBee 是基于 IEEE802.15.4 标准的低功耗个域网协议。根据这个协议规定的技术是一种短距离、低功耗的无线通信技术。这一名称来源于蜜蜂的"8"字舞,由于蜜蜂(bee)是靠飞翔和"嗡嗡"(zig)地抖动翅膀的"舞蹈"来与同伴传递花粉所在方位信息,也就是说蜜蜂依靠这样的方式构成了群体中的通信网络。其特点是近距离、低复杂度、自组织、低功耗、低数据速率、低成本。主要适合用于自动控制和远程控制领域,可以嵌入各种设备。简而言之,ZigBee 就是一种便宜的、低功耗的近距离无线组网通信技术。

1. ZigBee 读写设备

ZigBee 读写器是短距离、多点、多跳无线通信产品,能够简单、快速地为串口终端设备增加无线通信的能力。产品有效识别距离可达 1 500 m,最高识别速度可达 200 km/h,同时识别 200 张标签。具有性能稳定、工作可靠,信号传输能力强,使用寿命长等优势。ZigBee 读写设备已广泛应用于高速公路、油站、停车场、公交等收费系统,以及门禁,考勤,会议签到等各领域。该产品的主要功能优势是防水、防雷、防冲击,满足工业环境要求。ZigBee 读写器如图 1-6 所示。

2. ZigBee 的技术优势[10]

（1）低功耗。在低耗电待机模式下，2 节 5 号干电池可支持 1 个节点工作 6～24 个月，甚至更长。这是 ZigBee 的突出优势。相比较，蓝牙（Bluetooth）只能工作数周，Wi-Fi 只可工作数小时。

图 1-6　ZigBee 读写器

（2）低成本。通过大幅简化协议（不到蓝牙协议的 1/10），降低了对通信控制器的要求，按预测分析，以 8051 的 8 位微控制器测算，全功能的主节点需要 32 KB 代码，子功能节点至少 4 KB 代码，而且 ZigBee 免协议专利费。每块芯片的价格大约为 2 美元。

（3）低速率。ZigBee 工作在 20～250 kbit/s 的较低速率，分别提供 250 kbit/s（2.4 GHz），40 kbit/s（915 MHz）和 20 kbit/s（868 MHz）的原始数据吞吐率，满足低速率传输数据的应用需求。

（4）近距离。传输范围一般介于 10～100 m 之间，在增加 RF 发射功率后，亦可增加到 1～3 km。这指的是相邻节点间的距离。如果通过路由和节点间通信的接力，传输距离将可以更远。

（5）短时延。ZigBee 的响应速度较快，一般从休眠转入工作状态只需 15 ms，节点连接进入网络只需 30 ms，进一步节省了电能。相比较，蓝牙需要 3～10 s，Wi-Fi 需要 3 s。

（6）高容量。ZigBee 可采用星状、片状和网状网络结构，由一个主节点管理若干子节点，最多一个主节点可管理 254 个子节点；同时主节点还可由上一层网络节点管理；最多可组成 65 000 个节点的大网。

（7）高安全。ZigBee 提供了三级安全模式，包括无安全设定、使用接入控制清单（ACL）防止非法获取数据以及采用高级加密标准（AES128）的对称密码，以灵活确定其安全属性。

（8）免执照频段。采用直接序列扩频在工业科学医疗（ISM）频段，2.4 GHz（全球）、915 MHz（美国）和 868 MHz（欧洲）。

ZigBee 联盟预言在未来的两三年，每个家庭至少将拥有 50 个 ZigBee 器件，最后将达到每个家庭 150 个。在不远的将来，将有越来越多的内置式 ZigBee 功能的设备进入人们的生活，从标准 802.15.4 到 ZigBee 不难发现，这些标准的目的，就是希望以低价切入产业自动化控制、能源监控、机电控制、照明系统管控、家庭安全和 RF 遥控等领域。传递少量信息，如控制或是事件的资料传递，都是 ZigBee 容易发挥的战场。ZigBee 技术适合于承载数据流量较小的业务。ZigBee 与其他几种标准的技术参数比较如表 1-2 所示。

ZigBee 联盟目前针对家庭自动化（Home Automation）、（楼宇自动化 Building Automation）、（工业自动化 Industrial Automation）三大市场方向制定相关应用标准，其特性如下。

(1) 控制性：管理建筑物相关的自动化系统以达到节能、灵活以及安全性。

(2) 节能性：有效管理空调、灯光等系统来达到节约能源的目的。

(3) 灵活性：可快速根据环境需求调整或扩充升级。

(4) 安全性：拥有多重的无线感应器传输存取点增进环境安全。

表 1-2　几种技术参数的比较

市场名标准	GPRS/GSM 1Xrtt/CDMA	Wi-Fi 802.11b	Bluetooth 802.15.1	ZigBee 802.15.4
应用重点	语音、数据(广域范围)	Web、Email、图像	电缆替代品	监测和控制
系统资源	16 MB+	1 MB+	250 KB+	4～32 KB
电池寿命/天	1～7	0.5～5	1～7	100～1 000+
网络大小	1	32	7	255/65 000
带宽/(kbit·s^{-1})	60～128+	11 000+	720	20～250
传输距离/m	1 000+	1～100	1～10+	1～100+
成功尺度	覆盖面大、质量	速度、灵活性	价格低、方便	可靠、低功耗、价格低

3. ZigBee 技术的应用领域

ZigBee 技术的目标就是针对工业、家庭自动化、遥测遥控、汽车自动化、农业自动化和医疗护理等，例如，灯光自动化控制，传感器的无线数据采集和监控，油田、电力、矿山和物流管理等应用领域。另外它还可以对局部区域内移动目标，如城市中的车辆进行定位[11]。

通常，符合如下条件之一的应用，就可以考虑采用 ZigBee 技术做无线传输：

(1) 需要数据采集或监控的网点多；

(2) 要求传输的数据量不大，而要求设备成本低；

(3) 要求数据传输可性高，安全性高；

(4) 设备体积很小，不便放置较大的充电电池或者电源模块；

(5) 电池供电；

(6) 地形复杂，监测点多，需要较大的网络覆盖；

(7) 现有移动网络的覆盖盲区；

(8) 使用现存移动网络进行低数据量传输的遥测遥控系统；

(9) 使用 GPS 效果差，或成本太高的局部区域移动目标的定位应用。

1.2.2　无线局域网及 Wi-Fi 技术

无线局域网(Wireless LAN，WLAN)是计算机网络与无线通信技术相结合的产物。它不受电缆束缚，可移动，能解决因有线网布线困难等带来的问题。既可满足各类便携机的入网要求,也可实现计算机局域网远端接入、图文传真、电子邮件等多种功能。

1. 无线局域网的特点[12]

无线局域网开始是作为有线局域网络的延伸而存在的,各团体、企事业单位广泛地采用了无线局域网技术来构建其办公网络。但随着应用的进一步发展,无线局域网正逐渐从传统意义上的局域网技术发展成为"公共无线局域网",成为国际互联网宽带接入手段。无线局域网具有易安装、易扩展、易管理、易维护、高移动性、保密性强、抗干扰等特点。

2. 无线局域网的结构

无线局域网的拓扑结构可归结为两类:无中心或称对等式(Peer to Peer)拓扑和有中心(Hub-Based)拓扑。

(1) 无中心拓扑

无中心拓扑的网络是一个全连通结构,采用这种拓扑的网络一般使用公用广播信道,各站点都可竞争公用信道,而信道接入控制(MAC)协议大多采用 CSMA。其特点是:网络抗毁性好、建网容易、费用较低。

(2) 中心拓扑

这种结构要求有一个无线站充当中心站,所有站点对网络的访问均由其控制。其优点是:网络中站点布局受环境的限制较小,但其抗毁性较差,由于中心站的采用增加了网络成本。

3. 无线局域网的标准[13]

由于无线局域网是基于计算机网络与无线通信技术,在计算机网络结构中,逻辑链路控制(LLC)层及其之上的应用层对不同的物理层的要求可以是相同的,也可以是不同的,因此,WLAN 标准主要是针对物理层和媒体接入控制层(MAC),涉及所使用的无线频率范围、空中接口通信协议等技术规范与技术标准。

(1) IEEE 802.11

1990 年 IEEE 802 标准化委员会成立 IEEE 802.11WLAN 标准工作组。IEEE 802.11 是在 1997 年 6 月由大量的局域网以及计算机专家审定通过的标准,该标准定义物理层和媒体接入控制(MAC)规范。物理层定义了数据传输的信号特征和调制,定义了两个 RF 传输方法和一个红外线传输方法,RF 传输标准是跳频扩频和直接序列扩频,工作在 2.400 0～2.483 5 GHz 频段。

IEEE 802.11 是 IEEE 最初制定的一个无线局域网标准,主要用于解决办公室局域网和校园网中用户与用户终端的无线接入,业务主要限于数据访问,速率最高只能达到 2 Mbit/s。由于它在速率和传输距离上都不能满足人们的需要,所以 IEEE 802.11 标准被 IEEE 802.11b 所取代了。

(2) IEEE 802.11b

1999 年 9 月 IEEE 802.11b 被正式批准,该标准规定 WLAN 工作频段在 2.400 0～2.483 5 GHz,数据传输速率达到 11 Mbit/s,传输距离控制在 50～150 ft(1 ft＝0.304 8 m)。

该标准是对 IEEE 802.11 的一个补充,采用补偿编码键控调制方式,采用点对点模式和基本模式两种运作模式,在数据传输速率方面可以根据实际情况在 11 Mbit/s,5.5 Mbit/s, 2 Mbit/s,1 Mbit/s 的不同速率间自动切换,它改变了 WLAN 设计状况,扩大了 WLAN 的应用领域。

IEEE 802.11b 已成为当前主流的 WLAN 标准,被多数厂商所采用,所推出的产品广泛应用于办公室、家庭、宾馆、车站、机场等众多场合,但是由于许多 WLAN 的新标准的出现,IEEE 802.11a 和 IEEE 802.11 g 更是倍受业界关注。

(3) IEEE 802.11a

1999 年,IEEE 802.11a 标准制定完成,该标准规定 WLAN 工作频段在 5.15～8.825 GHz, 数据传输速率达到 54 Mbit/s 或 72 Mbit/s(Turbo),传输距离控制在 10～100 m。该标准也是 IEEE 802.11 的一个补充,扩展了标准的物理层,采用正交频分复用(OFDM)的独特扩频技术,采用 QFSK 调制方式,可提供 25 Mbit/s 的无线 ATM 接口和 10 Mbit/s 的以太网无线帧结构接口,支持多种业务如话音、数据和图像等,一个扇区可以接入多个用户,每个用户可带多个用户终端。

IEEE 802.11a 标准是 IEEE 802.11b 的后续标准,其设计初衷是取代 802.11b 标准, 然而,工作于 2.4 GHz 频带是不需要执照的,该频段属于工业、教育、医疗等专用频段,是公开的,工作于 5.15～8.825 GHz 频带需要执照的。一些公司仍没有表示对 802.11a 标准的支持,一些公司更加看好最新混合标准——802.11g。

(4) IEEE 802.11g

目前,IEEE 推出最新版本 IEEE 802.11g 认证标准,该标准提出拥有 IEEE 802.11a 的传输速率,安全性较 IEEE 802.11b 好,采用两种调制方式,含 802.11a 中采用的 OFDM 与 IEEE802.11b 中采用的 CCK,做到与 802.11a 和 802.11b 兼容。

虽然 802.11a 较适用于企业,但 WLAN 运营商为了兼顾现有 802.11b 设备投资,选用 802.11g 的可能性极大。

(5) IEEE 802.11i

IEEE 802.11i 标准是结合 IEEE802.1x 中的用户端口身份验证和设备验证,对 WLAN MAC 层进行修改与整合,定义了严格的加密格式和鉴权机制,以改善 WLAN 的安全性。 IEEE 802.11i 新修订标准主要包括两项内容:"Wi-Fi 保护访问"(Wi-Fi Protected Access, WPA)技术和"强健安全网络"(RSN)。Wi-Fi 联盟计划采用 802.11i 标准作为 WPA 的第二个版本,并于 2004 年年初开始实行。

IEEE 802.11i 标准在 WLAN 网络建设中是相当重要的,数据的安全性是 WLAN 设备制造商和 WLAN 网络运营商应该首先考虑的头等工作。

(6) IEEE 802.11n

在传输速率方面,802.11n 可以将 WLAN 的传输速率由目前 802.11a 及 802.11g 提供的 54 Mbit/s 和 108 Mbit/s,提高到 300 Mbit/s 甚至 600 Mbit/s。得益于将 MIMO(多

入多出)与 OFDM(正交频分复用)技术相结合而应用的 MIMO OFDM 技术,提高了无线传输质量,也使传输速率得到极大提升。

在覆盖范围方面,802.11n 采用智能天线技术,通过多组独立天线组成的天线阵列,可以动态调整波束,保证让 WLAN 用户接收到稳定的信号,并可以减少其他信号的干扰。因此其覆盖范围可以扩大到好几平方千米,使 WLAN 移动性极大提高。

在兼容性方面,802.11n 采用了一种软件无线电技术,它是一个完全可编程的硬件平台,使得不同系统的基站和终端都可以通过这一平台的不同软件实现互通和兼容,这使得 WLAN 的兼容性得到极大改善。这意味着 WLAN 将不但能实现 802.11n 向前后兼容,而且可以实现 WLAN 与无线广域网络的结合,例如 3G。如表 1-3 所示为 WLAN 标准的对比。

表 1-3　WLAN 无线技术与标准对比

无线技术与标准	802.11	802.11a	802.11b	802.11g	802.11i	802.11n
推出时间	1997 年	1999 年	1999 年	2002 年	2004 年	2006 年
工作频段	2.4 GHz	5 GHz	2.4 GHz	2.4 GHz	2.4 GHz 和 5 GHz	2.4 GHz 和 5 GHz
最高传输速率	2 Mbit/s	54 Mbit/s	11 Mbit/s	54 Mbit/s	300 Mbit/s 甚至高达 600 Mbit/s	108 Mbit/s 以上
实际传输速率	低于 2 Mbit/s	31 Mbit/s	6 Mbit/s	20 Mbit/s	54 Mbit/s, 108 Mbit/s	大于 30 Mbit/s
传输距离	100 m	80 m	100 m	150 m 以上	200 m 以上	100 m 以上
主要业务	数据	数据、图像、语音	数据、图像	数据、图像、语音	数据、语音、高清图像	数据、语音、高清图像
成本	高	低	低	低	低	低

4. Wi-Fi

Wi-Fi 的英文全称为 Wireless Fidelity,在无线局域网的范畴是指"无线相容性认证"。Wi-Fi 是 WLAN 的一个标准,它实质上是一种商业认证,具有 Wi-Fi 认证的产品符合 IEEE 802.11b 无线网络规范,它是当前应用最为广泛的 WLAN 标准,采用波段是 2.4 GHz。IEEE 802.11b 无线网络规范是 IEEE 802.11 网络规范的变种,最高带宽为 11 Mbit/s,在信号较弱或有干扰的情况下,带宽可调整为 5.5 Mbit/s 及 2 Mbit/s 和 1 Mbit/s,带宽的自动调整,有效地保障了网络的稳定性和可靠性。

5. Wi-Fi 运作原理

Wi-Fi 的设置至少需要一个接入点(Access Point,AP)和一个或一个以上的客户端

(client)。接入点(AP)每 100ms 将 SSID(Service Set Identifier)经由信号台(beacons)分组广播一次,信号台分组的传输速率是 1 Mbit/s,并且长度相当地短,所以这个广播动作对网络性能的影响不大。因为 Wi-Fi 规定的最低传输速率是 1 Mbit/s,所以确保所有的 Wi-Fi 客户端都能收到这个 SSID 广播分组,客户端可以借此决定是否要和这一个信号台的接入点连接。用户可以设置要连接到哪一个信号台。Wi-Fi 系统总是对客户端开放其连接标准,并支持漫游,这就是 Wi-Fi 的好处。但也意味着,一个无线适配器有可能在性能上优于其他的适配器。由于 Wi-Fi 通过空气传送信号,所以和非交换以太网有相同的特点。

2011 年,出现一种 Wi-Fi over cable 的新方案。此方案属于 EOC(Ethernet over cable)中的一种技术。通过将 2.4G Wi-Fi 射频降频后在电缆中传输。此种方案已经在中国小范围内试商用。

6. WLAN 和 Wi-Fi 的区别

(1) Wi-Fi 包含于 WLAN 中,发射信号的功率不同,覆盖范围也不同。事实上 Wi-Fi 就是 WLANA(无线局域网联盟)的一个商标,该商标仅保障使用该商标的商品互相之间可以合作,与标准本身实际上没有关系,但因为 Wi-Fi 主要采用 802.11b 协议,因此人们逐渐习惯用 Wi-Fi 来称呼 802.11b 协议。从包含关系上来说,Wi-Fi 是 WLAN 的一个标准,Wi-Fi 包含于 WLAN 中,属于采用 WLAN 协议中的一项新技术。Wi-Fi 的覆盖范围则可达 300 ft 左右(约合 90 m),WLAN 最大(加天线)可以到 5 km。

(2) 覆盖的无线信号范围不同。Wi-Fi 又称 802.11b 标准,它的最大优点就是传输速度较高,可以达到 11 Mbit/s,另外它的有效距离也很长,同时也与已有的各种 802.11 DSSS 设备兼容。无线上网已经成为现实。无线电波的覆盖范围广,基于蓝牙技术的电波覆盖范围非常小,半径大约只有 50 ft(约合 15 m),而 Wi-Fi 的半径则可达 300 ft(约合 90 m)左右,办公室自不用说,就是在整栋大楼中也可使用。不过随着 Wi-Fi 技术的发展,Wi-Fi 信号未来覆盖的范围将更宽。

1.2.3　M2M

M2M 是 Machine-to-Machine/Man 的简称,是一种以机器终端智能交互为核心的、网络化的应用与服务。它通过在机器内部嵌入无线通信模块,以无线通信等为接入手段,为客户提供综合的信息化解决方案,以满足客户对监控、指挥调度、数据采集和测量等方面的信息化需求。

M2M 产品主要由三部分构成,如图 1-7 所示,第一,无线终端,即特殊的行业应用终端,而不是通常的手机或笔记本式计算机;第二,传输通道,从无线终端到用户端的行业应用中心之间的通道;第三,行业应用中心,也就是终端上传数据的会聚点,对分散的行业终端进行监控。其特点是行业特征强,用户自行管理,而且可位于企业端或者托管。

M2M 涉及五个重要的技术部分:机器、M2M 硬件、通信网络、中间件、应用[14]。

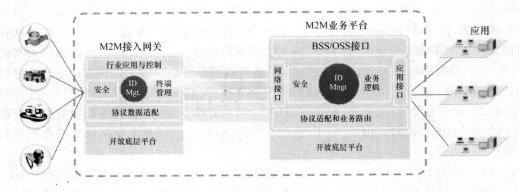

图 1-7　M2M 业务平台

1. 智能化机器

"人、机器、系统的联合体"是 M2M 的有机结合体。可以说,机器是为人服务的,而系统则都是为了机器更好地服务于人而存在的。

2. M2M 硬件

实现 M2M 的第一步就是从机器设备中获得数据,然后把它们通过网络发送出去。使机器具有"开口说话"能力的基本途径有两条:在制造机器设备的同时就嵌入 M2M 硬件;或是对已有机器进行改装,使其具备连网和通信的能力。M2M 硬件是使机器获得远程通信和联网能力的部件。一般来说,M2M 硬件产品可分为以下五类。

(1) 嵌入式硬件

嵌入到机器里面,使其具备网络通信能力。常见的产品是支持 GSM/GPRS 或 CDMA无线移动通信网络的无线嵌入式数据模块。典型产品有诺基亚的 12 GSM,索尼爱立信的 GR 48 和 GT 48,摩托罗拉的 G18/G20 for GSM、C18 for CDMA,西门子的 TC45、TC35i、MC35i 等。

(2) 可改装硬件

在 M2M 的工业应用中,厂商拥有大量不具备 M2M 通信和连网能力的机器设备,可改装硬件就是为满足这些机器的网络通信能力而设计的。其实现形式各不相同,包括从传感器收集数据的输入/输出(I/O)部件;完成协议转换功能,将数据发送到通信网络的连接终端(Connectivity Terminals)设备;有些 M2M 硬件还具备回控功能。典型产品有诺基亚的 30/31 for GSM 连接终端等。

(3) 调制解调器

嵌入式模块将数据传送到移动通信网络上时,起的就是调制解调器(Modem)的作用。而如果要将数据通过有线电话网络或者以太网送出去,则需要相应的调制解调器。典型产品有 BT-Series CDMA、GSM 无线数据 Modem 等。

(4) 传感器

经由传感器,让机器具备信息感知的能力。传感器可分为普通传感器和智能传感器两种。

　　智能传感器(Smart Sensor)是指具有感知能力、计算能力和通信能力的微型传感器。由智能传感器组成的传感器网络(Sensor Network)是 M2M 技术的重要组成部分。一组具备通信能力的智能传感器以 Ad Hoc 方式构成无线网络,协作感知、采集和处理网络所覆盖的地理区域中感知对象的信息,并发布给用户。也可以通过 GSM 网络或卫星通信网络将信息传给远方的 IT 系统。典型产品如英特尔的基于微型传感器网络的"智能微尘"(Smart Dust)等。

　　(5) 识别标识

　　识别标识(Location Tags)如同每台机器设备的"身份证",使机器之间可以相互识别和区分。常用的技术如条形码技术、射频标签 RFID 技术等。标识技术已经被广泛地应用于商业库存和供应链的管理。

　　3. 通信网络

　　通信网络在整个 M2M 技术框架中处于核心地位,包括广域网(无线移动通信网络、卫星通信网络、Internet、公众电话网)、局域网(以太网、无线局域网、蓝牙)、个域网(Zig-Bee、传感器网络)。

　　4. 中间件

　　中间件(Middleware)在通信网络和 IT 系统间起桥接作用。中间件包括两部分:M2M 网关和数据收集/集成部件。

　　网关获取来自通信网络的数据,将数据传送给信息处理系统。主要的功能是完成不同通信协议之间的转换。数据收集/集成部件是为了将数据变成有价值的信息。对原始数据进行不同加工和处理,并将结果呈现给需要这些信息的观察者和决策者。这些中间件包括:数据分析和商业智能部件、异常情况报告和工作流程部件、数据仓库和存储部件等。

1.2.4　蓝牙

　　蓝牙(Bluetooth)技术是一种尖端的开放式无线通信标准,能够在短距离范围内无线连接桌上型计算机与笔记本式计算机、便携设备、PDA、移动电话、拍照手机、打印机、数码相机、耳麦、键盘甚至是计算机鼠标。蓝牙无线技术使用了全球通用的频带(2.4 GHz),以确保能在世界各地通行无阻。简言之,蓝牙技术让各种数码设备之间能够无线沟通,让散落各种连线的桌面成为历史。有了整合在 Mac OS X 中的蓝牙无线技术,人们就可以轻松连接 Apple 计算机和基于 Palm 操作系统的便携设备、移动电话以及其他外围设备——在 9 m(约 30 ft)距离之内以无线方式彼此连接。

　　1. 蓝牙的技术特点

　　(1) 使用全世界通用的频段和跳频技术

　　现有蓝牙标准定义的工作频率范围是 ISM 频段中的 2.4～2.4835 GHz 之间的频段

上。使用该频段的产品无须事先申请也无须缴纳频率使用费。为了避免与此频段上的其他通信系统相互干扰,蓝牙技术还采用了频率跳跃(Frequency Hopping)技术来消除干扰和降低电波衰减。蓝牙技术联盟(Bluetooth Special Interest Group)将该频段划分为 79 个跳频信道,每个信道带宽 1 MHz。为了抗衰减、抑制干扰和提高系统稳定性,蓝牙采用高速跳频、短分组及快速确跳的方案工作,当蓝牙接收到一个分组后,迅速随机跳到另一个新的频点工作。跳频速率分别为 1 600 跳/秒(连接状态)和 3 200 跳/秒(寻呼和查询状态),每个时隙的发送时间为 0.625 ms。跳频技术非常适合用于低功率以及低成本的发射元件上,所以蓝牙采用此技术也并非独例。但是蓝牙运用此跳频技术的最大特点在于每秒高达 1 600 次的跳跃频率上。

(2) 采用 TDMA(时分多址)技术

蓝牙应用 TDMA 技术,蓝牙基带信号速率为 1 Mbit/s,采用数据包的形式按时隙传送,每个时隙 0.625 ms。每个蓝牙设备都在自己的时隙中发送数据,这在一定程度上可以有效地避免无线通信的碰撞和隐藏终端问题。

(3) 支持语音和数据的同时传输

蓝牙技术定义了电路交换与包交换的传输类型,能够支持语音与数据信息的单独或同时传输。目前电话网的语音通话属于电路交换类型,网络上的数据传输则属于包交换类型,这两种网络都不能同时发送语音与数据信息。虽然现在已有许多利用包交换来发送语音的应用服务,如 VoIP(Voice IP),但是当网络发生堵塞时,将增加各个包在传输时的延迟,造成语音断断续续的现象,而蓝牙技术同时支持电路交换和包交换的传输类型,能够较好地支持实时的同步定向连接和非实时的异步不定向连接。而前者主要是传送语音等实时信息,后者则以数据为主。

(4) 短距离、低功耗、低成本

蓝牙目前定义的无线通信工作距离是 10 m,经过增加射频功率也可以达到 100 m。这样短的传输距离,可以保证较高的数据传输速率,同时也可以降低其他无线通信设备的干扰。蓝牙技术同时也以轻、小、薄为目标,希望能将蓝牙技术整合在单芯片中,达到低功耗、低成本的目的。目前蓝牙控制芯片的价格已降到 1 美元以内,这势必进一步加速蓝牙技术的普及。同时,蓝牙芯片的发射频率可以根据自动模式调节,正常工作时的发射功率为 1 mW(0 dBm)。当传输减少或停止时,蓝牙设备进入低功率工作模式,该模式比正常工作模式节省 70% 的发射功率,所以在设计蓝牙耳机的时候,不太需要考虑散热问题。

2. 蓝牙面临的挑战[15]

(1) 技术问题

蓝牙是一种还没有完全成熟的技术,尽管被描述得前景诱人,但还有待于实际使用的严格检验。蓝牙的通信速率也不是很高,在当今这个数据爆炸的时代,可能也会对它的发展有所影响。

(2) 成本问题

目前主流的软件和硬件平台均不提供对蓝牙的支持,这使得蓝牙的应用成本升高,普及难度增大。

（3）受干扰问题

ISM 频段是一个开放频段，可能会受到诸如微波炉、无绳电话、科研仪器、工业或医疗设备的干扰。最重要的一点就是有效距离太近了，一般是 10 m 左右。

1.3　应　用　技　术

作为物联网架构两端的感知层和应用层是物联网的核心所在，感知层强调利用感知技术与智能装置对物理世界进行感知识别，应用层则侧重于对感知层采集数据的计算、处理和知识挖掘，从而达到对物理世界实时控制、精确管理和科学决策的目的。主要包括应用基础设施/中间件为物联网应用提供信息处理、计算等通用基础服务设施、能力及资源调用接口，以此为基础实现物联网在众多领域的各种应用。

当前，学术领域和应用领域普遍将物联网研究聚焦物联网的感知层，强调对物理世界的感知和信息采集，而对网络层和应用层的重视不足。对于物联网来讲，感知层的数据采集只是物联网的首要环节，而对感知层所采集海量数据的智能分析和数据挖掘，以实现对物理世界的精确控制和智能决策才是物联网的最终目标，也是物联网智慧性体现的核心，这一目标的实现离不开应用层的支撑，因此本节从应用层角度分析物联网的需求特征，对应用层的关键技术和目前存在的突出问题进行了研究，主要包括云计算技术、数据管理与处理、软件与平台呈现以及相关的应用标准体系等方面。

1.3.1　云计算

云计算概括地讲是通过虚拟化技术将资源进行整合形成庞大的计算与存储网络，用户只需要一台接入网络的终端就能够以相对低廉的价格获得所需的资源和服务而无须考虑其来源，这是一种典型的互联网服务方式[16]。云计算实现了资源和计算能力的分布式共享，能够很好地应对物联网海量数据信息量高速增长的问题。

云计算并不是一个简单的技术名词，并不仅仅意味着一项技术或一系列技术的组合。它所指向的是 IT 基础设施的交付和使用模式，即通过网络以按需、易扩展的方式获得所需的资源（硬件、平台、软件）。提供资源的网络被称为"云"。从更广泛的意义上来看，云计算是指服务的交付和使用模式，即通过网络以按需、易扩展的方式获得所需的服务，这种服务可以是 IT 基础设施（硬件、平台、软件），也可以是任意其他的服务。无论是狭义还是广义，云计算所秉承的核心理念是"按需服务"，就像人们使用水、电、天然气等资源的方式一样。这也是云计算对于 ICT（信息、通信和技术）领域乃至于人类社会发展最重要的意义所在。

1. 云计算的关键技术

云计算是随着处理器技术、虚拟化技术、分布式存储技术、宽带互联网技术和自动化管理技术的发展而产生的。从技术层面上讲，云计算基本功能的实现取决于两个关键的因素，一个是数据的存储能力，另一个是分布式的计算能力。因此，云计算中的"云"可以再细分为"存储云"和"计算云"，也即"云计算＝存储云＋计算云"。

存储云：大规模的分布式存储系统；

计算云：资源虚拟化＋并行计算。

并行计算的作用是首先将大型的计算任务拆分，然后再派发到云中节点进行分布式并行计算，最终将结果收集后统一整理，如排序、合并等。

虚拟化最主要的意义是用更少的资源做更多的事。在计算云中引入虚拟化技术，就是力求能够在较少的服务器上运行更多的并行计算，对云计算中所应用到的资源进行快速而优化的配置等。

MapReduce 是计算云的典型技术，它是由 Google 公司研发的一种编程模型，主要用于海量数据集（例如，T 级的数据）的分析处理。MapReduce 的基本思想是：将要执行的作业分解成若干 Map 的 Reduce 任务的方式执行。首先通过 Map 程序将需要处理的数据映射（Map）成键/值对的形式，调度给大量计算机处理，再通过化简（Reduce）程序将结果汇整输出。简单来说，MapReduce 编程模型就是任务的分解与结果的汇总。由于引进了 MapReduce 编程模型，编程人员即使在没有多少编程经验的情况下，也能方便地写出复杂的并行程序，并在云计算平台上高效率执行。

HDFS（Hadoop Distributed File System）则是分布式文件存储系统的典型技术。它存储云计算 Hadoop 集群中的所有存储节点上的文件。HDFS 有着高容错性的特点，并且可以设计用来部署在低廉的硬件设备上。它提供高传输率来访问应用程序的数据，适合那些有着超大数据集的应用程序，并且可以实现流的形式访问文件系统中的数据。

2. 云计算框架

如图 1-8 所示，从云计算部署的角度，云计算分为私有云、社区云、公共云和混合云。私有云被一个组织管理操作。社区云由多个组织共同管理操作，具有一致的任务调度和安全策略。公共云由一个组织管理维护，提供对外的云服务，可以被公众所拥有。混合云是以上两种或两种以上云的组合。从云计算服务的角度，云计算服务类型可以分为基础设施即服务（IaaS）、平台即服务（PaaS）、软件即服务（SaaS）[17]。

（1）IaaS 在服务层次上是最底层服务，接近物理硬件资源，通过虚拟化的相关技术，为用户提供处理、存储、网络以及其他资源方面的服务，以便用户能够部署操作系统和运行软件。这一层典型的服务如亚马逊的弹性云（Amazon，EC2）和 Apache 的开源项目 Hadoop。EC2 与 Google 提供的云计算服务不同，Google 只为在互联网上的应用提供云计算平台，开发人员无法在这个平台上工作，因此只能转而通过开源的 Hadoop 软件支持来开发云计算应用。Amazon EC2 给用户提供了一个虚拟计算环境，让用户通过 Web 服务接口启动多种操作系统的实例。同时，用户可以创建亚马逊机器镜像（AMI），镜像包括库文件、数据和环境配置，通过弹性计算云的网络界面去操作在云计算平台上运行的各个实例(Instance),同时用户需要为相应的简单存储服务(S3)和网络流量付费。Hadoop 是一个开源的基于 Java 的分布式存储和计算的项目,其本身实现的是分布式文件系统 (HDFS)以及计算框架 MapReduce。此外,Hadoop 包含一系列扩展项目,包括了分布式文件数据库 HBase(对应 Google 的 Bigtable)、分布式协同服务 ZooKeeper(对应 Google 的 Chubby),等等。Hadoop 有一个单独的主节点,主要负责 HDFS 的目录管理(Name-Node)以及作业在各个从节点的调度运行(JobTracker)。

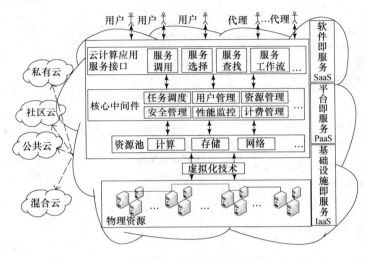

图 1-8　云计算框架图

(2) PaaS 是构建在基础设施即服务之上的服务,用户通过云服务提供的软件工具和开发语言,部署自己需要的软件运行环境和配置。用户不必控制底层的网络、存储、操作系统等技术问题,底层服务对用户是透明的,这一层服务是软件的开发和运行环境。这一层服务是一个开发、托管网络应用程序的平台,代表性的有 Google App Engine 和 Microsoft Azure。使用 Google App Engine,用户将不再需要维护服务器,用户基于 Google 的基础设施上传、运行应用程序软件。目前,Google App Engine 用户使用一定的资源是免费的,如果使用更多的带宽、存储空间等需要另外支付费用。Google App Engine 提供一套 API 使用 Python 或 Java 来方便用户编写可扩展的应用程序,但仅限 Google App Engine 范围的有限程序,现存很多应用程序还不能很方便地运行在 Google App Engine 上。Microsoft Azure 构建在 Microsoft 数据中心内,允许用户应用程序,同时提供了一套内置的有限 API,方便开发和部署应用程序。此平台包含在线服务 LiveService、关系数据库服务 SQL Service、各式应用程序服务器服务.NETservice 等。

(3) 最上一层 SaaS,该服务是前两层服务所开发的软件应用,不同用户以简单客户端的方式调用该层服务,例如,以浏览器的方式调用服务。用户可以根据自己的实际需求,通过网络向提供商定制所需的应用软件服务,按服务多少和时间长短支付费用。最早提供该服务模式的是 Salesforce 公司运行的客户关系管理系统（CRM），它是在该公司 PaaS 的 force.com 平台下开发的 SaaS，而 Google 的在线办公自动化软件如文档、表格、幻灯片处理也是采用 SaaS 服务模式。对典型的云计算服务平台的特征比较如表 1-4 所示。

表 1-4　代表性的云计算服务及平台比较[18]

属性	Amazon EC2	Hadoop	Google App Engine	Microsoft Azure	Sales Force .com(CRM)	Google Documents 等
类型	IaaS	IaaS	PaaS	PaaS	SaaS	SaaS
服务内容	存储、计算、管理和应用服务		程序运行 API 和开发、部署系统平台		Web 应用和服务	
用户调用方式	可靠的底层 API 和命令行工具		Web API 和命令行工具		主要以简单的浏览器方式使用	
平台	Linux，Windows		Linux，Windows，.Net 平台		Linux，Windows	
特征	提供用户虚拟化的存储、处理、计算服务等基础设施资源和框架		提供在云环境下的程序应用开发运行平台		提供任何时间、地点的应用程序使用	
部署模式及语言	自定义基于 Linux 的亚马逊虚拟映象（AMI）和 Java 语言		Python，.Net 支持 Java 的语言		无须部署，可以浏览器方式调用	

　　云计算提供的不同层次服务使开发者、服务提供商、系统管理员和用户面临许多挑战。图 1-8 中对此做出归纳概述。底层的物理资源经过虚拟化转变为多个虚拟机，以资源池多重租赁的方式提供服务，提高了资源的效用。核心中间件起到任务调度、资源和安全管理、性能监控、计费管理等作用。一方面，云计算服务中涉及大量的调用第三方软件及框架和重要数据处理的操作，这需要有一套完善的机制，以保证云计算服务安全有效地运行；另一方面，虚拟化的资源池所在的数据中心往往电力资源耗费巨大，解决这样的问题需要设计有效的资源调度策略和算法。在用户通过代理或者直接调用云计算服务的时候，需要和服务提供商之间建立服务等级协议（Service Level Agreement，SLA），那么必然需要服务性能监控，以便设计出比较灵活的付费方式。此外，还需要设计便捷的应用接口，方便服务调用。而用户在调用中选择什么样的云计算服务，这就要设计合理的度量标准并建立一个全球云计算服务市场以供选择调用。

3. 物联网与云计算

　　物联网与云计算都是基于互联网的，可以说互联网就是它们互相连接的一个纽带。人类是从对信息积累搜索的互联网方式逐步地向对信息智能判断的物联网方式前进。而且这样的信息智能是结合不同信息载体进行的，互联网教会人们怎么看信息，物联网则教会人们怎么用信息,更具智慧是物联网的特点。由于把信息的载体扩充到"物",因此,物联网必然是一个大规模的信息计算系统,是互联网通过传感网络向物理世界的延伸,它的最终目标是对物理世界进行智能化管理。物联网的这一使命,也决定了它必然要由一个大规模的计算平台作为支撑。

由于云计算从本质上来说是一个用于海量数据处理的计算平台,因此,云计算技术是物联网涵盖的技术范畴之一。随着物联网的发展,未来物联网将势必产生海量数据,而传统的硬件架构服务器将很难满足数据管理和处理要求。如果将云计算运用到物联网的传输层与应用层,采用云计算的物联网,将会在很大程度上提高运行效率。可以说,如果把物联网当做一台主机的话,云计算就是它的 CPU。

物联网运营平台需要支持通过无线或有线网络采集传感器网络节点上的物品感知信息,进行格式转换、保存和分析计算。相比互联网相对静态的数据,在物联网环境下,将更多地设计基于时间和空间特征、动态的超大规模数据计算。

如果物联网的规模达到足够大,就有必要和云计算结合起来,如行业应用:智能电网、地震台网监测、物流管理、动植物研究、智能交通、电力管理等方面就非常适合通过云计算的服务平台,通过物联网的技术支撑,更好地为人类服务。

云计算中心对接入网络的终端的普适性,最终解决了物联网的 M2M 应用的广泛性,物联网在具有相当规模之后,最终也将解决物联网的 M2M 应用。

1.3.2　数据管理与处理

物联网要实现人与物、物与物的智慧对话,必须对数据进行管理和智能处理,主要包括数据的采集、存储、查询、分析(融合与挖掘)等关键环节。这些数据智能处理技术已渗透在信号处理、传感网、数据库、信息检索技术、智能控制等领域。这些不同的领域都侧重于数据处理的不同方面:传感网研究中侧重于网络节点上数据分布、数据路由策略的研究,数据库中的数据管理技术侧重于数据模型、存储方式、索引策略和查询实现的研究,智能控制中的数据处理侧重于数据融合、特征提取和实时响应等。物联网中的数据智能处理技术不仅涵盖了这些数据处理方式,同时具有自己的特点。因此,要实现物联网的数据管理与智能处理,必须在合理运用已有技术的基础上引入新的技术和方法[19]。

物联网中数据的特点主要表现在以下几个方面。

(1)异构性

在物联网中,不仅不同的对象会有不同类型的表征数据,同一个对象也会有各种不同格式的表征数据。如在物联网中为了实现对一栋写字楼的智能感知,需要处理各种不同类型的数据,如探测器传来的各种高维观测数据,专业管理机构提供的关系数据库中的关系记录,互联网上提供的相关超文本链接标记语言(HTML)、可扩展标记语言(XML)、文本数据等。为了实现完整准确的感知,必须综合利用这些不同类型的数据来全面地获得信息,这也是提供有效的信息服务的基础。

（2）海量性

物联网是一个网络的海洋，更是一个数据的海洋。在物联网中，世界中的各个对象都连接在一起，每个对象都可能在变化，表达其特征的数据在不断地积累。如何有效地改进已有的技术和方法或提出新的技术和方法来高效地管理和处理这些海量数据将是从数据中提取信息并进一步融合、推理和决策的关键。

（3）不确定性

物联网中的数据具有明显的不确定性特征，主要包括数据本身的不确定性、语义匹配的不确定性和查询分析的不确定性等。为了获得客观对象的准确信息，需要去粗取精、去伪存真，以便人们更全面地进行表达和推理。

1. 数据挖掘与融合技术

数据挖掘是从大量的数据中提取潜在的、事先未知的、有用的、能被人理解的模式的高级处理过程。被挖掘的数据可以是结构化的关系数据库中的数据，半结构化的文本、图形和图像数据，或者是分布式的异构数据。数据挖掘是决策支持和过程控制的重要技术支撑手段。

数据融合是一个多级、多层面的数据处理过程，主要完成对来自多个信息源的数据的自动检测、关联、估计及组合等的处理，是基于多信息源数据的综合、分析、判断和决策的新技术。数据融合有数据级融合、特征级融合、决策级融合，其中：

（1）数据级融合直接在采集到的原始数据上进行融合，是最低层次的融合，它直接融合现场数据，失真度小，提供的信息比较全面。

（2）特征级融合先对来自传感器的原始信息进行特征提取，然后对特征信息进行综合分析和处理，这一级的融合可实现信息压缩，有利于实时处理，它属于中间层次的融合。

（3）决策级融合在高层次上进行，根据一定的准则和决策的可信度做最优决策，以达到良好的实时性和容错性。

数据挖掘与数据融合是两种功能不同的数据处理过程，前者发现模式，后者使用模式。两者的目标、原理和所用的技术各不相同，但功能上相互补充，将两者集成可以达到更好的多源异构信息处理效果。

2. 数据空间技术

数据空间[20]是近几年提出的数据管理新技术。数据空间是与主体相关的数据及其联系的集合，其中的所有数据对主体来说都是可控的。主体相关性和可控性是数据空间数据项的基本属性。研究者指出数据空间有 3 个基本要素：主体、数据集和服务，其中主体是指数据空间的所有者；数据集是与主体相关的所有可控数据的集合，包括对象和对象之间的关系；主体通过服务对数据空间进行管理和使用，服务包括分类、查询、更新、索引等。可以说一个数据空间应该包含与某个组织或个体相关的一切信息，无论这些信息是以何种形式存储、存放于何处。数据空间技术包括信息抽取、分类、模式匹配、数据模型、数据集成与更新、数据查询、存储索引、数据演化等多个方面。

提出数据空间的初始目标是解决 Web 应用中多源、异构、海量数据管理和使用问题。典型的例子是通过构造个人数据空间,用户可以实现复杂的语义查询,实现随时随地对个人数据的快速访问,可以方便地备份个人重要数据,保持异地数据同步。通过构造群组数据空间,群组成员之间可以方便地进行信息的共享与交流。

3. 物联网数据管理与智能处理思路

为了实现物联网中海量数据的高效处理,无缝地融合各种异构数据,最终为物联网中的决策与控制服务提供支撑,本书提出一种综合运用以上技术来解决物联网的数据管理与智能处理问题的思路:以云计算平台为数据管理平台;以数据空间来逻辑组织主体的数据和服务;在此基础上以数据挖掘和数据融合相集成的方式实现多层次、多粒度、跨领域的数据处理;同时,对数据及其上的服务进行不确定性表达和推理,从而实现对多元世界的准确刻画。

由于物联网中的数据具有多源、异构、海量的特点,做出一个决策可能要使用原始感知数据、融合过的数据、领域数据。这些数据经常具有不同类型,如字符型等常规数据、时间数据、空间数据、知识等,而且这些数据所表征的事物可能是同领域的,也可能是跨领域的,但它们之间通常具有内在的联系。数据空间的初始目标就是解决 Web 应用中多源、异构、海量数据的管理和使用问题。因此,在数据空间的概念下组织、管理和使用物联网数据是可行而有效的途径,也符合物联网自身的可扩展性特点。

基于云计算平台来实施物联网数据的管理可以充分利用云计算平台的可靠、安全的数据存储中心和严格的权限管理策略,以及云计算中心对接入网络的终端的普适性,有利于解决物联网的机器对机器通信(M2M)应用的广泛性,并可与运营商合作,避免重复投资。同时借鉴云计算数据管理技术,设计海量数据处理的体系结构,能突破吞吐量"瓶颈",实现实时或准实时的数据查询和深层次的数据分析。

在物联网中通常要综合利用各种异构的数据源来实现智慧感知。数据源本身的不确定性不可避免地带来物联网数据空间的不确定性,主要包括数据本身的不确定性、语义映射的不确定性和查询分析的不确定性等,有必要利用不确定性技术来对物联网的数据进行管理。采用不确定性理论对数据本身、语义映射和查询服务进行表达,并据此推理,能够更好地描述可能的物联网世界,符合物联网数据不确定和动态演化的特点,能帮助人们实现不确定条件下的情景感知和决策。

(1) 物联网数据的管理

针对物联网的数据管理需要研究以下内容。

① 数据空间中采用的数据模型

需要合理地定义物联网数据空间的要素,研究出更为灵活的模型来表达数据空间数据及其关联关系的方法,研究由数据获取模式的方法、模式演化的维护等。

② 不同粒度主体对数据的提取

需要针对物联网数据空间的 3 个不同的数据融合层次,研究融合感知数据提取实体数据、融合实体数据提取决策数据、3 个层次间的相互融合关系。

③ 数据的存储方式

由于物联网数据空间中数据模式频繁变化,主体对应的数据多样,需要研究合理的存储策略及其在云计算平台的分布策略。

④ 数据的索引策略

数据空间是介于模式固定的数据管理方式和松散的搜索引擎间的一种更为灵活的数据管理方式,其索引不仅要充分利用结构特征也要利用内容特征,如关键字等。需要全面研究物联网数据的结构索引策略、内容索引策略、结构和内容相结合的索引策略。

(2) 物联网数据的智能处理

数据处理是受服务驱动的,物联网的服务包括:分析、决策与控制。为了实现这些服务,在数据层面,需要进行一系列的数据处理工作。针对物联网数据的智能处理,需要研究以下三方面的内容。

① 以融合和决策为目的的海量数据的实时挖掘

基于物联网服务的需求,物联网中的数据挖掘应分为两个方面:辅助常规决策的数据挖掘和辅助数据融合的数据挖掘。

鉴于物联网数据的异构、海量、分布性和决策控制的实时性,需要研究数据挖掘引擎的布局及多引擎的调度策略;需要研究时空数据的实时挖掘方案,海量数据的实时挖掘方法,不确定知识条件下的实时挖掘算法,数据挖掘算法的综合运用、改进和新算法,低时空复杂度算法;需要考虑物联网隐私的重要性,需要研究隐私保护的数据挖掘方法。

② 以情境感知为目的的不确定性建模和推理

针对数据本身的不确定性,需要研究感知数据本身的不确定性表达和推理、实体数据的不确定性表达和推理以及决策数据的不确定性表达和推理。

针对语义映射的不确定性,需要研究融合感知数据获取实体数据过程中的不确定性表达和推理、融合实体数据获得决策数据过程中不确定性表达和推理。

针对查询分析的不确定性,需要研究物联网高维数据在松散模式下查询的不确定性表达、查询结果的不确定性表达和推理、联机分析处理(OLAP)和数据挖掘如何从不确定性数据中获取合理结果等内容。

③ 物联网与云计算的结合

针对物联网与云计算的结合,需要研究符合物联网数据海量和负载动态变化特点的云计算平台构建方法。除了设计数据的存储之外,需要研究每个主体的分析与挖掘服务如何通过云计算的批处理任务实现,如何实现任务调度引擎,如何实现在线的监测和查询服务。各项研究应以达到物联网实时或准实时的处理要求为目标。

1.3.3　软件及平台

1. 软件和中间件是物联网的灵魂

物联网产业发展的重心是能够带来实际效果的应用,而软件是做好应用的关键。物联网软件包括服务器端的应用软件和中间件以及数据挖掘和分析软件,还有传输层和末端的嵌入式软件。

物联网应用软件和中间件处于三层架构的中上层和顶层,如果把物联网系统和一个人体做比较,感知层好比人体的四肢,传输层好比人的身体和内脏,那么应用层就好比人的大脑。软件和中间件是物联网系统的灵魂和中枢神经,这应该是国内外业界的共识。这也是为什么泛在计算、智慧地球等概念是由作为软件和 IT 服务商的 IBM 提出的原因。软件巨头微软的老板比尔·盖茨 1995 年在其《未来之路》一书中就已隐约看到了物联网的潜力,但他并没有提到“物联网”(Internet of Things)这个词,Google 也推出了PowerMeter等物联网计划,微软和 Google 都是软件公司。其实,1995 年 SUN 公司 Java语言的出现也可以说是源于物联网理念,Java 之父 James Gosling 的“Write once,Run everywhere”的思想就是要设计一种能够在任何“Device”(包括冰箱、电视等设备)上都能不加改动就能运行的计算机语言,后来 Java 技术从 JavaCard,J2ME 到 JINI,JavaTV 等软件标准和技术的发展,都为物联网软件技术奠定了很好的基础。

根据物联网的定义,任何末端设备和智能物件只要嵌入了芯片和软件都是物联网的连接对象,可以说所有嵌入式软件都是直接或间接地为物联网服务的。在一般的理解中,思科和华为等网络设备制造商应该是硬件公司,其实思科员工中软件和硬件工程师的比例约为 5:1,它的核心还是软件,硬件都是 OEM(贴牌)来的。

根据工业和信息化部每年的统计数据,华为是中国最大的软件公司。如图 1-9 所示,M2M/泛在计算,也就是物联网的厂商市场格局中,软件厂商占据了绝对主导地位。

在物联网概念被大众理解和接受以后,人们早已发现,物联网并不是什么全新的东西,上万亿的末端“智能物件”和各种应用子系统早已存在于工业和日常生活中。我们认为,物联网产业发展的关键在于把现有的智能物件和子系统链接起来,实现应用大集成(Grand Integration)和“管控营一体化”,为实现“高效、节能、安全、环保”的和谐社会服务,要做到这一点,软件(包括嵌入式软件)和中间件将作为关键和灵魂起至关重要的作用。这并不是说发展传感器等末端不重要,在大集成工程中,系统变得更加智能化和网络化,反过来会对末端设备和传感器提出更高的要求,如此循环螺旋上升推动整个产业链的发展。因此,要占领物联网制高点,软件和中间件的作用至关重要,应该得到国家层面的决策和扶持政策的高度重视。

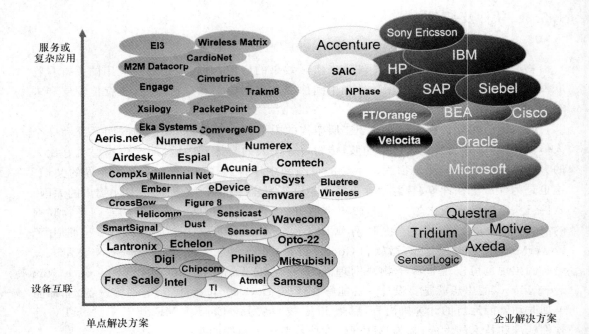

图 1-9   物联网市场中的厂商格局

2. 物联网系统中软件技术的特点

在物联网系统中,大量的传感器节点不断地向数据中心传递所采集的数据,从而形成了海量的异构数据流。数据中心不仅需要理解这些数据,而且需要及时地分析处理这些数据,从而实现有效的感知和控制。通过分析不难看出,物联网系统中软件技术需要面对的挑战[21]如下。

(1)传感器节点及采样数据的异构性

物联网系统中包含形形色色的传感器,如交通类传感器、水文类传感器、地质类传感器、气象类传感器、生物医学类传感器等。其中,每一类传感器又包括诸多具体用途的传感器,如交通类传感器包括全球定位系统(Global Positioning System,GPS)传感器、射频识别传感器、车牌识别传感器、电子照相身份识别传感器、交通流量传感器(红外、线圈、光学、视频传感器)、路况传感器、车况传感器等。这些传感器不仅结构和功能不同,而且所采集的数据也是异构的。这种异构性大大增加了软件开发和数据处理的难度。

(2)物联网节点及数据的海量性

据摩根士丹利(Morgan Stanley)等权威机构预测,互联网中连网计算机的数量将增长到十亿级,连网移动终端的数量将增长到百亿级。普遍认为,物联网终端的规模将是互联网的数十倍,2020 年物联网终端的规模很可能达到千亿量级,2030 年有可能达到万亿量级。这些终端所产生的数据量也是海量的,数据规模将从今天的数百 EB 增长到数百

ZB。海量数据的存储、传输与及时处理将面临前所未有的挑战。

（3）物联网数据的时效性

物联网数据所反映的都是在数据采集时刻传感器的状态。例如，机场油库温度传感器的采样值只在规定的时间范围（如 1 min）内有效，一旦超出该时间范围，传感器的采样值也就不再有效。此外，由于传感器数据反映的是被监控目标的物理状态，系统反应速度过慢超过规定的时间范围就可能导致灾难性的后果，这就要求物联网系统必须具有快速反应的能力。

（4）物联网数据的时空敏感性

与普通互联网节点不同，物联网节点普遍存在着空间和时间属性，即每个节点都有地理位置，每个数据采样值都有时间属性，而且许多节点的地理位置还是随时间连续变化和移动的。例如，在智能交通系统中，各车辆安装了高精度 GPS，在交通网络中动态地移动；候鸟跟踪系统通过 GPS 所跟踪的鸟群位置与迁徙路线也是随时间动态变化的；即使是位置固定的传感器，如车库传感器采集的空闲车位数也是一个与时间和空间相关的值。由此可见，对物联网节点空间和时间属性的智能化管理是至关重要的。

（5）物联网的高度安全性与隐私性

安全与隐私保护是信息技术领域的一个永恒的主题，而物联网将安全与隐私的要求提升到了一个新的高度。由于物联网中接入了大量的隐私敏感设备，如摄像头、录音设备、位置跟踪设备、指纹采集器、医疗传感器等，保护不当可能导致大量隐私信息被窃取并被非法使用。此外，物的接入也带来了诸多新的问题，如基于物理量的隐蔽信道问题及隐私泄露问题，如通过家庭的电流变化可以推断家庭的活动规律等私密信息。

3. 关键软件技术

面对物联网环境下软件技术所需面对的挑战，从软件的角度来看，如下关键软件技术对于物联网的广泛应用与推广是至关重要的[22]。

（1）物联网基础软件技术

基础软件是信息系统中的核心支撑软件，主要包括操作系统、数据库系统和中间件等。在物联网系统中，由于传感器节点及采样数据的异构性，基础软件显得尤为重要。物联网基础软件不仅屏蔽了各类传感器硬件及数据的差异，实现了物联网节点及数据的统一处理，而且实现了海量物联网节点之间的协同工作，从而大大简化了物联网应用程序的开发。以动态位置感知类应用为例，相关的传感器可以包括 GPS 传感器、射频识别传感器、手机定位传感器等，这些不同类型的传感器通过相应的接入程序，可以被统一的后台物联网操作系统和数据库系统管理。

（2）物联网云计算技术

云计算是最近几年新兴的一个技术领域，其核心特点是通过一种协同机制，动态管理几十万台、几百万台甚至上千万台计算机资源所具有的总处理能力，并按需分配给全球用户，使他们可以在此之上构建稳定而快速的存储以及其他 IT 服务。在物联网系统中，由于节点及数据的海量性，因此需要采用云计算技术来实现系统的构架。与普通的云计算系统不同,物联网云计算系统的数据是直接来自于传感器节点的数据流,因此面向海量数据流的数据存储、高效查询、持续加载、在线分析处理技术非常重要。此外,物联网云计算系统的计算工作并不是完全在计算中心完成,而是由大量的终端节点直接参加计算,这种计算模式实际上是一种"海-云"结合的计算模式。

（3）时空数据管理技术

物联网数据的时空特性是其最为重要的特性之一,离开了时空特性就无法抓住物联网数据的本质。为此,人们可以通过时态与空间数据库技术、移动对象位置感知数据库技术、时空数据挖掘、时空敏感的信息检索与个性化推荐技术来实现对物联网数据的统一智能化管理。

（4）智能融合型安全技术

在物联网系统中,安全与隐私保护是其核心需求之一。物联网的智能融合型安全技术包括轻量级安全隐私保护技术、最小人工认可的隐私保护技术、基于认知及推理的主动安全防护技术、基于物理量的隐蔽信道分析与隐私保护技术等。

（5）物联网服务器端软件技术

基于中央服务器的"大集成"（Grand Integration）是物联网应用系统的主要形式,大集成包括原有的消除信息孤岛的 EAI 信息集成和智能物件及物联网监控子系统的集成。EAI,SOA,ESB/MQ,SaaS 等技术理念对物联网应用同样适用,原有面向互联网应用的基于 MVC 三层架构的应用服务器中间件,包括基于 Java 技术的 IBM Webshpere 和 Oracle BEA Weblogic ,以及基于.NET 技术的微软应用服务器,仍将扮演重要的角色。这些厂家必将利用他们现有的优势推出面向物联网应用的新的中间件产品,例如,IBM 推出的 WebSphere Everyplace Device Manager,如图 1-10 所示。

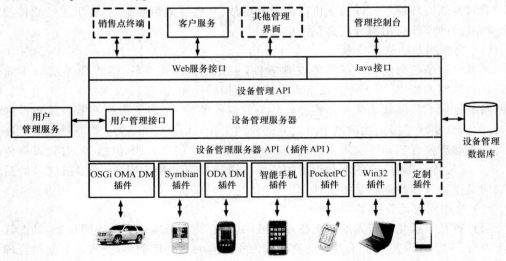

图 1-10　IBM 推出的 WebSphere Everyplace Device Manager

物联网应用要从物连网（Networks of Things）走向真正的物联网（Internet of Things），MMO〔M2M Mobile Operator，即 M2M（虚拟）运营商〕扮演着重要角色。MMO 的 ADC 中心服务器上运行的软件系统需要支持多租户（Multi-Tenants）SaaS 应用模式。这种系统最开始是由 M2M 虚拟运营商（MVNO）开发运营的，但后来由于越来越多看好 M2M 业务的移动运营商的直接参与，M2M 虚拟运营商（如美国的 JasperWireless 等公司）"被迫"成了 M2M SaaS 软件或中间件提供商。中国移动和同方合资的同方合志公司是中国目前最大的 MMO。

4. 物联网软件平台组成

在构建一个信息网络时，硬件往往被作为主要因素来考虑，软件仅在事后才考虑。现在人们已不再这样认为了。网络软件目前是高度结构化、层次化的，物联网系统也是这样，既包括硬件平台也包括软件平台系统，软件平台是物联网的神经系统。不同类型的物联网，其用途是不同的，其软件系统平台也不相同，但软件系统的实现技术与硬件平台密切相关。相对硬件技术而言，软件平台开发及实现更具有特色。一般来说，物联网软件平台建立在分层的通信协议体系之上，通常包括数据感知系统软件、中间件系统软件、网络操作系统（包括嵌入式系统）以及物联网管理和信息中心（包括机构物联网管理中心、国家物联网管理中心、国际物联网管理中心及其信息中心）的管理信息系统（Management Information System，MIS）等[23]。

（1）数据感知系统软件

数据感知系统软件主要完成物品的识别和物品 EPC 码的采集和处理，主要由企业生产的物品、物品电子标签、传感器、读写器、控制器、物品代码（EPC）等部分组成。存储有 EPC 码的电子标签在经过读写器的感应区域时，其中的物品 EPC 码会自动被读写器捕获，从而实现 EPC 信息采集的自动化，所采集的数据交由上位机信息采集软件进行进一步处理，如数据校对、数据过滤、数据完整性检查等，这些经过整理的数据可以为物联网中间件、应用管理系统使用。对于物品电子标签，国际上多采用 EPC 标签，用 PML 语言来标记每一个实体和物品。

（2）物联网中间件系统软件

中间件是位于数据感知设施（读写器）与在后台应用软件之间的一种应用系统软件。中间件具有两个关键特征：一是为系统应用提供平台服务，这是一个基本条件；二是需要连接到网络操作系统，并且保持运行工作状态。中间件为物联网应用提供一系列计算和数据处理功能，主要任务是对感知系统采集的数据进行捕获、过滤、汇聚、计算，数据校对、解调、数据传送、数据存储和任务管理，减少从感知系统向应用系统中心传送的数据量。同时，中间件还可提供与其他 RFID 支撑软件系统进行互操作等功能。引入中间件使得原先后台应用软件系统与读写器之间非标准的、非开放的通信接口，变成了后台应用软件系统与中间件之间，读写器与中间件之间的标准的、开放的通信接口。

一般，物联网中间件系统包含有读写器接口、事件管理器、应用程序接口、目标信息服务和对象名解析服务等功能模块：

① 读写器接口。物联网中间件必须优先为各种形式的读写器提供集成功能。协议处理器确保中间件能够通过各种网络通信方案连接到 RFID 读写器。RFID 读写器与其应用程序间通过普通接口相互作用的标准，大多数采用由 EPC-global 组织制定的标准。

② 事件管理器。事件管理器用来对读写器接口的 RFID 数据进行过滤、汇聚和排序操作，并通告数据与外部系统相关联的内容。

③ 应用程序接口。应用程序接口是应用程序系统控制读写器的一种接口；此外，需要中间件能够支持各种标准的协议（例如，支持 RFID 以及配套设备的信息交互和管理），同时还要屏蔽前端的复杂性，尤其是前端硬件（如 RFID 读写器等）的复杂性。

④ 目标信息服务。目标信息服务由两部分组成：一是目标存储库，用于存储与标签物品有关的信息并使之能用于以后查询；另一个是拥有为提供由目标存储库管理的信息接口的服务引擎。

⑤ 对象名解析服务。对象名解析服务（ONS）是一种目录服务，主要是将对每个带标签物品所分配的唯一编码，与一个或者多个拥有关于物品更多信息的目标信息服务的网络定位地址进行匹配。

（3）物联网信息管理系统

物联网也要管理，类似于互联网上的网络管理。目前，物联网大多数是基于 SNMP 建设的管理系统，这与一般的网络管理类似，提供对象名解析服务（ONS）是重要的。ONS 类似于互联网的 DNS，要有授权，并且有一定的组成架构。它能把每一种物品的编码进行解析，再通过 URL 服务获得相关物品的进一步信息。

物联网管理机构（包括企业物联网信息管理中心、国家物联网信息管理中心以及国际物联网信息管理中心）的信息管理系统软件：企业物联网信息管理中心负责管理本地物联网，它是最基本的物联网信息服务管理中心，为本地用户单位提供管理、规划及解析服务。国家物联网信息管理中心负责制定和发布国家总体标准，负责与国际物联网互联，并且对现场物联网管理中心进行管理。国际物联网信息管理中心负责制定和发布国际框架性物联网标准，负责与各个国家的物联网互联，并且对各个国家物联网信息管理中心进行协调、指导、管理等工作。

1.3.4 物联网典型应用及相关标准

1. 物联网产业链

从物联网的产业链来看，硬件企业负责生产各层次的硬件设备，如感知器件、设备终端、网络硬件、服务器等；软件企业负责各环节软件编写，以实现数据采集、传输、存储、处理和显示等功能；系统集成商通过有机结合硬件和软件来搭建物联网系统，并交付给物联网服务商；服务商直接和终端客户沟通，实现具体应用。

目前，我国物联网产业处于发展初期，系统集成企业一般都兼备软件开发能力，并直接为客户服务,硬件企业相对较为独立,如图 1-11 所示。

2. 物联网典型业务

　　远程测量(Telemetry):这是物联网最典型的应用,其中利用物联网技术和网络对电力和煤气等公共能源进行管理,可以起到很好的节能效果。Telemetry(遥感勘测,自动测量记录传导)终端设备可显示消费量信息、能源输出通知、故障明细,接收/控制端显示定价信息、远程配置。

　　公共交通服务(Public Trafficservices):主要包括交通信息、电子收费(高速公路收费站)、道路使用管理、超速拍照、变更交通信号等。

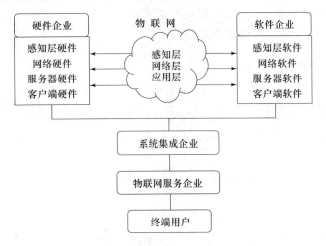

图 1-11　各类企业在物联网中的角色定位

　　销售与支付(Sales & Payment):以自动贩卖机为例,贩卖机显示故障细节、供应计数、库存量、现金量、失窃/被破坏信息、统计数据,接收/控制端显示价格信息、远程配置、广告/活动、无现金支付等。其他应用还包括 POS 终端、博彩、影印机等。

　　远程信息处理/车内应用(Telematics/In-vehicle):包括行驶导航、行驶安全、车辆状况诊断、定位服务、交通信息。

　　安全监督(Security & Surveillance):包括远程登录与移动控制、监控摄像头、财产监视、环境与天气监控。

　　维修维护(Service & Maintenance):可应用于升降机、工业设备。

　　工业应用(Industrial Applications):如工序自动化。

　　家庭应用(Home Applications):包括电气设备控制、门锁管理系统、加热系统控制等。

　　遥测、电话、电视等手段求诊的医学应用(Telemedicine):包括病人远程问诊、远程诊断、(医疗)设备状况跟踪、职员(时间、行程)安排。

　　针对车队、舰船的物流管理(Fleet Management):包括货物跟踪、路线规划、调度管理。

3. 物联网典型行业应用及相关标准

（1）智能电网

如图 1-12 所示，智能电网是基于宽带网络依托智能传感器终端，通过分布式运算进行深层次的数据挖掘进而主动预测、智能分析，实现电网运营的智能化。它是电网的智能化，也被称为"电网 2.0"，它是建立在集成的、高速双向通信网络的基础上，通过先进的传感和测量技术、先进的设备技术、先进的控制方法以及先进的决策支持系统技术的应用，实现电网的可靠、安全、经济、高效、环境友好和使用安全的目标，其主要特征包括自愈、激励、抵御攻击、向用户提供满足 21 世纪用户需求的电能质量、容许各种不同发电形式的接入、启动电力市场以及资产的优化高效运行。

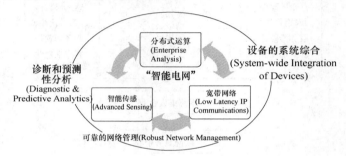

图 1-12　智能电网的定义

智能电网的目标是实现电网运行的可靠、安全、经济、高效、环境友好和使用安全。具体说来，有以下几个方面的需求。

① 智能电网必须更加可靠：智能电网不管用户在何时何地，都能提供可靠的电力供应。它对电网可能出现的问题提出充分的告警，并能忍受大多数的电网扰动而不会断电。它在用户受到断电影响之前就能采取有效的校正措施，以使电网用户免受供电中断的影响。

② 智能电网必须更加安全：智能电网能够经受物理的和网络的攻击而不会出现大面积停电或者不会付出高昂的恢复费用。它更不容易受到自然灾害的影响。

③ 智能电网必须更加经济：智能电网运行在供求平衡的基本规律之下，价格公平且供应充足。

④ 智能电网必须更加高效：智能电网利用投资，控制成本，减少电力输送和分配的损耗，电力生产和资产利用更加高效。通过控制潮流的方法，以减少输送功率拥堵和允许低成本的电源包括可再生能源的接入。

⑤ 智能电网必须更加环境友好：智能电网通过在发电、输电、配电、储能和消费过程中的创新来减少对环境的影响。进一步扩大可再生能源的接入。在可能的情况下，在未来的设计中，智能电网的资产将占用更少的土地，减少对景观的实际影响。

⑥ 智能电网必须是使用安全的：智能电网必须不能伤害到公众或电网工人，也就是

对电力的使用必须是安全的。

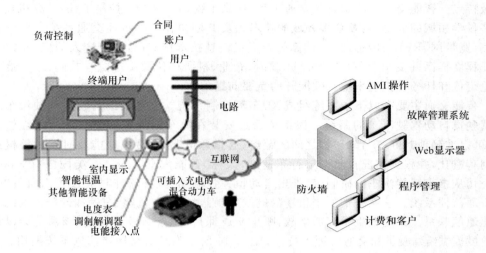

图 1-13　智能电网应用场景

目前,我国智能电网的应用主要体现在:智能抄表、智能用电、电力巡检、电器设备及输电线路的状态监测、电力抢修管理等方面。

智能电网相关技术标准主要进展:目前 IEEE 致力于制定一套智能电网的标准和互通原则(IEEE P2030),主要内容在于以下三个方面:电力工程(power engineering)、信息技术(information technology)和互通协议(communications)等方面标准和原则。

除 IEEE 外,国际电工委员会(IEC)也在发挥重要作用,美国国家标准与技术研究院(National Institute of Standards and Technology,NIST)协调各部门之间的合作。参与标准制定的 15 家机构分别负责标准制定的不同环节。

IEEE 主要致力于互通入网过程的标准,如各个能量源头如何与整个智能电网链接,计量设备的接入(如电表)和时间同步性的标准等。美国机动车工程师学会(SAE)则主要关注机动车接入网络的标准,IEC 则负责信息自动化的模式和环境标准。

（2）智能交通

智能交通物联网是将传感器技术、RFID 技术、无线通信技术、数据处理技术、网络技术、自动控制技术、视频检测识别技术、GPS、信息发布技术等有效地集成运用于整个交通管理系统而建立的一种在大范围内、全方位发挥作用的,实时、准确、高效的综合交通运输管理系统。ITS 可以有效地利用现有交通设施、减少交通负荷和环境污染、保证交通安全、提高运输效率,因而,日益受到各国的重视。

智能交通系统具有以下两个特点:一是着眼于交通信息的广泛应用与服务,二是着眼于提高既有交通设施的运行效率。与一般技术系统相比。智能交通系统建设过程中的整体性要求更加严格。这种整体性体现在:①跨行业特点。智能交通系统建设涉及众多行业领域,是社会广泛参与的复杂巨型系统工程,从而造成复杂的行业间协调问题。②技术领域特点。智能交通系统综合了交通工程、信息工程,通信技术、控制工程、计算机技术等众多科学领域的成果,需要众多领域的技术人员共同协作。③智能交通系统主要由移动通信、宽带网、RFID、传感器、云计算等新一代信息技术作支撑,更符合人的应用需求,可信任程度提高并变得"无处不在"。④政府、企业、科研单位及高等院校共同参与,恰当的角色定位和任务分担是系统有效展开的重要前提条件。

智能交通主要有以下子系统组成:①车辆控制系统。它是辅助驾驶员驾驶汽车或替代驾驶员自动驾驶汽车的系统。该系统通过安装在汽车前部和旁侧的雷达或红外探测仪,可以准确地判断车与障碍物之间的距离,遇紧急情况,车载电脑能及时发出警报或自动刹车避让,并根据路况自己调节行车速度,人称"智能汽车"。目前,美国已有 3 000 多家公司从事高智能汽车的研制,已推出自动恒速控制器、红外智能导驶仪等高科技产品。②交通监控系统。该系统类似于机场的航空控制器,它将在道路、车辆和驾驶员之间建立快速通信联系。哪里发生了交通事故,哪里交通拥挤,哪条路最为畅通,该系统会以最快的速度提供给驾驶员和交通管理人员。如图 1-14 所示为某道路拥堵信息系统架构。③运营车辆管理系统。该系统通过汽车的车载电脑、高度管理中心计算机与全球定位系统卫星连网,实现驾驶员与调度管理中心之间的双向通信,来提供商业车辆、公共汽车和出租汽车的运营效率。该系统通信能力极强,可以对全国乃至更大范围内的车辆实施控制。④旅行信息系统。是专为外出旅行人员及时提供各种交通信息的系统。该系统提供信息的媒介是多种多样的,如计算机、电视、电话、路标、无线电、车内显示屏等,任何一种方式都可以。无论人们是在办公室、大街上、家中、汽车上,只要采用其中任何一种方式,都能从信息系统中获得所需要的信息。有了该系统,外出旅行者就可以眼观六路、耳听八方了。

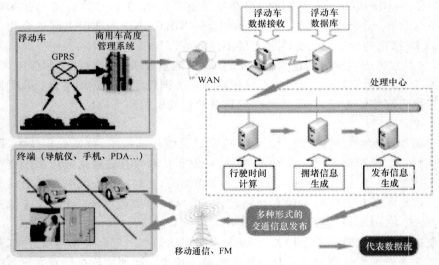

图 1-14　某道路拥堵信息系统架构

我国智能交通相关技术标准主要进展:在科技部和国家质量技术监督局的统一安排下,国家智能交通系统工程技术研究中心和 ISO/TC204 中国秘书处承担了"中国智能交通系统标准体系的研究"。标准体系表覆盖了电子地图、电子收费、交通管理与紧急事件管理、综合运输与运输管理、信息服务、自动公路与车辆辅助驾驶系统等领域。具体标准如表 1-5 所示。

表 1-5　我国智能交通系统标准体系架构

层次	分体系名称	标准要素集群
第一层次	智能运输系统通用标准	报告编制方法、审查规程、通用方法
	术语及定义	术语、缩略语、符号、标志
	基础信息分类编码	分类、代码、编码规则、数据字典
	数字地图及定位	数字地图信息分类、编码、数据格式、定位信息交换、设备技术条件
第二层次	专用通信	电子收费、停车、优先控制、车辆间、车内显示设备短程通信、运输信息、交通控制、专用集群系统通信
	信息服务	信息服务定义、编码、数据字典、数据格式、设备技术要求、线路诱导信息规范及物理接口
	交通与紧急事件管理	交通管理外场设备、交通管理中心、交通事故、紧急事件、停车管理
	电子收费	电子收费信息交换、设备技术条件、测试及管理规程、电子收费清算
	综合运输及运输管理	通用信息交换、电子数据交换、停车管理、客运、货运、危险品运输
	自动辅助驾驶	辅助驾驶、自动驾驶、安全及警告、车辆盗后系统

（3）精准农业

精准农业是当今世界农业发展的新潮流,是由信息技术支持的根据空间变异,定位、定时、定量地实施一整套现代化农事操作技术与管理的系统,其基本含义是根据作物生长的土壤性状,调节对作物的投入,即一方面查清田块内部的土壤性状与生产力空间变异,另一方面确定农作物的生产目标,进行定位的"系统诊断、优化配方、技术组装、科学管理",调动土壤生产力,以最少的或最节省的投入达到同等收入或更高的收入,并改善环境,高效地利用各类农业资源,取得经济效益和环境效益。我国当前面临农业资源匮乏、农田环境污染严重,另外加入 WTO 农业市场竞争激烈,因此在我国实施精准农业示范和研究工作具有重要的战略意义。

精准农业由全球定位系统、农田信息采集系统、农田遥感监测系统、农田地理信息系统、农业专家系统、智能化农机具系统等系统组成。

① 全球定位系统。精准农业广泛采用了 GPS 系统用于信息获取和实施的准确定位。为了提高精度广泛采用了 DGPS(Differential Global Positioning System)技术,即所谓"差分校正全球卫星定位技术"。它的特点是定位精度高,根据不同的目的可自由选择

不同精度的 GPS 系统。

② 地理信息系统。精准农业离不开地理信息系统（Geographical Information System, GIS）的技术支持，它是构成农作物精准管理空间信息数据库的有力工具，田间信息通过 GIS 系统予以表达和处理，是精准农业实施的关键。

③ 遥感系统。遥感技术（Remote Sensing, RS）是精准农业田间信息获取的关键技术，为精准农业提供农田小区内作物生长环境、生长状况和空间变异信息的技术要求。

④ 作物生产管理专家决策系统。它的核心内容是用于提供作物生长过程模拟、投入产出分析与模拟的模型库；支持作物生产管理的数据资源的数据库；作物生产管理知识、经验的集合知识库；基于数据、模型、知识库的推理程序；人机交互界面程序等。

⑤ 田间肥力、墒情、苗情、杂草及病虫害监测感知及信息采集处理技术设备。如图 1-15 所示为各种形式的田间信息采集无线传感器。

⑥ 带 GPS 系统的智能化农业机械装备技术。如带产量传感器及小区产量生成图的收获机械；自动控制精密播种、施肥、洒药机械，等等。

精准农业的核心是建立一个完善的农田地理信息系统（GIS），可以说是信息技术与农业生产全面结合的一种新型农业。精准农业并不过分强调高产，而主要强调效益。它将农业带入数字和信息时代，是 21 世纪农业的重要发展方向。

图 1-15　各种形式的田间信息采集无线传感器

1.4　共性技术

物联网共性技术涉及网络的不同层面，主要包括架构技术、标识和解析、安全和隐私、网络管理等技术等,如图 1-16 所示。

　　物联网架构技术目前处于概念发展阶段。物联网需具有相对统一的架构和分层,支持不同系统的互操作性,适应不同类型的物理网络,适应物联网的业务特性。

　　标识和解析技术是对物理实体、通信实体和应用实体赋予的或其本身固有的一个或一组属性,并能实现正确解析的技术。

　　安全和隐私技术包括安全体系架构、网络安全技术、"智能物体"的广泛部署对社会生活带来的安全威胁、隐私保护技术、安全管理机制和保证措施等。

　　网络管理技术重点包括管理需求、管理模型、管理功能、管理协议等。为实现对物联网广泛部署的"智能物体"的管理,需要进行网络功能和适用性分析,开发适合的管理协议。

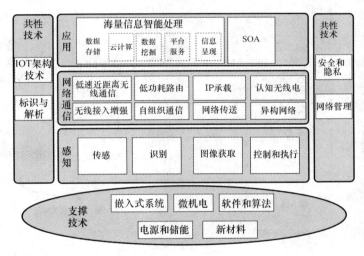

图 1-16　物联网技术体系

1.4.1　物联网架构技术

　　体系架构是指导具体系统设计的首要前提。物联网应用广泛,系统规划和设计极易因角度的不同而产生不同的结果,因此急需建立一个具有框架支撑作用的体系架构。另外,随着应用需求的不断发展,各种新技术将逐渐纳入物联网体系中,体系架构的设计也将决定物联网的技术细节、应用模式和发展趋势[24]。

　　由于物联网在感知与传输环节具有很强的异构性,为实现异构信息之间的互联、互通与互操作,物联网需要以一个开放的、分层的、可扩展的网络体系结构为框架。目前,国内有研究人员在描述物联网的体系框架时,多采用 ITU-T 在 Y.2002 建议中描述的 USN 高层架构(如图 1-17 所示)作为基础,自下而上分为底层传感器网络、泛在传感器网络接入网络、泛在传感器网络基础骨干网络、泛在传感器网络中间件、泛在传感器网络应用平台 5 个层次。

USN 分层框架的一个最大特点是依托下一代网络（NGN）架构,各种传感器网络在最靠近用户的地方组成无所不在的网络环境,用户在此环境中使用各种服务,NGN 则作为核心的基础设施为 USN 提供支持。

实际上,在 ITU 的研究技术路线中,并没有单独针对物联网的研究,而是将人与物、物与物之间的通信作为泛在网络的一个重要功能,统一纳入了泛在网络的研究体系中。ITU 在泛在网络的研究中强调两点,一是要在 NGN 的基础上,增加网络能力,实现人与物、物与物之间的泛在通信;二是在 NGN 的基础上,增加网络能力,扩大和增加对广大公众用户的服务。因此在考虑泛在网络的架构和网络能力时,一定要考虑这两点最基本的需求。

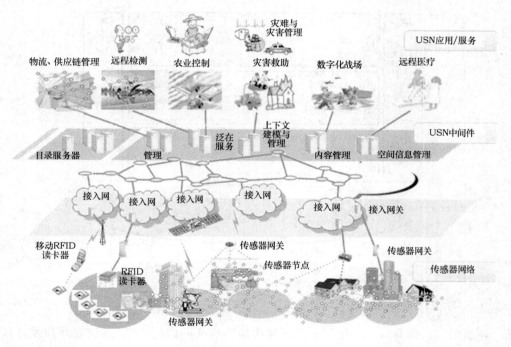

图 1-17　USN 体系框架

除 ITU 外,其他的国际标准化组织也从不同的侧面对物联网的架构有所涉及研究,如欧洲电信标准化协会机器对机器技术委员会（ETSI M2M TC）,从端到端的全景角度研究机器对机器通信,给出了一个简单的 M2M 架构,如图 1-18 所示。该体系架构可看做 USN 体系架构的一个简化版本。

针对物联网的技术架构问题的讨论,我们认为,物联网主要解决物品到物品（T2T）、人到物品（H2T）、人到人（H2H）之间的互连。T2T、H2T、H2H 这 3 个层面的互连是物联网不可缺少的,单纯物品与物品之间的互连并不构成一个物联网,单纯在局部范围之内连接某些物品也不构成物联网,物联网一定是由物品可以自然连接的因特网。这里有两个概念是在讨论物联网中不可忽略的:其一,物联网一定属于未来因特网,物联网一定是未来网络社会的基础设施,即物联网一定可以自然扩展到全球的系统;其二,物联网中物品的连接一定是"自然连接",也就是保留了物品在物理世界中时间和空间特性的连接。

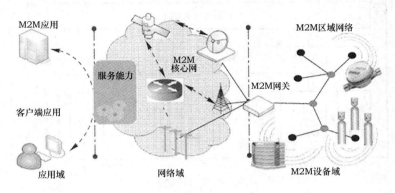

图 1-18　简单的 M2M 体系架构

由于目前业界还没有研究成功真正的物联网系统,所以,对于物联网的构成也有不同的说法。我们把物联网的组成架构称为物联网的概念模型,不同物联网的概念模型可以产生不同的物联网技术架构。根据我们对物联网概念模型的研究,物联网概念模型已经无法采用传统的分层模型进行描述。我们采用了物品、网络、应用三维模型建立了物联网的概念模型,构成由信息物品、自主网络、智能应用为构件的物联网概念模型,如图 1-19所示。这种物联网三维概念模型在每个维度内还是可以采用分层模型描述,例如,自主网络本身可以由分层模型描述。

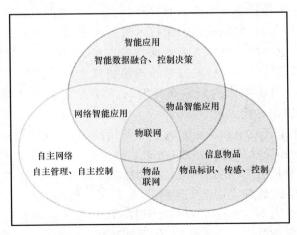

图 1-19　物联网三维概念模型

按照物联网三维概念模型,物联网由信息物品、自主网络和智能应用三个部分构成。这三个部分有其各自技术架构。这三类技术构成了物联网技术架构,如图 1-20 所示。即物联网技术架构由信息物品技术、自主网络技术和智能应用技术构成。

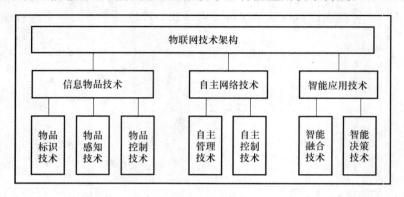

图 1-20　对应三维模型的物联网体系架构

信息物品技术主要指物品的标识、传感和控制技术,也就是指现有的数字化技术。信息网络技术属于物理世界与网络世界融合的接口技术。目前国际上研究的网络化物理系统(CPS)就是属于信息物品技术。

自主网络就是具备自管理能力的网络系统,自管理能力具体表现为自配置、自愈合、自优化、自保护能力。从物联网未来应用需求看,需要扩展现有自主网络的定义,使得自主网络具备自控制能力。物联网中的自主网络技术包括自主管理技术和自主控制技术。自主网络管理类技术包括:网络自配置技术、网络自愈合技术、网络自优化技术、网络自保护技术,自主网络控制类技术包括:基于空间语义的控制技术、基于时间语义的控制技术。

智能数据融合技术包括基于策略的数据融合、基于位置的数据融合、基于时间的数据融合、基于语义的数据融合;智能决策控制技术包括基于智能算法的决策、基于策略的决策、基于知识的决策,这些决策技术需要数据挖掘技术、知识生成、知识更新、知识检索等技术的支撑。其涉及传统的人工智能方面的理论和算法,并且融入了现代网络环境下的智能控制理论和方法,这类技术的研究和开发,有可能突破桎梏人工智能发展的理论障碍,使得人类进入智能化时代。

通用框架的目标是开发一种功能方法学和通用模型[1],保证物联网可使用从主要控制领域中抽象出来的控制功能进行描述;功能结构模型对怎样定义一个物联网的功能结构提供指南,包括拆分成适当的功能集、定义功能集之间的参考点、相对应的物理实现、接口的定义等。按照 ITU 观点,"互连任何物品"是对下一代网的能力、服务和应用的扩展。因此,建议将物联网纳入 NGN 的研究范畴,延续 NGN 技术发展路线,依托 NGN 已有的研究成果,进一步研究物联网的功能框架、体系框架和具体配置模型等。

1.4.2　标识资源

物联网标识和解析技术涉及不同的标识体系、不同体系的互操作、标识管理等。作为物联网发展中的关键资源,标识资源主要有物体标识和通信标识两个方面。

1. 物体标识方面

(1) 条码标识,GSI(国际物品编码协会)的一维条码使用量约占全球总量的 1/3,而主流的 PDF417(Portable Data File 417)码、QR(Quick Response)码、DM(Data Matrix)码等二维码都是 AIM(自动识别和移动技术协会)标准。

(2) 智能物体标识,智能传感器标识标准包括 IE 1451.2 以及 1451.4。

(3) 手机标识包括 GSM 和 WCDMA 手机的 IMEI(国际移动设备标识)、CDMA 手机的 ESN(电子序列编码)和 MEID(国际移动设备识别码)。

(4) 其他智能物体标识还包括 M2M 设备标识、笔记本式计算机序列号等。

(5) RFID 标签标识方面,影响力最大的是 ISO/IEC 和 EPC global,包括 UI(Unique Item Identifier)、TID(Tag ID)、OID(Object ID)、tag OID 以及 UID(Ubiquitous ID)。

此外,还存在大量的应用范围相对较小的地区和行业标准以及企业闭环应用标准。因此,目前物联网物体标识方面标准众多,很不统一。物体标识标准的多样造成了标识的不兼容甚至冲突,给更大范围的物联网信息共享和开环应用带来困难,也使标识管理和使用变得复杂。实现各种物体标识最大程度的兼容,建立统一的物体标识体系逐渐成为一种发展趋势,欧美、日韩等都在展开积极研究。

2. 通信标识方面

通信标识方面,现阶段正在使用的包括 IPv4,IPv6,E.164,IMSI,MAC 等。

物联网在通信标识方面的需求与传统网络的不同,主要体现在两个方面:

(1) 末端通信设备的大规模增加,带来对 IP 地址、码号等标识资源需求的大规模增加。IPv4 地址严重不足,美国等一些发达国家已经开始在物联网中采用 IPv6。近年来全球 M2M 业务发展迅猛,使得 E.164 号码方面出现紧张,各国纷纷加强对码号的规划和管理。

(2) 以无线传感器网络(WSN)为代表的智能物体近距离无线通信网络对通信标识提出了降低电源、带宽、处理能力消耗的新要求。目前应用较广 ZigBee 在子网内部允许采用 16 位短地址。而传统互联网厂商在推动简化 IPv6 协议,并成立了 IPSO(IP for Smart Objects)联盟推广 IPv6 的使用,IETF 成立了 6LoWPAN 和 ROL 等课题进行相关研究和标准化。

1.4.3　物联网安全相关技术

1. 物联网的安全问题

随着物联网建设的加快,物联网的安全问题必然成为制约物联网全面发展的重要因素[25]。在物联网发展的高级阶段,由于物联网场景中的实体均具有一定的感知、计算和执行能力,广泛存在的这些感知设备将会对国家基础、社会和个人信息安全构成新的威胁。一方面,由于物联网具有网络技术种类上的兼容和业务范围上无限扩展的特点,因此当大到国家电网数据,小到个人病例情况都接到看似无边界的物联网时,将可能导致更多的公众个人信息在任何时候,任何地方被非法获取;另一方面,随着国家重要的基础行业和社会关键服务领域如电力、医疗等都依赖于物联网和感知业务,国家基础领域的动态信息将可能被窃取。所有的这些问题使得物联网安全上升到国家层面,成为影响国家发展和社会稳定的重要因素。

物联网的安全与隐私问题和互联网一样,永远都会是一个被广泛关注的共性话题。由于物联网连接和处理的对象主要是机器或物的相关数据,其"所有权"特性导致物联网信息安全要求比以处理"文本"为主的互联网更高,对安全的保护要求也更高。物联网系统安全主要有八个尺度:读取控制、隐私保护、用户认证、不可抵赖性、数据保密性、通信层安全、数据完整性、随时可用性。前 4 项主要处在物联网 DCM 三层架构的应用层,后 4 项主要位于传输层和感知层。

物联网相较于传统网络,其感知节点大都部署在无人监控的环境,具有能力脆弱、资源受限等特点,并且由于物联网是在现有的网络基础上扩展了感知网络和应用平台,传统网络安全措施不足以提供可靠的安全保障,从而使得物联网的安全问题具有特殊性。所以在解决物联网安全问题时候,必须根据物联网本身的特点设计相关的安全机制。

2. 物联网的安全层次模型及体系结构

考虑到物联网安全的总体需求就是物理安全、信息采集安全、信息传输安全和信息处理安全的综合,安全的最终目标是确保信息的机密性、完整性、真实性和网络的容错性,因此结合物联网分布式连接和管理(DCM)模式,下面将给出相应的安全层次模型,如图 1-21 所示,并结合每层安全特点对涉及的关键技术进行系统阐述。

(1)感知层安全

物联网感知层的任务是实现智能感知外界信息功能,包括信息采集、捕获和物体识别,该层的典型设备包括 RFID 装置、各类传感器(如红外、超声、温度、湿度、速度等)、图像捕捉装置(摄像头)、全球定位系统(GPS)、激光扫描仪等,其涉及的关键技术包括传感器、无线射频识别、自组织网络、短距离无线通信、低功耗路由等。

① 传感网的联网安全

作为物联网的基础单元,传感器在物联网信息采集层面能否如愿以偿地完成它的使命,成为物联网感知任务成败的关键。传感器技术是物联网技术的支撑、应用的支撑和未来泛在网的支撑。传感器感知了物体的信息,无线射频识别赋予它电子编码。传感网到物联网的演变是信息技术发展的阶段表征。传感技术利用传感器和多跳自组织网,协作地感知、采集网络覆盖区域中感知对象的信息,并发布给向上层。由于传感网络本身具有:无线链路比较脆弱,网络拓扑动态变化,节点计算能力、存储能力和能源有限,无线通信过程中易受到干扰等特点,使得传统的安全机制无法应用到传感网络中。传感技术的安全问题如表 1-6 所示。

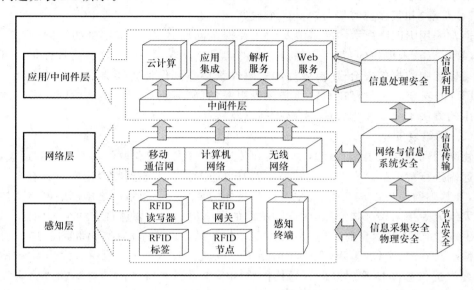

图 1-21　物联网的安全层次结构

表 1-6　传感网组网技术面临的安全问题

层次	受到的攻击
物理层	物理破坏、信息阻塞
链路层	耗尽攻击、链路层阻塞
网络层	路由攻击、漏洞攻击、泛洪攻击
应用层	去同步、拒绝服务攻击

目前传感器网络安全技术主要包括基本安全框架、密钥分配、安全路由和入侵检测以及加密技术等。安全框架主要有 SPIN(包含 SNEP 和 uTESLA 两个安全协议)、TinySec、参数化跳频、Lisp、LEAP 协议等。传感器网络的密钥分配主要倾向于采用随机预分配模型的密钥分配方案。安全路由技术常采用的方法包括加入容侵策略。入侵检测技术常常作为信息安全的第二道防线,其主要包括被动监听检测和主动检测两大类。除了上述安全保护技术外,由于物联网节点资源受限,且是高密度冗余散布,不可能在每个节点上运行一个全功能的入侵检测系统(IDS),所以如何在传感网中合理地分布 IDS,有待于进一步研究。

② RFID 相关安全问题

如果说传感技术是用来标识物体的动态属性,那么物联网中采用 RFID 标签则是对物体静态属性的标识,即构成物体感知的前提[6]。无线射频识别是一种非接触式的自动识别技术,它通过射频信号自动识别目标对象并获取相关数据。识别工作无须人工干预。无线射频识别也是一种简单的无线系统,该系统用于控制、检测和跟踪物体,由一个询问器(或读写器)和很多应答器(或标签)组成。

通常采用 RFID 技术的网络涉及的主要安全问题有:①标签本身的访问缺陷。任何用户(授权以及未授权的)都可以通过合法的读写器读取 RFID 标签。而且标签的可重写性使得标签中数据的安全性、有效性和完整性都得不到保证。②通信链路的安全。③移动 RFID 的安全。主要存在假冒和非授权服务访问问题。目前,实现 RFID 安全性机制所采用的方法主要有物理方法、密码机制以及二者结合的方法。

(2)网络层安全

物联网网络层主要实现信息的转发和传送,它将感知层获取的信息传送到远端,为数据在远端进行智能处理和分析决策提供强有力的支持。考虑到物联网本身具有专业性的特征,其基础网络可以是互联网,也可以是具体的某个行业网络。物联网的网络层按功能可以大致分为接入层和核心层,因此物联网的网络层安全主要体现在两个方面。

① 来自物联网本身的架构、接入方式和各种设备的安全问题:物联网的接入层将采用如移动互联网、有线网、Wi-Fi、WiMAX 等各种无线接入技术。接入层的异构性使得如何为终端提供移动性管理以保证异构网络间节点漫游和服务的无缝移动成为研究的重点,其中安全问题的解决将得益于切换技术和位置管理技术的进一步研究。另外,由于物联网接入方式将主要依靠移动通信网络。移动网络中移动站与固定网络端之间的所有通信都是通过无线接口来传输的。然而无线接口是开放的,任何使用无线设备的个体均可以通过窃听无线信道而获得其中传输的信息,甚至可以修改、插入、删除或重传无线接口中传输的消息,达到假冒移动用户身份以欺骗网络端的目的。因此移动通信网络存在无线窃听、身份假冒和数据篡改等不安全的因素。

② 进行数据传输的网络相关安全问题:物联网的网络核心层主要依赖于传统网络技术,其面临的最大问题是现有的网络地址空间短缺。主要的解决方法寄希望于正在推进的 IPv6 技术。IPv6 采纳 IPSec 协议,在 IP 层上对数据包进行了高强度的安全处理,提供数据源地址验证、无连接数据完整性、数据机密性、抗重播和有限业务流加密等安全服务。但任何技术都不是完美的,实际上 IPv4 网络环境中大部分安全风险在 IPv6 网络环境中仍将存在,而且某些安全风险随着 IPv6 新特性的引入将变得更加严重:首先,拒绝服务攻击(DDoS)等异常流量攻击仍然猖獗,甚至更为严重,主要包括 TCP-flood、UDP-flood 等现有 DDoS 攻击,以及 IPv6 协议本身机制的缺陷所引起的攻击。其次,针对域名服务器(DNS)的攻击仍将继续存在,而且在 IPv6 网络中提供域名服务的 DNS 更容易成为黑客攻击的目标。最后,IPv6 协议作为网络层的协议,仅对网络层安全有影响,其他(包括物理层、数据链路层、传输层、应用层等)各层的安全风险在 IPv6 网络中仍将保持不变。此外采用 IPv6 替换 IPv4 协议需要一段时间,向 IPv6 过渡只能采用逐步演进的办法,为解决两者间互通所采取的各种措施将带来新的安全风险。

（3）应用层安全[26]

物联网应用是信息技术与行业专业技术的紧密结合的产物。物联网应用层充分体现物联网智能处理的特点，其涉及业务管理、中间件、数据挖掘等技术。考虑到物联网涉及多领域多行业，因此广域范围的海量数据信息处理和业务控制策略将在安全性和可靠性方面面临巨大挑战，特别是业务控制、管理和认证机制、中间件以及隐私保护等安全问题显得尤为突出。

① 业务控制和管理：由于物联网设备可能是先部署后连接网络，而物联网节点又无人值守，所以如何对物联网设备远程签约，如何对业务信息进行配置就成了难题。另外，庞大且多样化的物联网必然需要一个强大而统一的安全管理平台，否则单独的平台会被各式各样的物联网应用所淹没，但这样将使如何对物联网机器的日志等安全信息进行管理成为新的问题，并且可能割裂网络与业务平台之间的信任关系，导致新一轮安全问题的产生。传统的认证是区分不同层次的，网络层的认证负责网络层的身份鉴别，业务层的认证负责业务层的身份鉴别，两者独立存在。但是大多数情况下，物联网机器都是拥有专门的用途，因此其业务应用与网络通信紧紧地绑在一起，很难独立存在。

② 中间件：如果把物联网系统和人体做比较，感知层好比人体的四肢，传输层好比人的身体和内脏，那么应用层就好比人的大脑，软件和中间件是物联网系统的灵魂和中枢神经。目前，使用最多的几种中间件系统是：CORBA、DCOM、J2EE/EJB 以及被视为下一代分布式系统核心技术的 Web Services。

在物联网中，中间件处于物联网的集成服务器端和感知层、传输层的嵌入式设备中。服务器端中间件称为物联网业务基础中间件，一般都是基于传统的中间件（应用服务器、ESB/MQ 等），加入设备连接和图形化组态展示模块构建；嵌入式中间件是一些支持不同通信协议的模块和运行环境。中间件的特点是其固化了很多通用功能，但在具体应用中多半需要二次开发来实现个性化的行业业务需求，因此所有物联网中间件都要提供快速开发（RAD）工具。

③ 隐私保护：在物联网发展过程中，大量的数据涉及个体隐私问题（如个人出行路线、消费习惯、个体位置信息、健康状况、企业产品信息等），因此隐私保护是必须考虑的一个问题。如何设计不同场景、不同等级的隐私保护技术将是物联网安全技术研究的热点问题。当前隐私保护方法主要有两个发展方向：一是对等计算（P2P），通过直接交换共享计算机资源和服务；二是语义 Web，通过规范定义和组织信息内容，使之具有语义信息，能被计算机理解，从而实现与人的相互沟通。

1.4.4　物联网网络管理相关技术

1. 物联网的网络结构及其特点[27]

物联网是一种传感网与互联网等网络异构的网络结构。传感器网作为末端的信息拾取或者信息馈送网络，是一种可以快速建立，不需要预先存在固定的网络底层构造

(infraSTructure)的网络体系结构。物联网,特别是传感网中的节点可以动态、频繁地加入或者离开网络,不需要事先通知,也不会中断其他节点间的通信。网络中的节点可以高速移动,从而使节点群快速变化,节点间的链路通断变化频繁。传感器网络这些使用上的特点,导致物联网或者是传感网具有如下几个特点。

(1) 网络拓扑变化快

因为传感器数量大,设计寿命的期望值长,结构简单。但是实际上传感器的寿命受环境的影响较大,失效是常事。传感器的失效,往往造成传感器网络拓扑的变化。这一点在复杂和多级的物联网系统中表现特别突出。

(2) 传感器网络难以形成网络的节点和中心

传感器网的设计和操作与其他传统的无线网络不同,它基本没有一个固定的中心实体。在标准的蜂窝无线网中,正是靠这些中心实体来实现协调功能,而传感器网络则必须靠分布算法来实现。因此,传统的基于集中的 HLR 和 VLR 的移动管理算法,以及基于基站和 MSC 的媒体接入控制算法,在这里都不再适用。

(3) 传感器网络的作用距离一般比较短

传感器网络其自身的通信距离一般在几米、几十米的范围。例如,射频电子标签 RFID 中的非接触式 IC 卡,读写器和应答器之间的作用距离,密耦合的工作环境是二者贴近,近耦合的工作距离一般小于 10 mm,疏耦合的工作距离也就在 50 mm 左右。有源的 RFID,例如电子自动交费系统 ETC,其工作距离在一米至数米的范围。

(4) 传感器网络数据的数量不大

物联网中,传感器网络是前列的信息采集器件或者设备。由于其工作特点,一般是定时、定点、定量的采集数据并且完成向上一级节点传输。这一点与互联网的工作情况有很大的差距。

(5) 物联网网络对数据的安全性有一定的要求

这是因为物联网工作时一般少有人介入,完全依赖网络自动采集数据和传输、存储数据,分析数据并且报告结果和应该采取的措施。如果发生数据的错误,必然引起系统的错误决策和行动。这一点与互联网并不一样。互联网由于使用者具有相当的智能和判断能力,所以网络和数据的安全性受到攻击时,往往可以主动采取措施。

(6) 网络终端之间的关联性较低

使得节点之间的信息传输很少,终端之间的独立性较大。通常物联网的传感和控制终端工作时通过网络设备或者上一级节点传输信息。所以,传感器之间信息相关性不大,相对比较独立。

(7) 网络地址的短缺性导致网络管理的复杂性

众所周知,物联网的各个传感器都应该获得唯一的地址,才能正常地工作。但是,连互联网上的 IPv4 地址也已经非常紧张,即将分配完毕。而物联网这样大量使用传感器节点的网络,对于地址的寻求就更加迫切。尽管 IPv6 就是从这一点出发来考虑的,但是由于 IPv6

的部署需要考虑到与 IPv4 的兼容,而巨大的投资并不能立即带来市场的巨大的商机,所以运营商至今对于 IPv6 的部署一直是小心谨慎。目前还是倾向于采取内部的浮动地址加以解决。这样更加增加了物联网管理技术的复杂性。

2. 物联网网络管理的内容和管理模型

国际电联与 ISO(国际标准化组织)合作公布了网络管理的文件 X. 700,对应的 ISO 文件为 ISO7498-4。对于网络管理,该标准提出系统管理的五个功能域为故障管理、配置管理、计费管理、性能管理和安全管理。在一般情况下,这五个功能域基本上涵盖了网络管理的内容,目前的通信网络、计算机网络基本上都是按照这五个功能域进行管理的。

但是,无论对于物联网的接入部分,即传感器网络,还是对于物联网的主干网络部分,这五个功能域显然已经不能完全反映网络管理的实际情况了。这是因为,物联网的接入部分,即传感器网络有许多不同于通信网络和互联网络的地方。例如,物联网的接入节点数量极大,网络结构形式多异,节点的生效和失效频繁,核心节点的产生和调整往往会改变物联网的拓扑结构;另外,物联网的主干网络在各种形式的网络结构中,也有许多新的特点。这些不同导致传统的五个功能域已经不能全部反映传感器网络和物联网网络的性能和工作情况了,因为物联网和传感器网络的许多新的问题,不仅以上的功能域不能完成管理的任务,甚至连物联网和传感器网络的覆盖都有许多新的情况需要加以解决。这些问题我们可以从物联网和传感器网络的特点加以分析。

根据物联网网络管理的需要,物联网网络管理的内容,除普通的互联网和电信网络网络管理的五个方面以外,还应该包括以下几个方面内容,如图 1-22 所示。

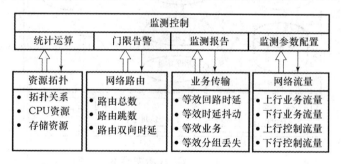

图 1-22　物联网网络管理的基本内容划分和功能域

传感器网络中节点的生存、工作管理(包括电源工作情况等);传感网的自组织特性和传感网的信息传输;传感网拓扑变化及其管理;自组织网络的多跳和分级管理;自组织网络的业务管理等。

对于物联网网络管理的模型,可以从以下四个方面来进行研究。

(1) 分布式物联网网络管理模型的研究

该网络管理模型由网管服务器(network management system,NMS)、分布式网络代理(distributed network agent,DNA)和网管设备组成的,其中 DNA 是基于自组织的网络监测、管理和控制系统的基本单元,具有网络性能监测与控制、安全接入与认证管理、业务分类与计费管理等功能,监测并管理各 DNA 中的网络管理元素。DNA 之间是以自组织的方式形成管理网络,按研究制定的通信机制进行通信,在数据库级别上共享网管信息。各 DNA 定时或在网络管理服务器发送请求时,传递相关的统计信息给网管服务器。如此大大减轻了网管服务器的处理负荷,同样大大减少了管理信息通信量,此外,即使管理站临时失效,也不影响 DNA 的管理,只是延缓了相互之间的通信。用户还可通过图形化用户接口进行配置管理功能模块,提高用户可感知的 QoS。

为实现物联网网络监测、管理与控制的模型,须研究适合 DNA 之间交换信息的通信机制,研究适合于 DNA 网络的拓扑结构、路由机制、节点定位和搜索机制、节点加入与离开以及邻居节点的发现机制、引入相应的安全和信任机制,以及网络的相对稳定性、恢复弹性和容错能力,以实现分布式管理系统对于 DNA 网络动态变化的适应能力和鲁棒性。自组织的 DNA 通信网络平台要监控网络间的通信控制和信息传输,协调网络通信,保证网间数据的可靠安全。除了研究与对等 DNA 之间的通信模块的设计和实现,同时研究 DNA 与网管服务器、用户以及与内部功能模块的接口。这些机制和结构之间的关系如图 1-23所示。

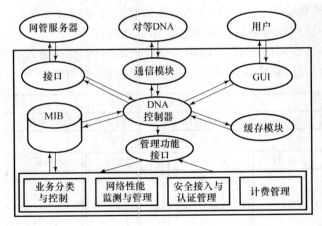

图 1-23　DNA 功能模型

（2）DNA 功能模型的设计及原型实现的研究

DNA 是本项目所设计的物联网网络监测、管理和控制系统的核心,是其所在管理群内唯一授权的管理者。根据网管服务器和用户的请求策略配置服务功能,采用轮询机制,对群内各设备进行特定数据采集、提取、过滤分析,监控网络的运行状态,感知群内节点的动态,维护本地数据库,独立地完成对本群的管理工作,能够实现有效的业务分类,并按业务特点进行流量控制与整形,以及合理计费等管理功能,并且维护一个本地的 MIB。各DNA 应能动态地发现其他的 DNA,在数据库级别上共享网管信息,并且能实现相互间消息发送和传递，完成彼此之间的定位和通信。同时还要负责维护物联网管理网络的正常运行，实时维护 DNA 节点及备用节点的创建或选择、移动、退出及网络重构。最后能够实现与用户和 NMS 的交互和管理策略的制定。除了研究 DNA 应具备的功能，形成功能模型外，研究并实现 DNA 结构原型系统。

（3）DNA 中性能监测和 QoS 控制功能模型与实现的研究

为了评估网络的服务质量以及动态效率，从而为网络结构调整优化提供参考依据，物联网网络监测与控制系统的基本功能是连续地收集网络中的资源利用、业务传输及网络效率相关参数，如收集网络路由、网络流量、网络拓扑和业务传输的各测度，进行分析汇聚和统计，形成汇聚报告，同时根据用户和 NMS 的性能监测管理要求执行监测配置并按此配置进行监测控制，实现统计运算、门限告警、监测报告并根据监测管理策略设置监测参数。

研究物联网网络的拓扑发现。对于不同拓扑结构的物联网网络，由于其搜索算法、网络形成机制、节点加入/离开机制、网络波动程度、网络结构（有分级的和平坦的体系结构形式）等都不尽相同，所以必须按照实际网络特性制定不同的拓扑发现策略和测量方法，实现拓扑测量。

（4）物联网网络安全接入与认证研究

由于物联网网络的分散式体系结构、动态路由和拓扑特性，传统的接入认证、密钥分发和协商机制很难应用，因此必须建立物联网访问控制模型和认证体系。

传统的访问控制策略主要有自主访问控制（DAC）、强制访问控制（MAC）和基于角色的访问控制（RBAC）策略。然而由于物联网网络环境的特殊性，在此环境下，节点之间均无法确认彼此身份；其次，由于用户出于自身考虑，一般不愿意把自己的相关信息提供给对方，虽可采用匿名等方法来实现这种目的，但却增加了访问控制的难度；此外，在物联网网络环境下大量用户频繁进出网络，使得网络的拓扑频繁变化，也给访问控制带来复杂性。

建立物联网网络的访问控制策略，首先要建立物联网网络的信任管理模型，在信任模型的基础上给每个节点给出信任权重和可靠度，然后在这个基础上应用相应的访问控制策略。如何建立信任模型，这与网络的环境密切相关，主要是物联网网络的节点可用性、数据源的真实性、节点的匿名性和访问控制等方面的问题。

3．物联网网络管理协议和应用

总的来说，物联网的网络管理协议还是在 TCP/IP 协议之下的管理。但是也有许多新的特色。

例如，如果物联网的节点处于运动之中，则网络管理需要适应被管理对象的移动性。这一方面，目前使用的 MANET（Mobile Ad hoc Network）可以给我们一些借鉴。MANET 与无线固定网络的不同点在于，MANET 的拓扑结构可以快速变化。MANET 节点的运动方式会根据承载体的不同有明显差异，包括运动速度、运动方向、加速或减速、运动路径、活动高度等。

由于拓扑的快速变化,网络信息(如路由表)寿命可能很短,必须不断更新。为了反映当前网络状况,节点间不得不频繁交换控制信息。而信息的有效时间又很短,部分信息甚至从未使用就已经被丢弃,这使网络的有限带宽资源浪费在信息更新之上。

如何节省信息交换,对网络管理提出了新的问题。目前国内外在与物联网相近的网络领域已经有不少研究,并且取得了一些积极的成果。这些研究和成果虽然没有标记是物联网的应用,但是从网络应用和管理的角度来看,应该是适用于物联网网络管理技术的。现在根据我们掌握和了解部分的资料,稍作整理,目的是供从事物联网管理技术研究的人士借鉴,以便开发出更加适用的物联网管理系统,推进物联网技术及其应用的发展。

本章参考文献

[1] 沈苏彬. 物联网技术架构[J]. 中兴通讯技术,2011(1).

[2] 宁焕生,张彦. RFID 与物联网[M]. 北京:北京工业大学出版社,2008.

[3] 李如年. 基于 RFID 技术的物联网研究[J]. 中国电子科学研究院学报,2009 (6):594-597.

[4] Traub K,Allgair G. The EPC global Architechture Framework[R]. EPC global Final Version 1.2,GS1 EPCglobal,2007.

[5] 暴建民. 物联网技术与应用导论[M]. 北京:人民邮电出版社,2011:108-120.

[6] 杨亲民,肖瑞芸. 传感器的分类与传感器技术的特点[J]. 传感器世界,1997.

[7] 王阳,陈军宁,柯导明,等. 湿度传感器的分类及研究[C]// 全国第 16 届计算机科学与技术应用(CACIS)学术会议论文集.2004.

[8] 胡斌,陈林. 全球定位系统(GPS)技术浅谈[J]. 内蒙古科技与经济,2009.

[9] 杨仰诚,等. 全球定位系统(GPS)技术初探[J]. 治淮,2008(12).

[10] 龚江涛,陈金鹰,方根平. ZigBee 技术特点及其应用[C]// 四川省通信学会 2005 年学术年会论文集.2005:382-385.

[11] 张莉. ZigBee 技术在物联网中的应用[J]. 电信网技术,2010(3):1-4.

[12] 程杰,徐霆,吴国银. WLAN 技术特点和组网方式[J]. 江苏通信,2008(3).

[13] 李建东,黄振海. WLAN 的标准与技术发展[J]. 中兴通讯技术,2003(2).

[14] 刘荣朵,吴伟. 移动网络触发 M2M 终端的技术方案[J]. 电信网技术,2011 (11).

[15] 肖沪卫. 国外"蓝牙"技术的发展现状及其前景[J]. 电子与自动化,2000(6).

[16] 刘越. 云计算技术及应用[J]. 工业和信息化部电信研究院通信信息研究所, 2009,12.

[17] Dean J,Ghemawat S. MapReduce:Simplied data processing on large slusters

[C]// Procedings of the 6th Symposium on Operating System Design and Implementation. San Francisco,CA:2004,11(18):137-150.

[18]　李乔. 云计算研究现状综述[J]. 计算机科学,2011,38(4).

[19]　李玲娟. IoT 的数据管理与智能处理[J]. 中兴通讯技术,2011,17(1).

[20]　李玉坤,孟小峰. 数据空间技术研究[J]. 软件学报,2008,19(8):2018-2013.

[21]　丁治明. 物联网对软件技术的挑战及对策[J]. 中国计算机学会通讯,2011,7(1).

[22]　周洪波. 物联网技术、应用、标准和商业模式[D]. 2 版. 北京:电子工业出版社,2011.

[23]　刘华君. 物联网技术[D]. 北京:电子工业出版社,2010:16-18.

[24]　孙其博,刘杰. 物联网:概念、架构与关键技术研究综述[J]. 北京邮电大学学报,2010(3).

[25]　周洪波. 物联网信息安全的五大挑战[J]. 计算机世界,2011.

[26]　刘宴兵,胡文平. 基于物联网的网络信息安全体系[J]. RFID 世界网,2011.

[27]　张顺颐,宁向延. 信息网络技术研究所[J]. 南京邮电大学学报(自然科学版),2010,30(4).

第2章 物联网的传感技术与无线射频识别

2.1 物联网的传感技术

2.1.1 物联网中的传感技术

1. 传感技术与物联网的感知层

物联网的体系结构根据功能划分,自上而下依次有三个层次,即感知层、传输层和应用层。感知层作为整个物联网体系的基础,其功能主要包括感知、识别物体,采集和捕获物体及其环境信息等。通过将感知层与现有基础网络设施相结合,能够为未来人类社会提供全方位、立体化的全面感知服务,真正实现所谓的物理世界无所不在,无时不在。物联网感知层所涉及的技术众多,其中传感技术是物联网获得外部物理信息的主要手段和途径,其性能和质量往往决定着整个信息系统的性能和质量,对物联网应用系统的性能起到举足轻重的作用。

2. 传感技术在物联网应用中的地位和作用

一方面,传感技术是物联网的基础。20 世纪 90 年代以来,网络技术改变了人们的生活,但其信息的来源大部分来源于键盘、鼠标,也就是说传统网络中对自然界信息的获取往往是人工的、间接的,这在很大程度上限制了互联网的应用和发展。众所周知,物联网与互联网的最大区别在于采集或获取自然界的各种物理量、化学量、生物量的方式不同,即互联网是人工的,而物联网是自动的。这种由人工到自动获取的转变,无疑是网络时代革命性的转变,这其中,传感技术是实现自动获取的主要手段之一。传感技术是把自然界的各种物理量(温度、湿度、压力、长度等),化学量(pH 值、水溶氧等),生物量(新鲜度、活性)变成可测量的电信号,由传感器终端自动采集后再通过网络传递到计算机终端来处理,因此可以说传感技术是物联网的基础。

另一方面,传感技术制约物联网的发展。从物联网的体系结构的三个层次,即感知层,传输层和应用层来说,数据应该经过三个阶段,采集、传输和处理,显而易见的这三个阶段分别对应于传感技术、网络通信技术和计算机技术。处理技术可以依赖于高性能计算机计算技术,通信技术可以提高高速网络实现,而传感技术相对复杂,涉及面宽,技术发展不均衡,恰如管理理论中的"短板效应",传感技术的速度决定物联网的速度。

2.1.2　传感技术概述

1. 传感技术的定义及作用

传感技术同计算机技术与通信技术一起被称为信息技术的三大支柱。从仿生学观点，如果把计算机看成处理和识别信息的"大脑"，把通信系统看成传递信息的"神经系统"的话，那么传感器就是"感觉器官"。

传感技术是关于从自然信源获取信息，并对之进行处理（变换）和识别的一门多学科交叉的现代科学与工程技术，它涉及传感器（又称换能器）、信息处理和识别的规划设计、开发、制/建造、测试、应用及评价改进等活动。获取信息靠各类传感器，它们有各种物理量、化学量或生物量的传感器。按照信息论的凸性定理，传感器的功能与品质决定了传感系统获取自然信息的信息量和信息质量，是高品质传感技术系统构造的第一个关键。信息处理包括信号的预处理、后置处理、特征提取与选择等。识别的主要任务是对经过处理的信息进行辨识与分类。它利用被识别（或诊断）对象与特征信息间的关联关系模型对输入的特征信息集进行辨识、比较、分类和判断。因此，传感技术是遵循信息论和系统论的。它包含了众多的高新技术，被众多的产业广泛采用。

2. 传感技术的组成与分类

传感技术中的传感器通常由以下几个部分组成，分别为敏感元件、传感元件以及其他辅助组件，有时也将信号调节与转换电路、辅助电源等作为传感器的组成部分，其组成框图如图 2-1 所示。

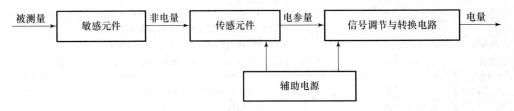

图 2-1　传感器组成框图

敏感元件：敏感元件指能够灵敏地感受被测变量并做出响应的元件，是传感器中能直接感受被测量的部分，通过该元件输出与被测量成确定关系的其他量。通常，可以根据其测量对象将不同的敏感元件分成光敏元件、射线敏元件、机械量敏感元件、电磁敏感元件、声波、超声波敏感元件、温度敏感元件、湿度敏感元件以及成分敏感元件等。

传感元件：通常传感元件又被称为转化器，一般情况下它不直接感受被测量，其作用主要是将敏感元件的输出转化为相应的电量输出。霍尔效应传感元件就是一种常用的传感元件，当它在特定的磁场下被输入恒定的电流，输出端就能够产生一种线性的电压信号。也有一些传感元件能够直接感受被测量并输出如被测量成确定关系的电量，如热敏电阻等。

　　信号调节与转换电路：这一部分电路能够将传感元件输出的电信号转化为便于显示、记录、处理和控制的电信号。信号调节与转换电路的种类根据不同的应用需求而不同，通常包括电桥、振荡器、放大器以及阻抗转换器等不同的电路组件。

　　传感器一般可按测量原理和应用领域进行分类，其具体分类及对应的传感器产品如表 2-1 所示。

表 2-1　传感器分类

测量对象	测量原理	传感器产品
光强 光束 红外光	1. 光电子释放效应 2. 光电效应 3. 光导效应 4. 热释电效应 5. 固体摄像元件	光电管、光电倍增管、摄像管、火焰检测器 光敏二极管、光敏晶体管、光敏电阻 光导电元件、量子型红外线传感器、分光器 热释电红外传感器、热释电传感器、红外线传感器 CCD 图像传感器
放射线	1. 气体电离电荷 2. 固体电离 3. 切伦科夫效应 4. 化学反应 5. 核反应	电离箱、比例计数管、GM 计数管 半导体放射线传感器 切伦科夫传感器 玻璃射线计、铁射线计、钚射线计 核反应计数管
声/超声波	1. 电磁感应 2. 静电效应	磁铁麦克风 驻极体话筒
磁 磁通 电流	1. 法拉第效应 2. 磁阻效应 3. 霍尔效应	光纤磁场传感器、法拉第器件、电流传感器 磁阻式磁场传感器、电流传感器、MR 元件 霍尔元件、霍尔 IC、磁二极管、速度传感器、霍尔探针
力/重量	1. 磁致伸缩 2. 压电效应 3. 应变计 4. 扭矩	磁致伸缩负荷元件、磁致伸缩扭矩传感器 压电负荷元件 应变计负荷元件、应变式扭矩传感器 差动变压器式扭矩传感器
温度	1. 热电效应 2. 阻抗的温度变化 3. 热辐射 4. 核磁共振	热电偶、热电堆、铠装热电偶 热敏电阻(NTC,PTC,CTR)、感温可控硅、温度传感器 色温传感器、双色温度传感器、液晶温度传感器 放射线温度传感器、光纤放射线温度传感器
气体/湿度	1. 导电率变化 2. 电极电位 3. 离子电流 4. 光电子释放效应	电阻式气体传感器、溶液导电率式气体传感器 离子电极式气体传感器 离子传感器 紫外、红外线吸收式气体传感器、化学发光式气体传感器

3. 传感器技术的特点

传感器技术的特点主要包括：

（1）用传感技术进行检测时，响应速度快，精度高，灵敏度高。

（2）能在特殊环境下连续进行检测，便于自动记录。能在人类无法生存的高温、高压、恶劣环境中，和对人类五官不能感觉到的信息（如超声波、红外线等），进行连续检测，记录变化的数据。

（3）可与计算机相连，进行数据的自动运算、分析和处理。传感器将非电物理转换成电信号后，通过接口电路变成计算机能够处理的信号，进行自动运算、分析和处理。

（4）品种繁多，应用广泛。现代信息系统中待测的信息量很多，一种待测信息可由几种传感器来测量，一种传感器也可测量多种信息，因此传感器种类繁多，应用广泛，从航空、航天、兵器、交通、机械、电子、冶炼、轻工、化工、煤炭、石油、环保、医疗、生物工程等领域，到农、林、牧副、渔业，以及人们的衣、食、住、行等生活的方方面面，几乎无处不使用传感器，无处不需要传感器。

4. 传感技术器件的特性参数

在实际应用中，传感器器件的特性参数名目众多，有一些名词相互混淆，定义也不尽相同。从总体上来说，这些特性参数可以分为静态特性参数和动态特性参数两类。

静态特性（static characteristics），即被测量处于不变或缓变情况下，输出与输入之间的关系。因为这时输入量和输出量都和时间无关，所以它们之间的关系，即传感器的静态特性可用一个不含时间变量的代数方程，或以输入量作横坐标，把与其对应的输出量作纵坐标而画出的特性曲线来描述。表征传感器静态特性的主要参数有：分辨力、灵敏度、精确度、线性度、重复性、漂移等。

（1）分辨力（resolution）：在整个输入量程内都能产生可观测的输出量变化的最小输入量变化。计算公式为

$$R_x = \max \mid \Delta x_{i,\min} \mid \qquad (2\text{-}1)$$

其中：$\Delta x_{i,\min}$ 为在第 i 个测量点上能产生可观测输出变化的最小输入变化量；$\max \mid \Delta x_{i,\min} \mid$ 为在整个量程内取最大的 $\Delta x_{i,\min}$，即得传感器在整个量程内都能产生可观测输出变化的最小输入变化量。

（2）灵敏度（sensitivity）：输出变化量与相应的输入变化量之比，传感器在第 i 测量点处的灵敏度为

$$s_i = \lim_{\Delta x_i \to 0}\left(\frac{\Delta Y_i}{\Delta x_i}\right) = \frac{\mathrm{d}Y_i}{\mathrm{d}x_i} \qquad (2\text{-}2)$$

其中：Δx_i 为在第 i 个测量点上传感器的输入变化量；ΔY_i 为在第 i 个测量点上由 Δx_i 引起的传感器的输出变化量。

（3）精确度（precision）：精密度又称精度，表示测量结果中随机误差大小的程度。随机误差是指同一被测量的多次被测量过程中，以不可预知方式变化的测量误差的分量，表

征对同一被测量作 n 次测量的结果的分散性,可用实验的标准偏差来表示,其计算公式为

$$S = \sqrt{\frac{\sum\limits_{i=1}^{n}(y_i - \overline{y})^2}{n-1}} \qquad\qquad (2\text{-}3)$$

其中:y_i 为第 i 个测量值;$\overline{y}$ 为 n 次测量结果的算术平均值,$\overline{y} = \dfrac{1}{n}\sum\limits_{i=1}^{n} y_i$。

(4) 回差(hysteresis):在输入量作满量程变化时,对于同一输入量,传感器的正、反行程输出量之差。

(5) 重复性(repeatability):在一段短的时间间隔内,在相同的工作条件下,输入量从同一方向作满量程变化,多次趋近并到达同一校准点时所测量的一组输出量之间的分散程度。

(6) 线性度(linearity):正、反行程实际平均特性曲线相对于参比直线的最大偏差,用满量程输出的百分比来表示。通常包括绝对线性度(absolute linearity)、端基线性度(terminal-based linearity)、平移端基线性度(shifted terminal-based linearity)以及零基线性度(zero-based linearity)等。

(7) 符合度(conformity):正、反行程实际平均特性曲线相对于参比曲线的最大偏差,用满量程输出的百分比来表示。

(8) 线性度加回差(combined linearity and hysteresis):为传感器系统误差的极限值。

(9) 不确定度(uncertainty):表征被测量的真值在某个范围的一种评定结果。它是合理赋予被测量之值的分散性的一个参数,而且它也是与测量结果相联系的一个参数。

(10) 总不确定度(total uncertainty):又称基本不确定度,是在规定的条件下进行静态校准和按规定的计算方法所得到的一种不确定度。

(11) 零点输出漂移(zero drift):在规定的时间内,零点输出仅随时间的变化,通常用满量程输出的百分比来表示。

(12) 满量程输出漂移(drift of output span):在规定的时间内,满量程输出仅随时间的变化,通常用满量程输出的百分比来表示。

(13) 热零点偏移(thermal zero shift):由环境温度变化所引起的零点输出变化,通常用单位温度的满量程输出的百分比来表示。

(14) 热满量程输出偏移(thermal shift of output span):由环境温度变化所引起的满量程输出变化,通常用单位温度的满量程输出的百分比来表示。

动态特性(static characteristics):所谓动态特性,是指传感器在输入变化时,它的输出的特性。在实际工作中,传感器的动态特性常用它对某些标准输入信号的响应来表示。这是因为传感器对标准输入信号的响应容易用实验方法求得,并且它对标准输入信号的响应与它对任意输入信号的响应之间存在一定的关系,往往知道了前者就能推定后者。最常用的标准输入信号有阶跃信号和正弦信号两种,所以传感器的动态特性也常用阶跃

响应和频率响应来表示。

（1）阶跃响应

按照阶跃状态变化输入的响应被称之为阶跃响应。从阶跃响应中可获得它在时间域内的瞬态响应特性，描述的方式为时域描述。

例如，幅值为 A 的阶跃信号如图 2-2 所示，此时传感器的阶跃响应如图 2-3 所示。

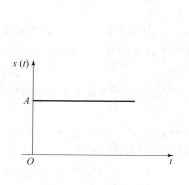

图 2-2　阶跃信号图

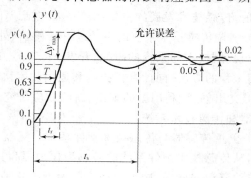

图 2-3　阶跃响应曲线图

整个响应分为动态和稳态两个过程。其中动态过程是指传感器从初始状态到接近最终状态的响应过程（又称过渡过程）。而稳态过程是指时间 $t \rightarrow \infty$ 时传感器的输出状态。阶跃响应主要是通过分析动态过程来研究传感器的动态特性。传感器的时域动态性能指标通常是用其阶跃响应中的过渡曲线上的特性参数来表示。主要参数如下：

① 时间常数（T）。它是指输出量上升到稳态值 $y(\infty)$ 的 63% 所需要的时间。

② 上升时间（t_r）。通常是指阶跃响应曲线由稳态值的 10% 上升到 90% 时所需要的时间。

③ 响应时间（t_s）。它是指从输入量开始起作用到输出进入稳定值时所需要的时间。

④ 超调量（δ）。它是指在过渡过程中，输出量 $y(t_p)$ 与稳态值 $y(\infty)$ 的最大偏差 Δy_{max} 与稳态值 $y(\infty)$ 之比的百分数，即

$$\delta = \left[\frac{\Delta y_{max}}{y(\infty)}\right] \times 100\%$$

⑤ 振荡次数（N）。它是指在响应时间内，输出量在稳态值上、下摆动的次数。

⑥ 稳态误差（e_s）。它是指当 $t \rightarrow \infty$ 时，传感器阶跃响应的实际值与期望值之差。

在上述几项指标中，δ 与 N 反映了传感器的稳定性能；t_s 反映了传感器相应的快速性；e_s 反映了传感器的精度。通常情况下希望超调量小一些，振荡次数少一些，响应时间短一些，稳态误差小一些。

（2）频率响应

一个复杂的被测实际信号往往包含了许多种不同频率的正弦波成分。把各种频率不同而幅值相同的正弦信号输入传感器中，求其输出的正弦信号的幅值、相位与频率之间的

相互关系,就可以对传感器在频域中的动态性能做出分析和评价。

所以频率响应是通过研究稳态过程来分析传感器的动态特性的,它可以通过对传感器在频率响应过程中的波形参数进行计算,并对响应特性曲线进行分析;也可通过对频率响应性能指标(如频率响应范围、幅值误差、相位误差等)的考核来完成。

5. 传感技术的发展

目前,传感技术发展的主要趋势主要包括以下几个方面:

(1)强调传感技术系统的系统性和传感器、处理与识别的协调发展,突破传感器同信息处理与识别技术与系统的研究、开发、生产、应用和改进分离的体制,按照信息论与系统论,应用工程的方法,同计算机技术和通信技术协同发展。

(2)突出创新,利用新的理论、新的效应研究开发工程和科技发展迫切需求的多种新型传感器和传感技术系统。

(3)侧重传感器与传感技术硬件系统与元器件的微小型化。利用集成电路微小型化的经验,从传感技术硬件系统的微小型化中提高其可靠性、质量、处理速度和生产率,降低成本,节约资源与能源,减少对环境的污染。这种充分利用已有微细加工技术与装置的做法已经取得巨大的效益、极大地增强了市场竞争力。在微小型化中,为世界各国注目的是纳米技术。

(4)集成化。进行硬件与软件两方面的集成,它包括:传感器阵列的集成和多功能、多传感参数的复合传感器;传感系统硬件的集成,如信息处理与传感器的集成,传感器-处理单元-识别单元的集成等;硬件与软件的集成;数据集成与融合等。

(5)研究与开发特殊环境(指高温、高压、水下、腐蚀和辐射等环境)下的传感器与传感技术系统。这类传感器及传感技术系统常常是我国缺少的一类高新传感技术和产品。

(6)对一般工业用途、农业和服务业用的量大面广的传感技术系统,侧重解决提高可靠性、可利用性和大幅度降低成本的问题,以适应工农业与服务业的发展,保证这种低技术产品的市场竞争力和市场份额。

(7)彻底改变重研究开发轻应用与改进的局面,实行需求驱动的全过程、全寿命研究开发、生产、使用和改进的系统工程。

(8)智能化。侧重传感信号的处理和识别技术、方法和装置同自校准、自诊断、自学习、自决策、自适应和自组织等人工智能技术结合,发展支持智能制造、智能机器和智能制造系统发展的智能传感技术系统。

2.1.3 常用传感技术介绍

1. 声、气、湿、光敏等环境传感技术

(1)声/超声波传感器

声/超声技术是一门以物理、电子、机械以及材料科学为基础的,各行业都广泛使用的通用技术之一。声敏传感器主要是借助于声源在介质中施力方向与波波介质中传播方向的不同,声波类型也不同,通过检测波形,并最终转化为电信号输出。声敏传感器的种类众多,根据其测量原理可分为电阻变换型、压电式、电容式,以及音响传感器等。

① 电阻变换型声敏传感器:按照转换原理,这一类传感器可分为接触阻抗型和阻抗型两种。常见的碳粒式送话器就是接触阻抗型声敏传感器的典型代表,其原理如图 2-4 所示。当声波经空气传播至膜片时,膜片产生振动,于是膜片和电极之间碳粒的接触电阻发生变化,从而调制通过送话器的电流,电流经变压器耦合放大器放大后输出。阻抗变换型声敏传感器是由电阻丝应变片或半导体应变片黏贴在膜片上构成的。当声压作用在膜片上时产生形变,使应变片的阻抗发生变化,检测电路将这种变化转换为电压信号输出从而完成声-电的转换。

② 压电声敏传感器是利用压电晶体的压电效应制成的。压电晶体的一个极面和膜片相连接,当声压作用在膜片上使其振动时,膜片带动压电晶体产生机械振动,压电晶体在机械应力的作用下产生随受压大小变化而变化的电压,从而完成声-电的转换。

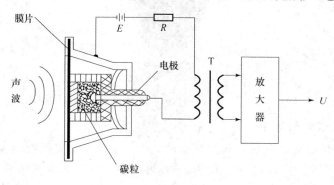

图 2-4　碳粒式送话器原理图

③ 电容式声敏传感器。以电容式送话器为例,当膜片在声波的作用下产生振动时,膜片与固定电极之间的距离就会发生变化,从而引起电容电量的变化,完成声-电的转换。

④ 音响传感器:主要有将声音载于通信网的电话话筒;将可听频带范围(20 Hz～20 kHz)的真实声音进行电变换的放音、录音话筒;从媒质所记录的信号还原成声音的各种传感器等。根据不同的工作原理(电磁变换、静电变换、电阻变换、光电变换等),可制成多种音响传感器,如驻极体话筒、水听器、录音拾音器等。

(2) 气敏传感器

气体的检测在工业高度发达的今天是十分必要的,在家居安全、矿井作业、火灾报警等领域均有广泛的应用需求,这为气敏传感器的发展提供了有利条件。气敏传感器是指将被测气体浓度转换为与其成一定关系的电量输出的装置或器件。

自从 1931 年布劳尔(P. Brauer)发现了 Cu_2O 的电导率随水蒸气的吸附改变。至今,人们已经相继发现 ZnO,Fe_2O_3,MgO,SnO_2,NiO,Cr_2O_3,TiO,$BaTiO_3$ 等都具有气敏效应。气敏传感器已经发展成为传感器领域的一大体系,已经研制成功一大批功能各异的气敏传感器,其分类方式也有很多种。例如,按被检测气体分类、按制作方式分类、按工作原理分类等不同的分类方法。按工作原理分类,气敏传感器可分为电量型,质量型和质量、电量双参数气敏传感器。如图 2-5 中所示为常见的枪式酒精测试仪,该仪器采用电量型气敏传感器(半导体酒精传感器)。

图 2-5 气敏传感器应用(酒精测试仪)

目前,气敏传感器的研究方向主要包括以下三个方面:

① 气敏机理的研究。气敏材料多种多样,包含很多金属氧化物以及掺杂物,却对不同气体有不同气敏性。只有对气敏机理有深入的认识,在气敏传感器领域才能有真正的突破。

② 新型气敏材料的开发。包括找寻气敏性良好的新型金属氧化物或复合金属氧化物,采用掺杂技术(特别是过渡金属及其氧化物)改善材料的气敏选择性,以及在气敏材料制备中引入新技术,纳米气敏材料是其中最有潜力的一种。

③ 提高检测技术。应用微电子技术、自动化及控制技术,实现传感器智能化、集成化、多功能化。

(3) 湿敏传感器

湿度传感器是基于某些材料能产生与湿度有关的物理效应或化学反应,将湿度的变化转换成某个电量的变化的器件。按输出电量可以分为电阻型、电容型和频率型等;按敏感材料的性质可分为电解质型、陶瓷型、有机高分子型、半导体型等。

① 氯化锂湿敏电阻

氯化锂湿敏电阻是利用吸湿性盐类潮解,离子导电率发生变化而制成的测湿元件。氯化锂是典型的离子晶体。其湿敏机理可如下解释:高浓度的氯化锂溶液中,Li 和 Cl 仍以正、负离子形式存在;而溶液中的离子导电能力与溶液的浓度有关。实践证明,溶液的当量电导随着溶液的增加而下降。当溶液置于一定温度的环境中时,若环境的相对湿度高,溶液将因吸收水份而浓度降低;反之,环境的相对湿度低,则溶液的浓度就高。因此,氯化锂湿敏电阻的阻值将随环境相对湿度的改变而变化,从而实现了湿度的测量。

② 高分子薄膜电容湿敏传感器

高分子介质吸湿后,其介电常数发生变化,电容值变化(增加)。由于高分子薄膜做得很薄,能迅速吸附水分子(吸湿)和脱湿,响应性能优良,根据电容量的变化可测得相对湿度。

③ 半导体陶瓷湿敏电阻

半导体陶瓷湿敏电阻通常是用两种以上的金属氧化物半导体材料混合烧结而成的多孔陶瓷。分为负特性湿敏半导体陶瓷和正特性湿敏半导体陶瓷。

(4) 光敏传感器

光敏传感器是最常见的传感器之一,如图 2-6 所示。它的种类繁多,主要有:光电管、光电倍增管、光敏电阻、光敏三极管、太阳能电池、红外线传感器、紫外线传感器、光纤式光电传感器、色彩传感器、CCD 和 CMOS 图像传感器等。它的敏感波长在可见光波长附近,包括红外线波长和紫外线波长。光传感器不只局限于对光的探测,它还可以作为探测元件组成其他传感器,对许多非电量进行检测,只要将这些非电量转换为光信号的变化即可。

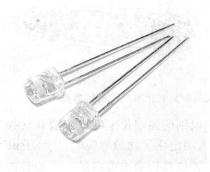

图 2-6　光敏传感器

2. 生物传感技术

生物型传感器是利用某些生物活性物质具有选择性识别待测物质的能力,制成的一类传感器,它是在分子水平上识别近百种物质的传感器。生物传感器由固定化的生物敏感材料作识别元件(包括酶、抗体、抗原、微生物、细胞、组织、核酸等生物活性物质)与适当的理化换能器(如氧电极、光敏管、场效应管、压电晶体等)及信号放大装置构成的分析工具或系统。生物传感器具有接受器与转换器的功能,对生物物质敏感并将其浓度转换为电信号进行检测的仪器。在医学和兽医工作领域内,已用该技术对血液、尿等临床标本,污染微生物的标本,甚至食品的化学成分、滋味及新鲜度等方面进行了检测,显示了它具有广阔的应用前景,因此,特别受到检验工作者的重视。

早在 20 世纪 40 年代,即有人将酶引入化学领域作检测,20 年后,电化学分析家克拉克(Clark,1962)嫁接了酶法和离子选择性电极技术,制成了酶电极(enzyme electrode)能准确、快速做检测,事实上,这已是酶传感器雏型的出现,但由于所用的酶是溶解性的,难以重复使用,1967 年 S. J. Updike 等制出了第一个生物传感器葡萄糖传感器。将葡萄糖氧化酶包含在聚丙烯酰胺胶体中加以固化,再将此胶体膜固定在隔膜氧电极的尖端上,便制成了葡萄糖传感器。随后又报道了一大批类似结构的酶电极,用于糖及氨基酸的检测;1977 年,Rechnitz 用完整的粪链球菌取代酶,与电极组合成检测精氨酸的微生物电极(microbial sensor),几乎同时,Karube 报道了检测抗原的免疫传感器(immunol sensor),随后,又相继出现了细胞器传感器(organella sensor)和组织传感器(tissue sensor)等。进入 80 年代,由于生物技术、生物电子学和微电子学间的不断渗透融合,生物传感器的研制已不再局限于生物反应的电化学过程,而是根据生物学反应中产生的各种信息如光效应、热效应及场效应等设计出更精密、更灵敏的传感器,如光学生物传感器、半导体生物传感器、压电生物晶体传感器、介体生物传感器及热敏电阻生物传感器等。进入 21 世纪的今天,在新理论、新技术的指引下,各种新的传感器不断出现,当今已形成一个独立的新兴的检测技术领域。

图 2-7　采用葡萄氧化酶生物传感器技术的强生稳豪血糖仪

生物传感器主要由分子识别的固定化生物敏感膜和转换信号的换能器两部分组成。当待测物质经扩散作用,进入固定化生物敏感膜时,经分子识别,发生生物学反应,产生的信息被相应的化学或物理学转换器转变成可定量和可处理的电信号,再经仪表二次放大并输出,以电子计算机处理后,即完成对产生信号的检测程序。由此,可获得待测物质的种类及浓度的结果。生物敏感膜是生物传感器的关键元件,它直接决定传感器的功能与质量,依所选材料的不同,用固定化技术,选用下述的生物活性材料,如酶、细胞(细菌、真菌、动植物细胞)、组织(动植物组织切片)、细胞器(线粒体、叶绿体)或抗原(抗体)等制成。因为生物敏感膜接受被分析物作用后,发生的生物学反应过程中产生的信息是多元的,依此,可选用不同的换能器,如离子变化用电流器、质子变化用均效应晶体管、热效应用热敏元件、光效应用光敏管、色效应用光纤,质量变化用压电晶体,由此而制成各种相应的生物传感器。

综上所述,生物传感器具有三个主要特点:发生的生物学反应具有特异性和多样性,故在理论上能制成可以检测所有生物物质的传感器;系在无试剂条件下操作,故比传统的生物学及化学法的操作更简便、快速、准确,且可反复使用;可连续分析、联机操作。

生物传感器技术的发展前景十分广阔。生物传感技术的建立,国外始于 20 世纪 60 年代,迄今已取得了令人满意的效果,特别是生物高技术及传感技术取得的重要成果,均对生物传感器的发展作出了重要贡献。另外,各种基础元件在生物反应信息的转化和传递方面也起了关键作用,使传感器的性能大为提高,出现了所谓的多功能生物传感器、微型生物传感器及高灵敏度生物传感器等。生物传感技术的发展及应用,在英、美、德、荷兰、瑞士和比利时等国处于较大的优势,我国起步较晚,在进入 80 年代时,才有研究报告发表,现已研制成功葡萄糖传感器和尿素传感器等,并正在试用中。在 21 世纪知识经济发展中,生物传感器技术必将是介于信息和生物技术之间的新增长点,在国民经济中的临床诊断、工业控制、食品和药物分析(包括生物药物研究开发)、环境保护以及生物技术、生物芯片等研究中有着广泛的应用前景。

3. 智能传感技术

智能化是传感技术发展的一个重要方向。智能传感技术的概念最早是由美国宇航员在研发宇宙飞船过程中提出的。宇宙飞船上需要大量的传感器不断地向地面或者飞船上的处理器发送温度、位置、速度和姿态等数据信息。即便是使用一台大型的计算机也很难同时处理如此庞大的数据,更何况飞船又限制了计算机的体积和重量。最终,采用了分布式处理的智能传感器,即赋予传感器智能处理功能,以分担中央处理器的集中处理功能。

目前,对于智能传感器的定义基本可归纳如下:智能传感器(intelligent sensor)是具有信息处理功能的传感器。智能传感器带有微处理机,具有采集、处理、交换信息的能力,是传感器集成化与微处理机相结合的产物。一般智能机器人的感觉系统由多个传感器集合而成,采集的信息需要计算机进行处理,而使用智能传感器就可将信息分散处理,从而降低成本。与一般传感器相比,智能传感器具有以下三个优点:通过软件技术可实现低成本、高精度的信息采集;具有一定的编程自动化能力;功能多样化。

智能传感器的应用十分广泛,在航天航空、国防、科技以及工农业生产等各个领域中均有应用。例如,在机器人领域中,智能传感器可以使得机器人具有类人五官和大脑功能,可感知各种现象并通过智能处理做出相应判断,完成各种动作。在医学领域,美国的 Cygnus 公司开发了一款基于智能传感技术的手表式血糖监测仪(Gluco Watch),如图 2-8 所示,该产品是一种连续式自动血糖检测装置,能够每隔 10 min 自动采集一次血糖数据,即时显示血糖状态。

图 2-8　基于智能传感技术的手表式血糖监测仪

2.1.4　传感技术在物联网中的应用

　　传感技术在物联网中的应用是非常广泛的,不管是智能电网、智能交通、工业监控还是智能家居,可以说传感技术无处不在。

　　在智能电网方面,传感技术在状态检修、智能计量、应对电网灾变、故障定位、分布式母线保护等方面均有广泛的应用。以传感技术为核心的无线传感器网络,其不需布线,灵活多变的优点,在电网各个环节的信息采集、传输、控制等方面发挥了重要的作用,是建设具有灵活、清洁、安全、经济、友好等性能的新一代智能电网的关键业务之一。

　　智能交通系统是未来交通系统的发展方向,它是将先进的信息技术、数据通信传输技术、电子传感技术、控制技术及计算机技术等有效地集成运用于整个地面交通管理系统而建立的一种在大范围内、全方位发挥作用、实时、准确、高效的综合交通运输管理系统。在智能交通中,由美国 MEAS 公司开发的压电薄膜交通传感器,被用于检测车轴数、轴距、车速监控、车型分类、动态称重(WIM)、收费站地磅、闯红灯拍照、停车区域监控、交通信息采集(道路监控)及机场滑行道。

　　传感技术在物联网中的诸多应用中,最让人感受深刻的应该是传感技术在智能家居中的广泛应用。通过网络,人们可以在每天下班前,用手机遥控,让电饭锅早早地开始煮饭,洗衣机自动识别衣物布质,选择洗涤模式自行洗涤,同时启动咖啡壶、热水器,并将空调的温度设定从 16℃ 提高到 22℃。当人们下班后,可以在舒适的温度下喝上一杯香喷喷的咖啡,然后冲一个热水澡了。当人们外出度假时,智能家居系统会担负起照顾居室的重任:监控家中所有的安防传感器,在异常状态时发出报警;管理家中空调的室内外机,控制相应的出风口,在冬季保护水管道以防冻裂;根据日光和降水状态控制绿地的浇灌时间;在火情发生时切断煤气管道阀门;在自来水管道漏水时或温度降至零度以下时关闭阀门;当有传感器被触发时启动相应位置的摄像头记录下当时的情景;智能家居系统还将在夜间按照人们的作息时间表进行灯光的开、关,模拟有人在家的效果,防止夜贼的光顾。这些看似科幻小说中未来世界的画面,在传感技术不断发展的今天可以成为现实。

2.2 物联网与 RFID

2.2.1 物联网与 RFID 概述

物联网的体系结构通常被认为包括三个层次,从下到上依次是感知层、传输层和应用层,其中感知层的主要功能是感知和识别物体,采集和捕获物体及其环境的相关信息,它包括各种具有感知能力的设备和网络。从现在阶段来看,物联网发展的瓶颈就在感知层。

无线射频识别(Radio Frequency Identification,RFID)技术是 20 世纪 90 年代开始兴起的一种非接触式自动识别技术。无线射频识别是通过射频信号等一些先进手段自动识别目标对象并获取相关数据,有利于人们在不同状态下对各类物体进行识别与管理。这种技术具有能够轻易嵌入或附着,并对所附着的物体进行追踪定位;读取距离更远,存取数据时间更短;标签的数据存取有密码保护,安全性更高等很多优势。RFID 技术与互联网、通信等技术相结合,可实现全球范围内物品跟踪与信息共享。

射频识别技术的广泛应用促进了物联网的发展。国际电信联盟(ITU)将射频识别技术、传感器技术、纳米技术、智能嵌入技术列为物联网关键技术。另外,在第三届中国国际物联网大会上,与会专家一致认为 RFID 技术是物联网感知层最重要的技术之一。

基于 RFID 标签对物体的唯一标识性,引发了人们对基于 RFID 技术的应用进行研究的热潮。国外 RFID 技术应用起步较早,近年来我国加快了对 RFID 技术的开发步伐,RFID 技术的应用越来越多。射频识别技术已经被广泛地应用于农业、工业、商业、智能交通运输系统等领域。

2004 年,国家金卡工程启动了物联网 RFID 技术行业应用试点工作。RFID 技术的行业应用试点主要涉及的领域包括:

(1) 农业领域的生猪、肉牛的饲养及食品加工的实时动态,可追溯的管理;

(2) 工业领域的煤矿安全生产,对矿工的安全监护,工业生产的托盘管理,工业钢瓶等危险品的跟踪管理;

(3) 药品及烟酒的动态可追溯监管;

(4) 物流领域的邮政包裹、民航行李、铁路货车调度监管等,远洋运输集装箱等;

(5) 军用物资供给,军械动态管理,以及奥运会、世博会的大型会务综合管理等;

(6) 在城市交通、公路、水运等交通管理以及涉车涉驾的智能交通综合应用等。

所有这些基于 RFID 技术的应用已见成效,奠定了我国物联网的发展基础。基于 RFID 技术的物联网,利用 RFID、无线数据传输和互联网等技术,构造了一个实现全球物品信息实时共享的物联网。随着 RFID 关键技术和成本等问题的解决,基于 RFID 技术的物联网商业应用的价值将会逐渐发挥出来。

2.2.2 RFID技术

1. RFID概念

RFID即无线射频识别,利用射频信号通过空间耦合(交变磁场或电场)实现无接触信息传递并通过所传递的信息达到自动识别的目的。它是一种非接触式的自动识别技术,可快速地进行物品追踪和数据交换。识别工作无须人工干预,可工作于各种恶劣环境。RFID技术可识别高速运动物体并可同时识别多个标签,操作快捷方便。

RFID系统的概念源于20世纪40年代空战中用雷达识别敌机和友机的技术。功率大的无线射频识别标签(异频雷达收发机)安置在友机上,当有雷达信号问询时,这些标签将给予相应的回答,由此识别出带有此标签的飞机为友机。随着大规模集成电路、可编程存储器和微处理器的发展,RFID技术才开始逐渐推广和部署在民用领域。

从概念上来讲,无线射频识别类似于条码扫描,对于条码扫描而言,它是将已经编码的条码附着于目标物体并使用专用的扫描读写器,利用光信号将条码信息传送到扫描读写器;而无线射频识别则使用专用的RFID读写器及专门的可附着于目标物的RFID单元,利用射频信号将信息由RFID单元传送至RFID读写器。因此,RFID俗称为电子标签、电子条码和非接触卡等。

2. RFID的发展历程与现状

RFID技术最初的五位研究人员之一,Jeremy Landt博士在他的 *Shrouds of Time - The History of RFID* 一文中写道:"在历史的进程中,有些事情会随着时间的推移被人们遗忘。对后来者来说,追根溯源将是一项艰巨而富有挑战性的任务。但是,只有了解过去才能展望未来,最终它将会带给我们应有的回报。不管我们是否意识到,RFID已经成为我们生活中的重要组成部分。"

20世纪40年代,在第二次世界大战的历史背景下,雷达技术的改进和广泛的应用催生了RFID技术。雷达能发出无线电波,通过接收所探测物体的反射电波来测定物体的位置和速度。第二次世界大战期间,英国空军受到雷达工作原理的启发开发了敌我飞机识别(Identification Friend or Foe,IFF)系统,希望被物体反射回来的雷达无线电波信号中能够包含敌我识别的信息,从而避免误伤己方飞机。IFF技术也被看做是RFID技术的萌芽。1948年,Harry Stockman在 *Communication by Means of Reflected Power* 一文中指出:"反射能量通信方式还有很多问题没有解决,它的应用方向也尚未找到,但是很显然,相关的研究和开发工作必须要做。"该文也奠定了RFID技术的理论基础。

20世纪50年代为早期RFID技术的探索阶段。1952年,F. L. Vernon在发表的 *Application of The Microwave Homodyne* 一文中提出"微波零差应用"的设想;D. B. Harris也于这一年申请了《带可调制无源应答器的无线传输系统》(*Radio Transmission Systems with Modulatable Passive Responder*)的发明专利。由此,标志着RFID发展的正式展开。这阶段RFID技术仍处于实验研究阶段。

20 世纪 60 年代，RFID 技术的理论得到了发展，开始了一些应用尝试。1963—1964 年，R. F. Harrington 在他的 *Field Measurements Using Active Scatterers* 和 *Theory of Loaded Scatterers* 等论文中，研究了与无线射频识别相关的电磁理论。这一阶段，众多与无线射频识别相关的应用专利发明也因运而生，如 Robert Richardson 于 1963 年发明遥控启动射频装置（Remotely Activated Radio Frequency Powered Devices），J. H. Vogelman 于 1968 年发明利用雷达波束的被动数据传输技术（Passive Data Transmission Techniques Utilizing Radar Beams），Otto Rittenback 于 1969 年发明雷达波束通信（Communication by Radar Beams）等。至此，RFID 技术发展的车轮开始转动。此时商业应用也逐渐出现，如 Sensormatic，Checkpointsystems，Knogo 等公司开发了电子防盗器（Electronic Article Surveillance，EAS）来对付商场里的窃贼。用被称为 1-比特标签系统来表示商品是否已售出，既可以使用基于超高频和微波的电磁反射系统，也可以使用基于高频的电磁感应系统，价格便宜又可以有效地遏制偷窃行为，被认为是 RFID 技术首个世界范围的商用模式。

20 世纪 70 年代，RFID 技术与产品研发处于一个大发展时期，各种 RFID 技术得到发展与应用，并且出现了一些最早的 RFID 商业应用模式。在这一阶段，研究机构、公司和政府都开始重视 RFID 技术的巨大应用前景，积极开展相关领域的研究工作，并取得巨大的成功。如 Los Alamos Scientific Laboratory，Northwestern University 和 Microwave Institute Foundation in Sweden 等研究机构在 RFID 研究方面都取得了突破性进展。另外出现了一些最早的 RFID 应用。如美国国防公司 Raytheon 公司于 1973 年推出了"RayTag"等；美国电器公司 RCA 公司的 Richard Klensch 于 1975 年开发了电子识别系统（Electronic identification system）等。在欧洲，由于动物标记受到重视，瑞典 Alfa Laval 公司、荷兰 Nedap 公司等都开发了各自的 RFID 系统。

RFID 技术在 20 世纪 80 年代全面开花，RFID 相关产品进入商业运用阶段，各种规模应用开始出现。各个国家都在不同的应用领域尝试使用 RFID 技术。美国人的兴趣主要在于交通管理、人员控制、物流运输和电子收费系统等；而欧洲人则主要关注短距离动物识别以及工商业的应用。

20 世纪 90 年代，RFID 技术标准化问题日趋得到重视。RFID 产品得到广泛应用，逐渐成为人们生活中的一部分。20 世纪 90 年代电子收费系统的大规模应用可以看做是 RFID 技术重要的里程碑。欧洲的许多公司，如 Microdesign，CGA，Alcatel，Bosch 以及飞利浦的子公司 Combitech，Baume 和 Tagmaster 等也加入到 RFID 的竞赛当中。这些公司还在欧洲标准化委员会（CEN）的组织下建立统一的欧洲电子收费标准。同时，RFID 技术在电子收费和铁路方面的应用也在澳大利亚、中国、巴西、墨西哥、加拿大、日本、南非等国家出现。

进入 21 世纪，随着全球几家大型零售商 WalMart，Metro，Tesco 等出于对提高供应链透明度的要求，相继宣布了各自的 RFID 计划，并得到供应商的支持。从此，

RFID技术打开了一个新的巨大的市场。随着成本的不断降低和标准的统一,RFID技术还将在无线传感网络、实时定位、安全防伪、个人健康和产品全生命周期管理等领域开拓出新的市场。另外,标准化问题日益为人们所重视,RFID产品种类更加丰富,有源电子标签、无源电子标签及半无源电子标签均得到发展,电子标签成本不断降低,行业应用规模扩大。可以预见,随着数字化时代的到来,以网络信息化管理、移动计算、信息服务等为迫切需求和发展动力,无线射频识别这项革命性的技术将对人类的生产和生活方式产生深远的影响。

3. RFID 系统组成和工作流程

一套完整的 RFID 系统,是由电子标签(Tag)、读写器和数据管理系统(或称后台处理系统)三个部分组成,RFID 系统基本组成如图 2-9 所示。各部分的基本作用如下。

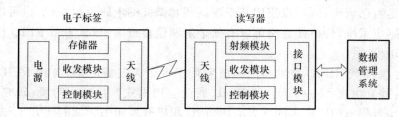

图 2-9　RFID 系统基本组成

(1) 电子标签(Tag)

电子标签是 RFID 系统的真正的载体。每个电子标签具有唯一的电子编码,附着在物体目标对象上,用来识别目标对象。标签相当于条形码技术中的条形码符号,用来存储需要识别和传输的信息。

(2) 读写器

读写器是负责读出或写入标签信息的设备。它通过天线与 RFID 电子标签进行无线通信,可以实现对标签识别码和内存数据的读出或写入操作。许多读写器还有附加的接口(如 RS232、RS485、以太网接口等),以便将获得的数据传给应用系统或从应用系统接收命令。典型的读写器通常包含有控制模块、射频模块、接口模块以及读写器天线。如图 2-10 所示为几种不同的读写器。读写器和电子标签之间的射频信号耦合方式有两种:

图 2-10　不同的读写器

① 电感耦合,即变压器模型,依据电磁感应定律,通过空间高频交变磁场实现耦合。

② 电磁反向散射耦合,即雷达原理模型,依据电磁波的空间传播规律,发射出去的电磁波,碰到目标后反射,同时携带回目标信息。

(3) 数据管理系统

数据管理系统主要完成数据信息的存储、管理以及对电子标签进行读写控制。数据管理系统可以是市面上现有的各种大小不一的数据库或供应链系统,用户还能够买到面向特定行业的、高度专业化的库存管理数据库等。在基于无线射频识别的物联网应用中,数据管理系统相当于物联网中间件(IoT-MW)、名称解析服务(IoT-NS)和信息发布服务(IoT-IS)的组合体。其工作过程是:读写器将读到的 RFID 码发送给 IoT-MW 服务器,该服务器再经因特网向相关的 IoT-NS 服务器发送查询地址指令,并引导 IoT-MW 服务器访问存储该物品详细信息的 IoT-IS 服务器。此时,数据管理系统的基本结构如图 2-11所示。

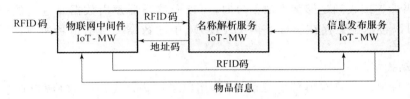

图 2-11　基于 RFID 的物联网的数据管理系统结构

RFID 系统的基本工作流程为:

(1) 读写器通过发射天线发送出一定频率的射频信号;

(2) 当附着标签的目标对象进入发射天线工作区域时会产生感应电流,电子标签凭借感应电流所获得的能量发送出存储在芯片中的产品信息(或者主动发送某一频率的信号);

(3) 读写器对接收天线接收到电子标签发送来的载波信号进行解调和解码后,送到数据管理系统进行相关的处理;

(4) 数据管理系统根据逻辑运算判断该电子标签的合法性,针对不同的设置做出相应的处理和控制。

2.2.3　电子标签

1. 电子标签概述

电子标签又称射频识别标签、射频标签,主要由存有识别代码的大规模集成线路芯片和天线构成。一种常用的电子标签内部结构如图 2-12 所示。标签中的集成电路芯片通常需要包括控制器、存储器、调制解调器和编解码器。标签中的天线决定了标签与读写器之间的通信信道和通信方式,在被动式标签中,需要通过天线在读写器产生的电磁场中获得足够的能量用来启动芯片电路开始工作。每个电子标签内部存有唯一的电子编码。可将标签附着在物体上用来识别目标对象。

　　根据 RFID 系统不同的应用场合以及不同的技术性能参数，考虑到应用系统的标签成本，环境要求，等等，可以将射频识别标签封装成不同厚度、不同大小、不同形状、具有不同用途的标签。

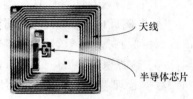

天线

半导体芯片

图 2-12　电子标签内部结构

2. 电子标签的分类

（1）根据标签内置电源的分类

　　电子标签需要一定的能量处理读写器发来的信号，并将标签信息发送给读写器。读写器收到的信号，可能是标签反射的信号或者标签本身产生的信号。根据标签的供电方式来看，电子标签可以分为主动式标签、半被动式标签和被动式标签。

　　① 被动式标签

　　被动式标签没有内部供电电源。其内部集成电路通过接收到读写器发出的电磁波进行驱动。当标签接收到足够强度的信号时，可以向读写器发出数据。这些数据不仅包括 ID 号，还可以包括预先存在于标签内 E^2PROM 中的数据。目前市场所运用的 RFID 标签以被动式为主。

　　② 主动式标签

　　主动式标签本身具有内部电源供应器，用以供应内部 IC 所需电源以产生对外的信号。一般来说，主动式标签拥有较长的读取距离和可容纳较大的内存容量，可以用来储存读取器所传送来的一些附加信息。主动式标签可借由内部电力，随时主动发射内部标签的内存资料到读写器上。

　　③ 半被动式标签

　　半被动式标签结合被动式标签和主动式标签的所有优点，内部携带的电池，能够为标签内部 IC 工作提供能量。和主动式标签不同的是，其通信不需要电池提供能量，而是通过读写器发射的电磁波获取通信能量。若标签内的 IC 仅收到读写器所发出的微弱信号，标签还是有足够的能量将标签内存储的数据回传到读写器。

　　三种类型标签的优缺点对比如表 2-2 所示。

表 2-2　三种类型标签的特点对比

类型	优点	缺点
被动式标签	价格低廉、体积小巧、适合多种应用场合、无须电源	读取距离较近、存储空间小、读写器功耗大、适合多种应用环境
主动式标签	读取距离远、读写器功耗小、标签本身可以自带各种环境传感器	体积大、价格昂贵、功耗大、寿命短、对环境要求高
半被动式标签	速度更快、距离更远、效率更高、读写器功耗减小、可以携带传感器	需要电源、控制复杂、对环境要求高

（2）根据电子标签的工作频率分类。

电子标签的工作频率也就是射频识别系统的工作频率，是其最重要的特点之一。电子标签的工作频率不仅决定着射频识别系统工作原理（电感耦合还是电磁耦合）、识别距离，还决定着电子标签及读写器实现的难易程度和设备成本。典型的工作频率有：125 kHz,133 kHz,13.56 MHz,27.12 MHz,433 MHz,902～928 MHz,2.45 GHz,5.8 GHz。按照电子标签的工作频率可以分为低频段、中高频段和超高频与微波标签。

① 低频段电子标签

低频段电子标签，简称为低频标签，其工作频率范围为 30～300 kHz。典型工作频率有：125 kHz,133 kHz。低频标签一般为无源标签，其工作能量通过电感耦合的方式从读写器耦合线圈的辐射场中获得。低频标签与读写器之间传送数据时，低频标签需位于读写器天线辐射的近场区内。低频标签的阅读距离一般情况下小于 1 m。

低频标签的典型应用有：动物识别、容器识别、工具识别、电子闭锁防盗等。

低频标签的主要优势体现在：标签芯片一般采用普通的 CMOS 工艺，具有省电、廉价的特点；工作频率不受无线电频率管制约束；可以穿透水、有机组织、木材等；非常适合近距离的、低速度的、数据量要求较少的识别应用。

低频标签的劣势主要体现在：标签存储数据量较少；只能适合低速、近距离识别应用；与高频标签相比，标签天线匝数更多，成本更高一些。

② 中高频段电子标签

中高频段电子标签的工作频率一般为 3～30 MHz,典型工作频率为 13.56 MHz。高频电子标签一般也采用无源方式，其工作能量同低频标签一样，也是通过电感（磁）耦合方式从读写器耦合线圈的辐射近场中获得。中频标签的阅读距离一般情况下也小于 1 m。

高频标签可方便地做成卡片状，典型应用包括：电子车票、电子身份证等。

高频标准的基本特点与低频标准相似，由于其工作频率的提高，可以选用较高的数据传输速率。

③ 超高频与微波标签

超高频与微波频段的电子标签，简称为微波电子标签，其典型工作频率为433.92 MHz,862(902)～928 MHz,2.45 GHz,5.8 GHz。微波电子标签可分为有源标签与无源标签两类。工作时，电子标签位于读写器天线辐射场的远区场内，标签与读写器之间的耦合方式为电磁耦合方式。读写器天线辐射场为无源标签提供射频能量，将有源标签唤醒。相应的射频识别系统阅读距离一般大于 1 m,典型情况为 4～7 m,最大可达 10 m以上。读写器天线一般均为定向天线，只有在读写器天线定向波束范围内的电子标签可被读/写。

以目前技术水平来说，无源微波电子标签比较成功，产品相对集中在 902～928 MHz工作频段上。2.45 GHz 和 5.8 GHz 射频识别系统多以半无源微波电子标签产品面世。半无源标签一般采用钮扣电池供电，具有较远的阅读距离。

微波电子标签的典型特点主要集中在是否无源,无线读写距离,是否支持多标签读写,是否适合高速识别应用;读写器的发射功率容限;电子标签及读写器的价格等方面。

微波电子标签的典型应用包括:移动车辆识别、电子身份证、仓储物流等应用。

(3) 根据电子标签内部使用存储器类型分类

根据内部使用存储器类型的不同,标签可以分成只读标签与可读可写标签。

① 只读标签

只读标签内部只有只读存储器(ROM)。只读存储器中存储有标签的标识信息。这些信息可以在标签制造过程中由制造商写入只读存储器中,也可以在标签开始使用时由使用者根据特定的应用目的写入特殊的编码信息。标识标签中存储的只是标识号码,用于对特定的标识项目,如人、物、地点进行标识,是进入信息管理系统中数据库的钥匙,关于被标识项目的详细的、特定的信息,只能在与系统相连接的数据库中进行查找。

② 可读可写标签

可读可写标签内部的存储器除了只读存储器、缓冲存储器之外,还有非活动可编程记忆存储器。这种存储器一般是 E^2PROM,它除了存储数据功能外,还具有在适当的条件下允许多次对原有数据的擦除以及重新写入数据的功能。可读可写标签还可能有RAM,用于存储标签反应和数据传输过程中临时产生的数据。

标签中除了存储标识码外,还存储有大量的被标识项目其他的相关信息,如生产信息、防伪校验码,等等。在实际应用中,关于被标识项目的所有的信息都是存储在标签中的,读标签就可以得到关于被标识目标的大部分信息,而不再必须连接到数据库进行信息读取。另外,在读标签的过程中,可以根据特定的应用目的控制数据的读出,实现在不同的情况下读出不同的数据部分。

2.2.4 RFID 技术的标准化建设

标准能够确保协同工作的进行、规模经济的实现和工作实施的安全性以及其他许多方面。RFID 标准化的主要目的在于通过制定、发布和实施标准解决空中接口规范、物理特性、读写器协议、编码体系、测试规范、应用规范、数据管理、信息安全等标准问题,最大程度地促进 RFID 技术及相关系统的应用。为在全球范围内更好地推动 RFID 产业发展,国际标准化组织(ISO)、以美国为首的 EPC global(Electronic Product Code global)、日本 UID (Ubiquitous ID Center)等机构纷纷制定 RFID 相关标准,并在全球积极推广,目前已形成无线射频识别三大标准体系。中国的 RFID 标准研究工作起步相对较晚,我国从事 RFID 标准研究的标准化组织有全国信息技术标准化技术委员会(SAC/TC28),包括自动识别与数据采集技术分技术委员会和电子标签标准工作组。

1. RFID 电子标签标准工作组

2005 年 11 月,在国家高技术研究发展计划的支持下,中国标准化协会完成了《我国 RFID 标准体系框架报告》和《我国 RFID 标准体系表》两份报告文件,提出制定中国

RFID 标准体系的基本原则。在这个原则的基础上,通过深入分析国际 RFID 技术标准,考虑标准技术环节、互连互通性和信息安全等方面的因素,提出了中国的 RFID 标准体系参考模型和 RFID 标准体系优先级列表。RFID 标准体系参考模型包含了七个方面,分别是基础类、协议类、中间件、设备类、测试类、安全类和应用类,其体系结构如图 2-13 所示。

2003 年 11 月,由国家标准化委员会牵头成立了电子标签标准工作组;但 2004 年年底,由于电子标签相关国家标准的制定机构之间工作重复,工作组的工作被暂停;2005 年 12 月在中国 RFID 产业联盟成立的同时,电子标签标准工作组得以重新组建。中国 RFID 电子标签标准工作组联合社会各方面力量,负责组织开展电子标签标准体系的研究、关键技术标准制定、编码标准制定和应用标准制定等。现有成员单位 100 多个,工作组按照业务职能则细分为七大部分:总体组、标签与读写器组、频率与通信组、知识产权组、数据格式组、应用组和信息安全组。电子标签工作组遵循的原则是:采取开放、透明和协商一致的方式开展工作,企事业单位在自愿的基础上可向标准工作组提出书面申请,参与工作。电子标签标准工作组目前已在 RFID 术语标准、协议标准、测试标准、网络标准以及应用标准等方面取得了初步的进展。

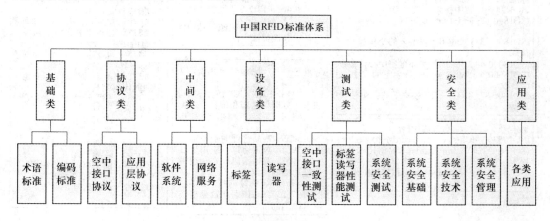

图 2-13　中国 RFID 标准体系结构

2. RFID 的国际标准化

目前已形成 RFID 三大标准体系分别为国际标准化组织(ISO)、以美国为首的 EPC global、日本 UID 等机构制定的 RFID 相关标准,并在全球积极推广。

(1) ISO RFID 标准体系

RFID 标准化工作最早可以追溯到 20 世纪 90 年代。1995 年国际标准化组织 ISO/IEC 联合技术委员会 JTC1 设立了子委员会 SC31(以下简称 SC31),负责 RFID 标准化研究工作。SC31 委员会由来自各个国家的代表组成,如英国的 BSI IST34 委员、欧洲 CEN TC225 成员。ISO 标准化制定过程中,有企业、区域标准化组织和国家三个层次的利益代表者。子委员会 SC31 下设 6 个工作组（WG1-WG6），分别涉及数据载体、数据内容、一致性、RFID、实时定位系统和移动物品识别管理。其中 WG4 主要负责 RFID 技术方面的标准，如数据协议、空中接口协议、实施指南和测试等。除 ISO/IEC JTC1 SC31 外，其他技术委员会也参与 RFID 应用方面的标准制定，如 TC23，TC58，TC122 等。

ISO/IEC 已出台的 RFID 标准主要关注基本的模块构建、空中接口、涉及的数据结构以及实施问题。具体可以分为技术标准、数据内容标准、一致性标准以及应用标准四个方面。ISO/IEC 已经制定的 RFID 相关标准框架如图 2-14 所示。

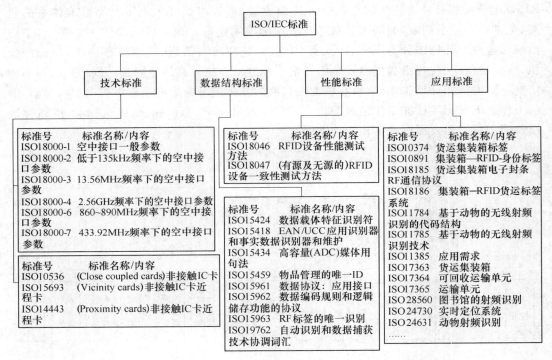

图 2-14　ISO/IEC 已经制定的 RFID 相关标准框架

（2）EPC global RFID 标准体系

EPC global 是由 UCC 和 EAN 联合发起的非赢利性机构，全球最大的零售商沃尔玛连锁集团、英国 Tesco 等 100 多家美国和欧洲的流通企业都是 EPC 的成员，同时由美国的 IBM、微软、Auto-ID Lab 等进行技术研究支持。

EPC global 的 RFID 标准体系框架包含硬件、软件、数据标准，以及由 EPC global 运营的网络共享服务标准等多个方面的内容。其目的是从宏观层面列举 EPC global 硬件、软件、数据标准，以及它们之间的联系，定义网络共享服务的顶层架构，并指导最终用户和设备生产商实施 EPC 网络服务。EPC global 标准框架包括数据识别、数据获取和数据交

换三个层次,对应的标准内容和目的分别是:

① 数据识别层的标准包括 RFID 标签数据标准和协议标准,目的是确保供应链上的不同企业间数据格式和说明的统一性;

② 数据获取层的标准包括读写器协议标准、读写器管理标准、读写器组网和初始化标准,以及中间件标准等,定义了收集和记录 EPC 数据的主要基础设施组件,并允许最终用户使用具有互操作性的设备建立 RFID 应用;

③ 数据交换层的标准包括 EPC 信息服务标准(EPC Information Services,EPCIS)、核心业务词汇标准(Core Business Vocabulary,CBV)、对象名解析服务标准(Object Name Service,ONS)、发现服务标准(Discovery Services)、安全认证标准(Certificate Profile),以及谱系标准(Pedigree)等,提高广域环境下物流信息的可视性,目的是为最终用户提供可以共享的 EPC 数据,并实现 EPC 网络服务的接入。

④ 日本 UID RFID 标准体系

UID 中心即泛在识别中心(Ubiquitous ID Center),成立于 2002 年 12 月,具体负责研究和推广自动识别核心技术,即在所有的物品上植入微型芯片,组建网络进行通信。UID RFID 标准体系是日本自行推出的一套 RFID 方面的标准化系统。

UID 中心的泛在识别技术体系架构由泛在识别码(Ucode)、信息系统服务器、泛在通信器和 Ucode 解析服务器构成,其中 UID 标准体系的核心是 UID 识别码,它具备了 128 位的充裕容量,可包容现有编码体系的编码体系的元编码设计,可以兼容多种编码,包括 JAN、UPC、ISBN、IPv6 地址等。Ucode 标签具有多种形式,包括条码、射频标签、智能卡、有源芯片等。泛在设备中心把标签进行分类,并设立了多种不同的认证标准。

2.2.5　RFID 关键技术研究

1. 工作频率选择

工作频率选择是 RFID 技术中的一个关键问题。工作频率的选择既要适应各种不同应用需求,还需要考虑各国对无线电频段使用和发射功率的规定。当前 RFID 工作频率跨越多个频段,不同频段具有各自优缺点,它既影响标签的性能和尺寸大小,还影响标签与读写器的价格。因此,如何根据应用需求选择合适频率的研究尤为重要。

2. RFID 天线技术

天线是一种以电磁波形式把无线电收发机的射频信号功率接收或辐射出去的装置。天线按工作频段可分为短波天线、超短波天线、微波天线等;按方向性可分为全向天线、定向天线等;按外形可分为线状天线、面状天线等。受应用场合的限制,RFID 标签通常需要贴在不同类型、不同形状的物体表面,甚至需要嵌入到物体内部,因此,如何根据应用场景的不同设计相关天线的研究非常重要。RFID 标签在要求低成本的同时,还要求有高的可靠性。此外,标签天线和读写器天线还分别承担接收能量和发射能量的作用,这些因素对天线的设计提出了严格要求。当前,对 RFID 天线的研究主要集中在研究天线结构和环境因素对天线性能的影响上。

天线结构决定了天线方向图、极化方向、阻抗特性、驻波比、天线增益和工作频段等特性。天线特性受所标识物体的形状及物理特性影响,同时也受周围物体和环境的影响。障碍物会妨碍电磁波传输;金属物体产生电磁屏蔽,会导致无法正确地读取电子标签内容;其他宽频带信号源,如发动机、水泵、发电机和交直流转换器等,也会产生电磁干扰,影响电子标签的正确读取。如何减少电磁屏蔽和电磁干扰,是 RFID 技术研究的一个重要方向。

3. 无线射频识别防碰撞技术研究

随着有源标签的出现和 RFID 技术在高速移动物体中的应用,迫切需要读写器在有限时间内高效快速地识别大量标签。在多个读写器与多个标签的射频识别系统中,存在着两种形式的碰撞(冲突),RFID 系统中的碰撞问题包括读写器碰撞和标签碰撞。

(1) 读写器碰撞

读写器碰撞是指某个标签处于多个读写器作用范围内,多个读写器同时与一个标签进行通信,致使标签无法区分信号来自哪个读写器,也包括相邻的读写器同时使用相同的频率与其阅读区域内的标签通信而引起的频率碰撞。

目前国内外研究 RFID 读写器防碰撞算法主要有两大类,即基于调度的(Scheduling-based)防碰撞算法和基于有效范围的(Coverage-based)防碰撞算法。基于调度的防碰撞算法的核心思想是防止读写器同时发送信号给标签,以此避免发生碰撞,这类算法一直是防碰撞算法的主流,已有的算法包括:ETSI EN 302 208(CSMA)算法、Class 1 Generation 2 UHF 算法、Colorwave 算法、Pulse 算法、DiCa(Distributed Tag Access with Collision-Avoidance) 算法、HiQ (Hierarchical Q-Learning Algorithm) 算法和 SA (Simulated Annealing Algorithm)算法等。基于有效范围的防碰撞算法的思想是将读写器之间的重叠区域减小来降低发生碰撞的概率,这类算法有 LLCR(Low-Energy Localized Clustering for RFID Networks)算法和 W-LCR (Weighted Localized Clustering for RFID Networks)算法。

(2) 标签碰撞

标签碰撞是指多个标签同时响应读写器的命令而发送信息,引起信号冲突,使读写器无法识别标签。解决这种碰撞的方法称为防标签碰撞算法。

在无线通信中为了将不同用户的信号互相区分,使它们无冲突地完成通信,基本上有四种不同的方法:空分多路法、频分多路法、时分多路法和码分多路法。RFID 系统的标签防碰撞算法也分为这四种。由于受技术和成本的限制,尤其是标签生产成本的限制,一般以时分多路法最为常用。

时分多路法就是让所有标签在读写器的统一指挥下在不同时间片分别发送识别信号,这样就能保证标签信号不会相互碰撞。时分多路法又可以分为两类,一类是基于时隙随机分配的 ALOHA 算法,包括动态时隙 ALOHA 算法,分群时隙 ALOHA 算法和标签估计算法等。ALOHA 算法的基本思想是读写器检测标签的响应并判断是否发生碰撞，如果检测到碰撞，读写器发送命令让标签停止发送数据，各个标签随机延迟一段时间再发送，由于延迟的随机数不同，从而使再次发生碰撞的概率降低。如果没有发生碰撞，读写器在完成对标签识别后，发送一个应答信号给标签，使标签从此转入休眠状态，直到识别过程结束。该算法的缺点是当标签数量较多时，发生碰撞的概率急增，算法性能急剧下降。

另一类是基于二进制的搜索算法，包括动态二进制搜索算法、查询树搜索算法、自适应查询树算法、混合式搜索算法和跳跃式搜索算法等。其基本思想是读写器发送一个查询前缀，只有序列号与这个查询前缀相符的标签才响应读写器的命令传送其序列号，反之则处于等待状态。当读写器检测到碰撞时，根据碰撞所获得的信息，调整查询前缀，从而使符合查询前缀的标签数减少（即再次发生碰撞的概率降低），直至对唯一的标签进行识别，并通过上述方法循环操作，完成对所有标签识别。该类算法比较复杂，识别时间较长，适合于待识别标签数量较多的场合。

一般来说，常用的防碰撞算法识别时间较长，不能满足对高速运动标签的识别要求。而绝大多数新算法识别时间较短，但对标签硬件要求较高，如增加随机数产生器、记数器或延迟器等，很难满足 RFID 系统的低设计成本要求。因此在保持一定复杂度条件下，最大限度地减少识别时间，提高搜索效率，仍然是一个具有挑战性的研究课题。

4. RFID 的安全与隐私问题研究

RFID 系统包括 RFID 标签、RFID 读写器和 RFID 数据管理系统三个部分，RFID 系统中安全和隐私问题存在于信息传输的各个环节。例如，消费物品的 RFID 标签可能被用于追踪，侵犯人们的位置隐私；贴有标签的商品带有销售数据可能被商业间谍充分利用；隐私侵犯者通过重写标签以篡改物品信息等。针对 RFID 系统的主要安全攻击可简单地分为主动攻击和被动攻击两种类型。

（1）主动攻击包括：

① 从获得的 RFID 标签实体，通过物理手段在实验室环境中去除芯片封装，使用微探针获取敏感信号，进而进行目标 RFID 标签重构的复杂攻击；

② 通过软件，利用微处理器的通用通信接口，通过扫描 RFID 标签和响应读写器的探询，寻求安全协议、加密算法以及它们实现的弱点，进而实施删除 RFID 标签内容或篡改可重写 RFID 标签内容；

③ 通过干扰广播、阻塞信道或其他手段，产生异常的应用环境，使合法处理器产生故障，拒绝服务的攻击等。

（2）被动攻击包括：

① 通过采用窃听技术分析微处理器正常工作过程中产生的各种电磁特征，来获得 RFID 标签和读写器之间或其他 RFID 通信设备之间的通信数据；

② 通过读写器等窃听设备，跟踪商品流通动态等。

主动攻击和被动攻击都会使 RFID 应用系统承受巨大的安全风险。主动攻击通过物理或软件方法篡改标签内容，以及通过删除标签内容成干扰广播、阻塞信道等方法来扰乱合法处理器的正常工作，是影响 RFID 应用系统正常使用的重要安全因素。尽管被动攻击不改变 RFID 标签中的内容，也不影响 RFID 应用系统的正常工作，但它是获取 RFID 信息、个人隐私和物品流通信息的重要手段，也是 RFID 系统应用的重要安全隐患。

RFID 安全技术研究的原则是在标签有限的硬件资源条件下，开发出一种具有高效、可靠和一定强度的安全机制。针对上面提到的一系列安全问题，国内外的学者进行了广泛和深入的研究与探索，并取得了一定的成果。当前，实现 RFID 安全机制所采用的方法主要有两大类，分别为物理方法和安全认证机制。

使用物理方法来保护 RFID 安全性的方法主要有如下几类：封杀标签法（Kill Tag）、裁剪标签法（Sclipped Tag）、法拉第罩发（Faraday Cage）、主动干扰法（Active Interference）和阻塞标签法（Block Tag）等。这些方法主要用于一些低成本的 RFID 标签中，因为这类标签有严格的成本限制，因此难以采用复杂的密码机制来实现与标签读写器之间的安全通信。

尽管用于认证和识别用途的密码技术已经相对比较成熟，但将其应用于 RFID 领域，将受到标签硬件成本的严格限制。迄今为止，国内外的学者对此进行了大量细致入微的研究，并取得了一定的成果。其中具有代表性的有 Hash-Lock 协议，随机 Hash-Lock 协议、Hash 链协议和分布式询问-应答协议等。如图 2-15 所示，根据不同的安全性和复杂性以及实现的成本，可以将应用于 RFID 系统中的安全认证协议分为三类，分别是重量级、中量级和轻量级协议。

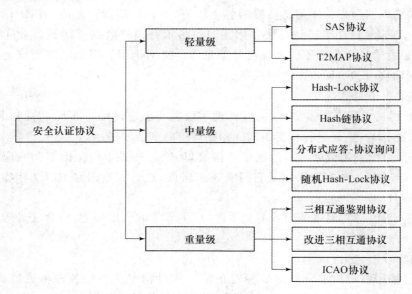

图 2-15　RFID 安全认证协议分类

重量级认证协议由于采用比较成熟的加密手段,标签的成本很难降低,所以往往使用在安全性要求性较高的军事、安全和金融领域。轻量级认证协议则主要考虑系统的成本,安全性较差,主要使用在商品零售和物流领域。而中量级认证协议的安全性和复杂性介于重量级和轻量级协议之间。由于其兼顾了安全性和成本的需求,具有更强的灵活性和适用性,因此成为 RFID 领域研究的重点和难点。

2.2.6　应用于物联网中的无线射频识别未来发展趋势

我国在 2009 年将物联网提高到国家战略层面,无线射频识别作为物联网感知与应用的核心技术,政府推动力度明显增加,使得 RFID 产业有很好的发展机会。2006 年,由科技部、发改委、商务部、信产部等 15 个部委联合发布了《中国 RFID 技术政策白皮书》,为我国在 RFID 技术与产业未来发展指明了道路。我国 RFID 产业发展将分三个阶段实施:第一阶段为培育期(2006—2008 年)在产业化核心技术研发、标准制定等方面取得突破,通过典型行业示范应用,初步形成 RFID 产业链及良好的产业发展环境。第二阶段为成长期(2008—2012 年)。扩展 RFID 应用领域,形成规模生产能力,建立公共服务体系,推动规模化市场形成,促进 RFID 产业持续发展。第三阶段为成熟期(2012 年以后)。整合产业链,适应新一代技术的发展,辐射多个应用领域,提高 RFID 应用的效率和效益。

2012 年是中国物联网产业发展最为关键的一年,2012 年中国物联网产业市场规模达到 1 800 亿元,至 2015 年,中国物联网整体市场规模将达到 7 000 亿元,年复合增长率超过 30%。各级政府的政策出台、各高校院所的技术研发、标准化进展以及重大专项的设立都对未来几年中国物联网产业发展的走向产生至关重要的影响。“政策先行,技术主导,需求驱动”成为中国物联网产业发展的主要模式。所以有理由相信:从 2012 年开始,在新的五年规划期间,中国 RFID 技术与物联网的发展将进入第一个黄金五年。

2.3　物联网中物品的编码和标识技术

对物品进行有效的、标准化的编码与标识是信息化的基础工作。我国目前现有的物品编码与标识标准种类繁多,不同领域、不同行业对物品的编码存在差异,采用的标识也各不相同,国家物品标识体系尚不完善。各种编码标识体系间的不兼容使物与物的沟通存在障碍,供应链的参与者、电子商务中的店商等主体想要对单品进行全程的可识别、定位、跟踪、监控和管理存在困难。因此,为了能够满足物联网、供应链及电子商务等领域对物品标识标准化的需求,加快建立国家物品标识标准体系是十分迫切和必要的。

2.3.1　物联网与物品编码和标识技术概述

物品标识体系是由物品编码及标识标准支撑的,物品标识体系建设是智能化管理的基础,是物品从粗放式管理到精细式管理的重要基石,它不仅直接关系到我国信息网络的发展,也影响着我国信息化、标准化的发展进程。

物联网的标识体系基于物联网体系中物体实体的分类方法,可以将物联网的标识体系分为应用标识、通信标识和物体标识三大类标识,其与物联网的分层架构对应关系如表 2-3 所示。

表 2-3　物联网的标识体系

应用层	应用标识：URL,Content-ID 等
传输层	通信标识：IPv4,IPv5,E. 164,IMSI,MAC,Session ID,SIP URI,Protocol ID,Port ID 等
感知层	物体标识：EAN·UCC,EPC,UID,NID,UII,TID,OID,URN,DOI,IMEI,ESN,MEID 等
物理世界	

物体标识主要标识物联网三类需标识对象中的物理实体和通信硬件实体。基于条码和 RFID 标签的物体标识主要用于实现对物体的辨别、信息追溯、信息交换和关联操作等,主要适用于非智能物体,如集装箱、食品等。

通信标识用于标识与信息数据传送和交换相关的逻辑实体,主要目的是寻址,实现信息的正确路由和定位。这些逻辑实体包括通信协议、会话、端口等。如 IP 地址、E. 164 号码、IMSI 号码、SIP URI、各类端口号等。应用标识主要标识物联网中的各类应用实体,包括各种服务和信息资源等。如 URL 和 Content ID 等。

物联网中的通信标识和应用标识通常存储在计算机和其他智能设备中,而物体标识则需要存储在特定的载体中,在使用前通过特定技术写入,并在需要时利用相应技术读出。用于存储物体标识的介质就称为载体,物联网中的载体形式主要包括条码、IC 芯片、IC 卡和 RFID 标签。载体可以通过粘贴、卡扣、嵌入、焊接、配置等方式与被标识物附着在一起。

物联网在标识方面,与传统互联网及电信网相比,急需解决的问题主要集中在物体标识,其次是通信标识。物联网大规模分布式的特点,要求必须有一个健壮的、可扩展的物体标识体系。如何建立起兼容多种标准体系的统一物体标识与解析体系,如何应对物体通信对通信标识数量需求的大规模增加是物联网需要解决的重点问题。

1. 物联网时代对物体标识的需求

标识是一种自动识别各种物联网物理和逻辑实体的方法,识别之后才可以实现对物体信息的整合和共享,对物体的管理和控制、对相关数据的正确路由和定位,并以此为基础实现各种各样的物联网应用。

物联网主要采用赋予性标识。赋予性标识是为了识别方便而人为分配的标识,如物品编码、手机号、IP 地址等,通常由数字、字母等符号按照一定编码规则组合而成,相对基于自然属性的本质性标识,赋予性标识形式简单易于保存、读取和处理,是现阶段物联网中标识的主要形式。物联网中有物理实体、通信实体和应用实体三种类型的对象需要标识。

物理实体:指在实现对信息的获取、传递和处理以及对物的控制等各种物联网应用和管理的过程中,要与网络发生联系的任何物体。如各种传感器、执行器、贴有标签的物体(如动物、货物、食品)以及各种智能装置(如数码产品、家用电器)等。

通信实体:指物与物、物与系统、物与人通信过程中涉及的各种通信硬件实体和逻辑实体。硬件实体包括手机、WSN 设备、M2M 网关等,逻辑实体如通信协议、会话、端口等。

应用实体:指物联网中涉及的各种服务和信息资源,如 Web 服务、数字内容、聚合数据等。

根据物联网应用的分析,物联网体系中对标识的需求应包括以下几个方面:

(1) 实用性,要求物联网标识机制应能够稳定地对标识对象进行标识,并且易于存储、读取和处理,具有较好的经济性。

(2) 唯一性,物联网标识应该是独一无二的。为了不产生标识冲突,特别是对于开环应用,应在最大范围内采用统一标识。标识应具有足够的容量保证大规模对象标识唯一性的需要;同时考虑到处理能力、存储空间、能量消耗、传输带宽等限制条件,标识又不宜过长,为保证标识的有效利用,应实施一定的标识生命周期管理机制。

(3) 可扩展性,指标识机制应该可以实现对任何一个物体的标识,随着时间的推移、物联网规模的发展和新事物的出现,标识应能够继续使用。

(4) 兼容性,目前已有众多的标识方法和编码机制,应通过恰当的物联网标识和解析机制,在满足各种标识需求的基础上,尽量兼容已有标识。

2. 物品编码是物联网的基础

物品编码是指按一定规则赋予物品易于机器和人识别、处理的代码,它是物品在信息网络中的身份标识,是一个物理编码。它消除了一般文字对物品描述的二义性,被视为物联网的基础。

物联网中由于编码对象复杂,单一的一个物品编码标准无法支持整个物联网的运行。由于历史原因,有些编码方案的应用已经有一定的规模,在某些领域的信息化建设中正发挥很好的作用。因此,提供一种行之有效的兼容性的解决方案,实现各种编码方案的互联互通,是物联网真正实现"物物相连"的基础。

2.3.2　物品编码概述

物品通常是指各种有形的物理实体与无形的服务产品。物品既包括可运输物品,也包括不可运输物品,既有生活资料,也有生产资料。物品在不同领域可有不同的称谓。例如,产品、商品、物资、物料等。物品编码是指按一定规则对物品赋予易于计算机和人识别、处理的代码。物品编码是人类认识事物、管理事务的一种重要手段。特别是计算机的产生和广泛应用,物品编码作为信息化的基础,其重要性更加突出。

20 世纪 80 年代我国成立了国家标准局信息分类编码研究所,专门负责编码的研究和相关国家标准的制定。经过 20 多年的努力,我国已经发布实施了上百个与物品分类编码相关的国家标准。1988 年,国务院授权成立中国物品编码中心,统一组织、协调、管理我国的物品编码工作,逐步在开放流通领域建立了一套完整的商品条码标识体系,推动了我国商业流通领域信息化和现代化的发展。各行业、部门、企业也依据自身信息管理的要求,建立了满足自身管理需求的编码系统,促进了这些行业的信息化发展。

1. 物品编码的概念

编码技术是一种描述数据特性的信息技术,编码技术规定了信息段的含义,可为物品标识提供技术保障。编码的目的就是为了要识别物品的特性,也就是说,人们为了能够分清不同的物品及其特性,需要赋予物品唯一的编号,但是在编号的同时,也要求各部门采用同样的编码规则,这样做的目的就是为了使大多数物品有统一的编码规则,从而使物品的编码有唯一性。为了能够识别,除物品外,编码的唯一性是非常重要的。

物品编码是指按一定规则对物品赋予计算机和人能够容易地识别和处理的代码。物品编码是人类认识事物、管理事务的一种重要手段。特别是计算机的产生和广泛应用,物品编码作为信息化的基础,其重要性更加突出。

物品编码系统由物品分类代码、物品名称代码和物品属性代码(包括属性、属性值及其代码)三部分组成。物品分类代码是依据物品通用功能和主要用途进行分类和代码化表示。物品名称代码是对物品名称唯一的、无含义的标识。物品属性代码是对物品本质特征属性的描述及代码化表示。

物品编码系统是国家信息交换的公共映射基准,是国家电子商务和物品采购的总引擎。

物品编码系统具有以下特点:

(1) 物品分类代码是确定物品逻辑与归属关系的分类代码,其分类的主要依据是物品的通用功能和主要用途,无行业和地域色彩。

(2) 物品名称具有明确的定义和描述;物品名称代码无含义,具有唯一性。

(3) 物品属性具有明确的定义和描述;物品属性及属性值代码由物品的若干个基础属性以及与其相对应的属性值代码组成,结构灵活,可扩展。

(4) 物品分类代码、物品名称代码、物品属性及属性值代码可实现科学有机的链接。

(5) 物品编码系统与国际兼容。

2. 物品编码系统的组成和分类

目前,由于不同编码系统分别在各自的领域中满足了物品编码与自动识别技术用户的不同需求,在各自的领域中都发挥着不可替代的作用,因此,多编码系统共存是必然的现象。

深入分析目前我国不同编码系统的特点,可以将我国目前应用的编码系统分为通用编码系统与专用编码系统两部分。

(1) 通用编码系统

通用物品编码系统是指跨行业、跨部门、开放流通领域应用的物品编码系统,是开放流通领域物品的唯一身份标识系统。它包括商品条码编码系统和采用射频识别技术的商品电子编码系统等。例如,商品条码编码系统、商品电子编码系统、其他通用物品编码等。

通用物品编码系统是全国各领域各种流通物品都可适用的物品编码系统,也是开放流通领域必须使用的编码标准。

通用物品编码系统具有以下特点:

① 编码对象涵盖多行业、多领域的物品;

② 代码全国唯一,结构固定;

③ 代码贯穿于物品流通的整个生命周期;

④ 代码实行全国统一赋码、统一管理;

⑤ 代码的自动识别采用全国统一的标准化自动识别数据载体(如条码、射频标签等)实现;

⑥ 代码可供供应链各参与方共同使用;

⑦ 代码通常与国际通用的物品编码相兼容。

通用物品编码是目前应用最为广泛的编码系统。与其他编码不同,这些编码在采用条码、射频等自动识别数据载体进行承载时,一般采用标准规定的数据载体,或在数据载体中采用特殊规定的、确定的数据标识进行区分,因此,在国家物品识别网络体系中,通用物品编码的确定可以在数据载体层进行,不须在编码层添加另外特殊的标识。

(2) 专用编码系统

专用物品编码系统是指在特定领域、特定行业或企业使用的物品编码系统。专用物品编码一般由各个部门、行业、企业自行编制,只在本部门、本系统或本行业采用。专用物品编码系统都是针对特定的应用需求而产生建立的。例如,中华人民共和国海关统计商品目录(HS)、固定资产分类与代码、集装箱编码、其他专用物品编码、车辆识别代号(VIN)、动物编码等。

专用物品编码系统通常具有以下特点:

① 代码在特定范围内统一赋码和管理;

② 代码结构根据特定领域、特定行业或企业的需求确定;

③ 代码在特定应用范围内唯一;

④ 代码仅在特定领域、特定行业或企业使用。

由于专用物品编码受限于其适用范围,一般采用的都是通用的数据载体,因此,在数据编码层需要增加特殊的标识进行区分。

3. 物联网与物品编码标准化

物联网是一场科技革命,它的普及是大势所趋。物联网建设中,标准化起了至关重要的作用。物联网标准涉及技术标准、管理标准、应用标准和服务标准等。物联网的技术标准包括:编码标识、信息获取和感知技术以及网络技术的标准等。物联网标准化是一个复杂的系统工程,应该按照系统工程的相关理论与方法分步骤、有计划地进行。其中最重要的工作就是物品编码标准的制定,物品编码标准化是基础性和先导性工作。物联网中"物"不再限于一般物理实体,而是包括了所有事物甚至是应用系统。

物联网中物品编码的内容主要包括两类:一类是以机器识别为目的的身份编码,如商品、产品、服务、资产等物品的分类编码、标识编码和属性编码,物品品种编码,单件物品编码;另一类是为了实现信息交互的逻辑编码即 IP 地址,理论上互联网中的硬件,只要有通信的要求,就应该分配一个 IP 地址。IP 地址必须与所接入的设备的物理编码配合使用,这需要 IP 地址的解析标准来支撑。

搞好物品分类与编码标准化,具有巨大的经济效益和社会效益。以市场为主导,引导行业、企业积极参与,共同制定和维护作为公共基础的物品分类与编码标准,已成为国际物品编码标准化发展的方向。越来越多的企业逐渐倾向于使用 ISO,GS I 和 ANSI 等一些国际标准化权威机构所制定的标准。相应地,具备一定实力的企业往往通过评定程序被吸纳参与国际编码标准的制定和维护。国际编码标准化组织更加注重标准的开放性和透明性,同时,企业的实际应用需求也在标准中得到了很好的体现。

物联网建设必须以科学的物品编码和解析体系为基础。物品编码解决的是物联网底层数据结构如何统一的问题,物品编码解析解决的是物联网信息传输的路径问题。在物联网运行中,物品代码必须通过一定的转换机制对应到一个或多个网络地址,由用户端通过访问该网络地址才可以进一步找到此物品标识代码对应对象的详细信息。物品编码与解析体系建设是我国物联网发展的核心内容,由此物品编码与解析标准化将成为物联网标准体系建设的重中之重。

建立物联网的物品编码体系需具备以下特性,才能满足物联网建设的需求。

(1)科学性。物品编码体系的建立需遵循人类认识事物的基本方法和一般规律,首先应对物品编码体系的各构成要素及其关系进行透彻研究和分析。在此基础上,归纳和分析对象并且将二者结合起来,建立一个结构明确、易于使用和维护的体系框架,体系之间的各要素的联系符合科学发展规律。物品编码体系客观反应了我国目前编码发展现实状况,可满足不同层次的信息化发展需求,是一个科学的编码体系。

(2)兼容性。物联网是实现所有物与物之间信息交换的途径。这就必然要求物品编码体系能实现内容各子系统的兼容。尤其是在开放流通领域中,各编码系统的兼容是打破信息孤岛、实现信息共享的必然要求。

(3)全面性。物品编码体系需面向各行各业的所有物品,如能源、化工、服装等各行业。它是一个全面的编码体系,可以在物品的贸易运输、商品结算、产品追溯等多个环节应用。

(4)可扩展性。按照实际发展情况和需求变化,物品编码体系需满足扩展性要求,保留一定的扩展位,为新的物品编码的需求提供发展空间和方向。

(5)国际性。全球化的发展必然要求各国之间对物联网的建设相互合作、相互支持。在物品编码领域,由于需确保物品编码在全球的唯一性,要求各国协商一致,根据各国的市场与需求合理分配代码。这需要一个国际机构统一组织管理,推动物品编码实现国际化,积极引导物联网的建设。

（6）无歧视性。不管采用全数字还是字母结合的形式,物品编码都不受地方色彩、语言、经济水平、政治观点的限制,是无歧视性的编码。

4. 物品编码标准与物联网通用寻址技术研究

现有互联网的编码标准与寻址技术并不能适应物联网的发展需求。而目前,物联网的编码标准与寻址方面的研究仍处于起步阶段,相关研究基本上都直接沿用了互联网现有的技术体系。但是,物联网自身的特殊性从根本上决定其资源寻址具有与互联网资源寻址的相异性,其存在多种物品编码标准共存而引起资源寻址冲突等特有的寻址问题。因此,物联网对互联网现有寻址技术提出了新的挑战而未从根本上针对物联网的基础特性进行分析与建模,物联网的编码标准与寻址技术领域的诸多方面都还需要业界进行进一步的深入研究。

互联网资源寻址技术主要实现了互联网中资源名称到资源地址的寻址定位,其对传统的互联网资源名称,如 MAC 地址、IP 地址以及域名等,提供了完善的寻址支持,而对 E.164 号码的寻址则根据特定规则对号码进行预处理的方式来实现寻址支持。由此可见,互联网对于需要预处理的资源名称并不能实现自动处理,而必须在事先知晓特定的预处理规则的前提下才能完成寻址操作。

然而,物联网中的物品编码存在 EPC、μCode 等多种不同的编码标准,且可能不断涌现出新的编码标准,因此为避免采用不同物品编码标准的物品编码在物联网资源寻址中产生冲突,物品编码同样需要进行预处理操作才能完成寻址。而物品编码随着所属编码标准的不同,其对应的预处理操作的规则也是不同的,并且新的规则会伴随着新编码标准的制定而产生,因此物联网资源寻址对于物品编码的预处理规则不能采用事先知晓的方式,而应当支持一种自动寻址、匹配的处理机制。此外,当前互联网资源寻址技术并未对资源寻址的隐私保护提供有效的保证,而物联网资源寻址涉及物流等敏感信息,因此需要新的、更适用于物联网应用体系的隐私保护机制。

全球性质的物联网必然存在跨域通信的问题,因此物联网需要完善的标识与寻址技术作为支撑,以此确保物联网物品的相关信息都能被高效、准确和安全地寻址、定位以及查询。通过物联网技术联入网络的物品数量将远远超过当前互联网终端的数量,物联网将会是比当前互联网更为庞杂的网络,数以亿计的物品将随时在物联网上交换信息,这必然造成物联网中的标识、寻址与解析系统均需要承受更大的负载。

2.3.3　物品标识系统

在我国,物品标识体系的研究尚存在很多不足。特别是从标准制定的角度看,基础术语、标识体系及研究框架是缺失的;在技术层面上,由于物品标识体系标准化研究不够,缺乏对编码技术、标识技术、解析技术的系统研究,无法搭建科学完善的物品标识体系;在应用层面上,物品标识体系的建设是发展物联网的基础支撑,亟待出台与国家物品标识体系相关的政策和标准。

1. 物品标识的概述

2011年9月中国物品编码中心委托北京交通大学进行"国家物品标识体系研究",并将此研究纳入了国家物联网基础标准研究系列,在此基础上编制《物品标识术语》和《物品标识标准体系》等国家标准,物品标识系列国家标准的制定,将为我国进入信息社会打下坚实基础。

物品标识是运用信息技术对人们生产、生活中面对的产品、商品、服务等各类物品进行编码和解码的过程。随着信息技术、网络技术的广泛应用,特别是近年来电子商务、物联网的蓬勃发展,物品标识体系的重要性凸现出来,建立国家物品标识体系直接关系到我国信息网络的发展,影响着我国物联网的进程。

2. 物品标识体系参考模型

在2011年12月21日召开的"国家物品标识体系研究"专家研讨会上,"物品标识体系参考模型"被提出,该模型从物品标识流程的角度进行构建,详细描述了在物品标识体系中,物品信息的生成、转换、传输及处理的完整过程,如图2-16所示。

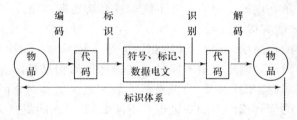

图2-16　物品标识体系参考模型

第一步,编码:物品编码即给物品赋予代码的过程。代码则是表示特定事物(如某一物品)的一个或一组字符。这些字符可以是阿拉伯数字、拉丁字母或便于人与机器识别与处理的其他符号。可以将这一步骤理解成将物品信息代码化,这是可实现计算机化的基础。

第二步,标识:标识是将代码转换成符号、标记、数据电文的过程。可以将代码转化成为条码符号,并印制在载体上;还可以将代码转化成二进制数据电文写进RFID标签中的芯片。数据电文是指以电子、光学、磁或者类似手段生成、发送、接收或者存储的信息。"标识"的目的是将代码化的信息转换成为载体可携带的信息(如条码符号),当该载体与物品合为一体时,载体所携带的信息即为物品信息,可用于实现对物品的跟踪追溯管理。当然,标识的另一个作用是为了"识别"。

第三步,识别:识别就是对标识信息进行处理和分析,从而实现对事物进行描述、辨认、分类和解释的过程。我们把能够自动获取标识信息并完成识别的过程称为自动识别,涉及的自动识别技术主要分为存储识别和特征识别技术。条码技术和RFID射频识别技术属于存储识别,指纹识别和语音识别属于特征识别。通过识别技术可对标识信息进行采集分析与处理,其处理结果就是代码。

第四步,解码:解码是将代码还原为物品自己属性信息的过程,是编码的逆运算。通过解码可还原物品的本来面目。编码与解码在物品标识体系中是基础,没有它们的存在,就不会有物品标识体系。实现信息化、网络化的管理,不能没有编码技术的应用。

在上述对物品标识流程的描述中,将第二步标识和第三步识别统称为标识。将构成第一步至第四步的系统统称为编码标识系统,也就是图 2-16 所示的标识系统。

3. 物品标识在物联网中的作用

物联网要实现全球范围内的互联互通,其标准化是一个重要指标,物品标识作为物品的唯一标识,能够在任何时间、地点对物品和过程的智能化感知、识别和管理。物品标识要存在特定的载体中,不同物品的信息要整合和共享,对物品进行识别管理,才能实现物联网的应用,快速收集物品的定位信息是实现商品智能化全程管理的重要手段。外贸电子商务在物联网的发展趋势下逐渐成熟,国际化、标准化成为其发展方向之一,标准化的物品标识为企业创造价值,物品标识在价值链中识别物品,获得信息,为分析产品的市场份额,提供决策依据。

4. 物联网中常用的标识技术

标识存在于人们的日常生活中,当然也存在于物联网体系中,通过物品的标识使人们可以很清晰地辨别各种物品信息。如果不能对物品进行正确标识,在物联网感知层便无法正确识别物品信息,数据采集工作便无法进行,物联网中"物物相连"的最终目标就无法实现。目前,物联网中常用的标识技术包括:条码技术、电子代码(EPC)技术、光字符技术、RFID 技术等。下面将详细介绍条码技术和 EPC 技术。

(1)条码技术(一维条码和二维条码)

条码技术是在计算机应用和实践中产生并发展起来的广泛应用于商业、邮政、图书管理、仓储、工业生产过程控制、交通等领域的一种自动识别技术,具有输入速度快、准确度高、成本低、可靠性强等优点,在当今的自动识别技术中占有重要的地位。

条码是由一组规则排列的条、空以及对应的字符组成的标记,"条"指对光线反射率较低的部分,"空"指对光线反射率较高的部分,这些条和空组成的数据表达一定的信息,并能够用特定的设备识读,转换成与计算机兼容的二进制和十进制信息。

① 一维条码

通常对于每一种物品,它的编码是唯一的,对于普通的一维条码来说,还要通过数据库建立条码与商品信息的对应关系,当条码的数据传到计算机上时,由计算机上的应用程序对数据进行操作和处理。因此,普通的一维条码在使用过程中仅作为识别信息,它的意义是通过在计算机系统的数据库中提取相应的信息而实现的。

码制即指条码条和空的排列规则,常用的一维码的码制包括:EAN 码、39 码、交叉 25 码、UPC 码、128 码、93 码,及 Codabar(库德巴码)等。

不同的码制有它们各自的应用领域。

EAN 码：是国际通用的符号体系，是一种长度固定、无含义的条码，所表达的信息全部为数字，主要应用于商品标识。

39 码和 128 码：为目前国内企业内部自定义码制，可以根据需要确定条码的长度和信息，它编码的信息可以是数字，也可以包含字母，主要应用于工业生产线、图书管理等。

93 码：是一种类似于 39 码的条码，它的密度较高，能够替代 39 码。

25 码：只应用于包装、运输以及国际航空系统的机票顺序编号等。

Codabar 码：应用于血库、图书馆、包裹等的跟踪管理。

一维条码符号的完整组成如图 2-17 所示。

静区，指条码左右两端外侧与空的反射率相同的限定区域，它能使读写器进入准备阅读的状态，当两个条码相距距离较近时，静区有助于对它们加以区分，静区的宽度通常应不小于 6 mm（或 10 倍模块宽度）。

图 2-17　一维条码符号的完整组成

起始/终止符，指位于条码开始和结束的若干条与空，标志条码的开始和结束，同时提供了码制识别信息和阅读方向的信息。

数据符，位于条码中间的条、空结构，它包含条码所表达的特定信息。

构成条码的基本单位是模块，模块是指条码中最窄的条或空，模块的宽度通常以 mm 或 mil（千分之一英寸）为单位。构成条码的一个条或空称为一个单元，一个单元包含的模块数是由编码方式决定的，有些码制中，如 EAN 码，所有单元由一个或多个模块组成；而另一些码制，如 39 码中，所有单元只有两种宽度，即宽单元和窄单元，其中的窄单元即为一个模块。

② 二维条码

二维条形码（简码二维条码）最早发明于日本，它是用某种特定的几何图形按一定规律在平面（二维方向上）分布的黑白相间的图形，以记录数据符号信息的，在代码编制上巧妙地利用了构成计算机内部逻辑基础的"0"和"1"比特流的概念，使用若干个与二进制相对应的几何形体来表示文字数值信息，通过图像输入设备或光电扫描设备自动识读以实现信息自动处理。它具有条码技术的一些共性：每种码制有其特定的字符集；每个字符占有一定的宽度；具有一定的校验功能等。同时还具有对不同行的信息自动识别功能及处理图形旋转变化等特点。

二维条码可以分为堆叠式二维条码和矩阵式二维条码。堆叠式二维条码形态上是由多行短截的一维条码堆叠而成；矩阵式二维条码以矩阵的形式组成，在矩阵相应元素位置上用"点"表示二进制"1"，用"空"表示二进制"0"，由"点"和"空"的排列组成代码。

堆叠式二维条码（又称堆积式二维条码），其编码原理是建立在一维条码基础之上，按需要堆积成二行或多行。它在编码设计、校验原理、识读方式等方面继承了一维条码的一些特点,识读设备与条码印刷同一维条码技术兼容。但由于行数的增加,需要对行进行判定,其译码算法与软件也不完全相同于一维条码。有代表性的行排式二维条码有 Code 16K,Code 49,PDF417 等。

短阵式二维条码(又称棋盘式二维条码)是在一个矩形空间内通过黑、白像素在矩阵中的不同分布进行编码。在矩阵相应元素位置上,用点(方点、圆点或其他形状)的出现表示二进制"1",点的不出现表示二进制的"0",点的排列组合确定了矩阵式二维条码所代表的意义。矩阵式二维条码是建立在计算机图像处理技术、组合编码原理等基础上的一种新型图形符号自动识读处理码制。具有代表性的矩阵式二维条码有:Code One,Maxi Code,QR Code,Data Matrix 等。

(2) 电子代码(EPC)技术

EPC 的全称是 Electronic Product Code,中文称为产品电子代码。EPC 的载体是 RFID 电子标签,并借助互联网来实现信息的传递。EPC 旨在为每一件商品建立全球的、开放的标识标准,实现全球范围内对单件产品的跟踪与追溯,从而有效地提高供应链管理水平、降低物流成本。EPC 是一个完整的、复杂的、综合的系统。

① EPC 系统的结构

EPC 系统是一个非常先进的、综合性的复杂系统,其最终目标是为每一单品建立全球的、开放的标识标准。它由全球产品电子代码(EPC)的编码体系、无线射频识别系统及信息网络系统三部分组成,主要包括六个方面,如表 2-4 所示。

表 2-4　EPC 系统的构成

系统构成	名称	注释
EPC 编码体系	EPC 代码	用来标识目标的特定代码
无线射频识别系统	EPC 标签	贴在物品之上或者内嵌在物品之中
	读写器	识读 EPC 标签
信息网络系统	EPC 中间件	EPC 系统的软件支持系统
	对象名称解析服务(Object Naming Service,ONS)	
	EPC 信息服务(EPC IS)	

② EPC 工作流程

在由 EPC 标签、读写器、EPC 中间件、Internet、ONS 服务器、EPC 信息服务(EPC IS)以及众多数据库组成的实物互联网中,读写器读出的 EPC 只是一个信息参考(指针),由这个信息参考从 Internet 找到 IP 地址并获取该地址中存放的相关的物品信息,并采用分布式的 EPC 中间件处理由读写器读取的一连串 EPC 信息。由于在标签上只有一个 EPC 代码,计算机需要知道与该 EPC 匹配的其他信息,这就需要 ONS 来提供一种自动化的网络数据库服务,EPC 中间件将 EPC 代码传给 ONS,ONS 指示 EPC 中间件到一个保存着产品文件的服务器(EPC IS)查找,该文件可由 EPC 中间件复制,因而文件中的产品信息就能传到供应链上,EPC 系统的工作流程如图 2-18 所示。

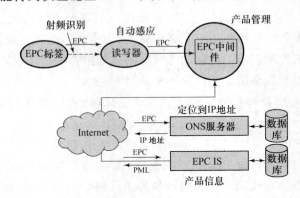

图 2-18　EPC 系统工作流程示意图

③ EPC 编码体系

EPC 编码体系是新一代的与 GTIN 兼容的编码标准,它是全球统一标识系统的延伸和拓展,是全球统一标识系统的重要组成部分,是 EPC 系统的核心与关键。

EPC 代码是由标头、厂商识别代码、对象分类代码、序列号等数据字段组成的一组数字。具体结构如表 2-5 所示,具有以下特性。

- 科学性:结构明确,易于使用、维护。
- 兼容性:EPC 编码标准与目前广泛应用的 EAN. UCC 编码标准是兼容的,GTIN 是 EPC 编码结构中的重要组成部分,目前广泛使用的 GTIN,SSCC,GLN 等都可以顺利转换到 EPC 中去。
- 全面性:可在生产、流通、存储、结算、跟踪、召回等供应链的各环节全面应用。
- 合理性:由 EPC global、各国 EPC 管理机构(我国的管理机构称为 EPC global China)、被标识物品的管理者分段管理、共同维护、统一应用,具有合理性。
- 国际性:不以具体国家、企业为核心,编码标准全球协商一致,具有国际性。
- 无歧视性:编码采用全数字形式,不受地方色彩、语言、经济水平、政治观点的限制,是无歧视性的编码。

表 2-5　EPC 编码结构

	标头	厂商识别代码	对象分类代码	序列号
EPC-96	8	28	24	36

2.3.4　物联网编码和标识的相关组织与标准

1. 全球统一物品标识系统标准

EAN·UCC 系统(全球统一物品标识系统)起源于美国,是由美国统一代码委员会(Universal Code Council,UCC)于 1973 年创建的。UCC 采用 12 位数字标识代码 UPC (Universal Product Code)码。1974 年标识代码和条码符号首次在贸易活动中得以应用。继 UPC 系统成功之后,欧洲物品编码协会,即现在的国际物品编码协会,于 1977 年开发了一套在北美以外使用,与 UPC 系统相兼容的系统——EAN(European Article Numbering)系统。EAN 系统主要采用 13 位数字标识代码,是 UCC 系统的扩展。由于使用确定的条码符号和数据结构,从而发展形成了 EAN·UCC 系统。目前,通过使用 GTIN(Global Trade Item Number,全球贸易项目代码)格式实现了全球的完全通用。GTIN 格式是计算机文件中可以存储数据结构的 14 位参考字段,保证了在世界范围内贸易项目编码的唯一性。

EAN·UCC 系统是以商品条码为核心,在世界范围内通过对商品、服务、运输单元、资产和位置提供唯一标识,为全球跨行业的供应链进行有效管理提供的一套开放式国际标准。这些编码以条码符号表示,以便于进行电子识读。EAN·UCC 系统适用于任何行业和贸易部门,致力于通过标准的实施,提高贸易效率和对客户的反应能力,简化商务流程,降低企业成本。

2. 中国物品编码中心

中国物品编码中心成立于 1988 年。由国务院授权组织、协调和管理全国的商品条码、物品编码、产品电子代码与标识工作;隶属国家质检总局,对口与国际物品编码组织联系和信息交流,1991 年,代表中国加入国际物品编码协会,是目前全世界 99 个国家(地区)编码组织之一,代表我国参加国际物品编码协会和全球产品电子代码中心的各项活动,履行国际物品编码协会成员职责,负责在我国推广应用 EAN·UCC 系统。对我国的商品条码、物品编码进行统一管理、统一注册、统一赋码,按照国际通用规则推广全球统一标识系统及相关技术。中国物品编码中心依据 EAN·UCC 系统规则,编码中心经过十多年的工作摸索与探索,研究制定了一套适合我国国情的、技术上与国际接轨的产品与服务标识系统——ANCC 全球统一标识系统,简称"ANCC 系统"。

3. 中国国家物联网编码标识项目组

国家标准化管理委员会、国家发展和改革委员会于 2010 年 11 月联合成立了国家物联网基础标准工作组。该工作组的主要职责是研究和制定物联网基础标准领域的标准,包括研究物联网标准体系,制定物联网基础性和通用性技术标准。同时,围绕贯穿物联网三层的共性基础标准,根据应用特定需求,与行业部委对接,开展物联网行业标准体系建设,为物联网行业应用标准提供技术支撑。这次工作组会议的顺利召开,以及三个项目组的正式成立,标志着我国物联网标准化工作正式提上工作议程。

2011 年 10 月 21 日,国家物联网基础工作组第三次全体会议在无锡市顺利召开,来自全国近 40 余家单位、近 60 位代表出席了本次会议。国家标准化技术委员会方向主任在会上正式宣布了在国家物联网基础工作组下成立"国家物联网编码标识项目组",组长单位设在中国物品编码中心。同时宣布成立的还有物联网总体架构项目组、国家物联网信息安全项目组。

物联网编码标识技术是物联网最为基础的关键技术。编码标识技术体系由编码(代码)、数据载体、数据协议、信息系统、网络解析、发现服务、应用等共同构成的完整技术体系。物联网中的编码标识已成为当前的焦点和热点问题,各个国家和国际组织都在尝试提出一种适合于物联网应用的编码。"国家物联网编码标识项目组"将重点致力于我国物联网编码标识的基础技术标准制定、物联网在各个行业领域的编码标识体系制定,以及推广应用等工作。

"国家物联网编码标识项目组"目前已有成员包括中国互联网中心、北京交通大学、山东省标准化院、清华大学、无锡物联网研究院、公安部第三研究所等近二十家成员单位。项目组目前正面向全国招收新成员单位,并全面征求项目组的工作建议,关注我国物联网编码标识标准化工作的单位或个人,可尽快同国家物联网编码标识项目组直接联系。

2.4　感知技术:MEMS

2.4.1　微机电系统的概述

MEMS 是 Micro Electro Mechanical Systems 的缩写,即微机电系统,是建立在微米/纳米技术基础上的 21 世纪前沿技术,是指对微米/纳米材料进行设计、加工、制造、测量和控制的技术。它可将机械构件、光学系统、驱动部件、电控系统集成为一个整体单元的微型系统。这种微电子机械系统不仅能够采集、处理与发送信息或指令,还能够按照所获取的信息自主地或根据外部的指令采取行动。它用微电子技术和微加工技术(硅体微加工、硅表面微加工、LIGA 和晶片键合等技术)相结合的制造工艺,制造出各种性能优异、价格低廉、微型化的传感器、执行器、驱动器和微系统。微机电系统是近年来发展起来的一种新型多学科交叉的技术,该技术将对未来人类生活产生革命性的影响。它涉及机械、电子、化学、物理、光学、生物、材料等多学科。

与传统机械系统相比,微机电系统具备以下优势:①微型化和集成化:几何尺寸小,易于集成。采用微加工技术可制造出微米尺寸的传感和敏感元件,并形成二维或三维的传感器阵列,再加上一体化集成的大规模集成电路,最终器件尺寸一般为毫米级。②低能耗和低成本:采用一体化技术,能耗大大降低;并由于采用硅微加工技术和半导体集成电路工艺,易于实现规模化生产,成本低。③高精度和长寿命:由于采用集成化形式,传感器性能均匀,各元件间配置协调,匹配良好,不需校正调整,提高了可靠性。④动态性好:微型化、质量小、响应速度快、固有频率高，具有优异动态特性。

微机电的概念最早可追溯到 1959 年 R. Feynman. 在加州理工大学的演讲。1982 年，K. E. Peterson 发表了一篇题为 *Silicon as a Mechanical Material* 的综述文章，对硅微机械加工技术的发展起到了奠基的作用。微机电研究的真正兴起则始于 1987 年，其标志是直径为 10 μm 的硅微马达（转子直径 120 μm，电容间隙 2 μm）在加州大学伯克利分校的研制成功，并引起了世界的轰动。自此以后，微电子机械系统技术开始引起世界各国科学家的极大兴趣。专家预言，它的意义可与当年晶体管的发明相比。我国微机电系统的研究始于 20 世纪 80 年代末，起步并不晚，在"八五"、"九五"期间得到国家科技部、教育部、中国科学院、国家自然科学基金委和原国防科工委的支持。开展了包括微型直升机、力平衡加速度传感器、力平衡真空传感器、微泵、微喷嘴、微马达、微电泳芯片、微流量计、硅电容式麦克风、分裂漏磁场传感器、集成压力传感器、微谐振器和微陀螺等许多微机械器件的研究和开发工作。

就定义而言，微机电系统是感知、计算和执行的融合，是一种制造技术，它本身并不是某种产品，但它很重要。从根本上说，微机电系统把电子和机械特性结合了起来。它可以同时执行物理、化学、生物等方面的功能，因为它能同时发生化学反应和电作用。它实质上是终极的片上系统，是科学和技术的终极融合，而且生物也可以与之兼容。

微机电系统有很多应用，并被越来越多的产品所接纳。微机电系统的一些常见应用领域包括汽车、生物技术与医疗，以及消费电子产品。微机电系统还用于大量声波双工器（Bulk Acoustic Wave duplexer）与滤波器、麦克风、微机电系统自动聚焦致动器、压力感测器、微机电系统微微型投影仪，甚至微机电系统陀螺仪。

微机电系统涉及物理学、化学、光学、医学、电子工程、材料工程、机械工程、信息工程及生物工程等多种学科和工程技术，目前在系统生物技术的合成生物学与微流控技术等领域开拓了广阔的用途。

2011 年，全球 MEMS 市场规模达到了 102 亿美元，比 2010 年增长 19%。近年来，随着智能手机、汽车电子、医疗电子、物联网等产业的快速发展，对 MEMS 元件产品的需求量将会持续攀升，推动 MEMS 产业进入快速发展阶段。而 MEMS 技术在有限的空间内最大限度地发挥传感器的功能，是解决传感器微型化的关键手段。物联网的建设和发展，使得 MEMS 传感器开始广泛受到业界的关注，微机电系统对于物联网的重要性，堪比集成电路技术之于 IT 产业的重要性。

工业和信息化部物联网"十二五"发展规划中，着重强调基于 MEMS 技术的传感器等感知技术是急需攻克的核心关键技术。2011 年，中国电子元件行业协会发布的《电子元件行业"十二五规划"》中也特别将适用于物联网产业化的智能化、网络化传感器，环境监测、安防监控用传感器等列入了重点发展产品名单。感知技术是物联网体系的关键技术，基于 MEMS 技术的传感器与物联网有着密切的联系，在物联网热潮的影响下，传感器的应用将进入发展新的阶段。MEMS 传感器可广泛应用于汽车电子、航空、消费电子、工业控制、医疗电子等，归纳起来，主要分为四种类型：消费类电子、汽车电子、医疗电子以及高端 MEMS 市场。

2.4.2 系统的技术原理

1. 微机电系统的定义及组成

微机电系统(Micro-Electronic Mechanical System,MEMS)是在微电子技术基础上结合精密机械技术发展起来的一个新的科学技术领域,微机电系统是一个独立的智能系统。

一般来说,微机电系统是指可以采用微电子批量加工工艺制造的,集微型机构、微型传感器、微型致动器(执行器)以及信号处理和控制电路,直至接口、通信和电源等部件于一体的微型系统。其基本组成如图 2-19 所示。

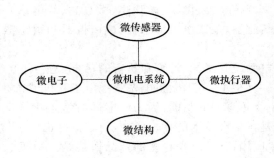

图 2-19　微机电系统的组成

通常,微机电系统主要包含微型传感器、执行器和相应的处理电路三部分。

微机电系统的制造工艺主要有集成电路工艺、微米/纳米制造工艺、小机械工艺和其他特种加工工种。

微机电系统的主要产品可以分为以下四类。

(1) 微机械元件

通过微细加工技术加工出的三维微型构件有:微膜、微梁、微探针、微连杆、微齿轮、微轴承、微弹簧等,它们都是微系统的基础机械部件。随着微机械的设计和加工水准的不断提高,可以制造出越来越精细、越来越多的微构件。

(2) 微传感器

微传感器是微系统的重要组成部分,能测出压力、力、力矩、加速度、位移、流量、磁场、温度、浓度等物理量和化学量。微传感器正朝着集成化、智慧化的方向发展。

(3) 微执行器

最常用的是微电机,另外,还有微阀、微泵、微开关、微扬声器、微谐振器等。微执行器是复杂微系统的关键,难度较大。

(4) 专用微机械器件及系统

如医疗领域的人造器官,体内施药及取样微型泵,微型手术机器人等。航空航天领域中的微型惯性导航系统、微型卫星、微型飞机等,以及微型能源、微光学系统、微流量测量控制系统、微气相色谱仪、生物芯片、仿生 MEMS 器件等。

2. 微机电系统的尺寸

在微小尺寸范围内,机械依其特征尺寸可以划分为小型(Mini-)机械(1~10 mm)、微型机械(1 μm~1 mm)以及机械(1 nm~1 μm)。

所谓微型机械从广义上包含了微小型和纳米机械,但并非单纯微小化,而是指可批量制作的集微型机构、微型感测器、微型执行器以及接口信号处理和控制电路、通信和电源等于一体的微电子机械系统。

3. 微机电系统的特点

微机电系统具有以下六种特点。

① 微型化:MEMS 器件体积小、重量轻、耗能低、惯性小、谐振频率高、响应时间短。

② 以硅为主要材料,机械电器性能优良。硅的强度、硬度及杨氏模量与铁相当,密度类似铝,热传导率接近钼和钨。

③ 大量生产:用硅微加工工艺在一片硅片上可同时制造成百上千个微型机电装置或完整的微机电系统,批量生产可大大降低生产成本。

④ 集成化:可以把不同功能、不同敏感方向或致动方向的多个传感器或执行器集成于一体,或形成微传感器阵列、微执行器阵列,甚至把多种功能的器件集成在一起,形成复杂的微系统。微传感器、微执行器和微电子器件的集成可制造出可靠性、稳定性很高的微机电系统。

⑤ 多学科交叉:微机电系统涉及电子、机械、材料、制造、信息与自动控制、物理、化学和生物等多种学科,并集中了当今科学技术发展的许多尖端成果,是一种多学科交叉技术。

⑥ 应用上的高度广泛:微机电系统的应用领域包括信息、生物、医疗、环保、电子、机械、航空、航天、军事,等等。它不仅可形成新的产业,还能通过产品的性能提高、成本降低,有力地改造传统产业。

2.4.3　MEMS 传感器的分类及典型应用

1. MEMS 传感器的分类

MEMS 传感器的门类品种繁多,分类方法也很多。按其工作原理,可分为物理型、化学型和生物型三类[20]。按照被测的量又可分为加速度、角速度、压力、位移、流量、电量、磁场、红外、温度、气体成分、湿度、pH 值、离子浓度、生物浓度及触觉等类型的传感器。综合两种分类方法的分类体系如图 2-20 所示[21]。

其中每种 MEMS 传感器又有多种细分方法。如微加速度计,按检测质量的运动方式划分,有角振动式和线振动式加速度计;按检测质量支承方式划分,有扭摆式、悬臂梁式和弹簧支承方式;按信号检测方式划分,有电容式、电阻式和隧道电流式;按控制方式划分,有开环式和闭环式。

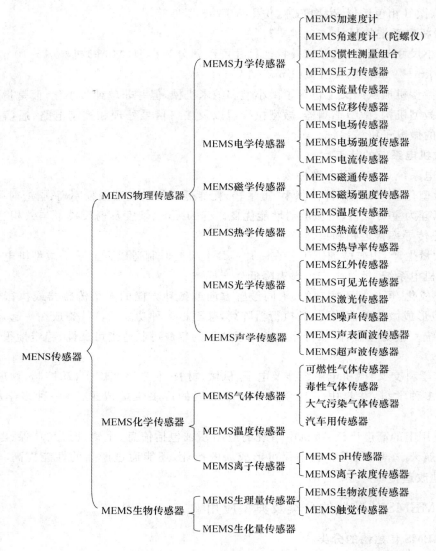

图 2-20 综合两种分类方法的分类体系

2. 微机电系统的具体应用领域

微机电系统可以广泛地应用于国防、工业、航空航天、生物、医学等行业，具体应用有如下领域。

（1）生物医学领域：在此领域内已开发出对细胞进行操作的许多微机械，如微物件的操作台、微夹钳等，还可利用植入式机器人对人体内脏和血管进行送药、诊断和手术等操作。

（2）流体控制领域：利用微型阀、微型泵进行流量元素分析、微流量测量和控制。

（3）资讯仪器领域：利用扫描隧道显微镜 STM 可将 1 Mbit 的资讯储存在 1 μm^2 的晶片上。另外，微磁头、微打印头可以完成信息的输入、输出及传输工作。

（4）航空航天领域：利用微型传感器和微型仪器，监测石油输送情况。微型卫星和小卫星在此领域也完成了许多情报搜集工作。

（5）微机器人：微机器人是微系统最典型的应用。在许多特殊场合，如在人难以接近或不能接近的空间中，可以用微机器人来完成人的工作，如狭小空间中的机器人、电缆维修机器人等。

MEMS 传感器的典型应用如表 2-6 所示。

表 2-6 MEMS 传感器的典型应用

应用领域	产品或系统	举例：微机电子传感器
消费电子	手机、数码相机、音乐播放器和笔记本式计算机等	加速度计和陀螺仪及惯性测量组合（IMU）等
汽车工业	汽车的安全系统、制动防抱死系统（ABS）、发动机系统和动力系统等	压力传感器、加速度计、微陀螺仪、化学传感器、气体传感器和指纹识别传感器等
航空航天、空间应用	微型惯性导航系统、空间姿态测定系统、动力和推进系统、控制和监视系统和微型卫星等	加速度计、陀螺仪、压力传感器、惯性测量组合（IMU）、微型太阳和地球传感器、磁强计和化学传感器等
生物医疗保健	临床化验系统、诊断和健康检测系统、灵巧药丸输送系统、心脏起搏器和计步器等	生物传感器、压力传感器、集成加速度传感器和微流体传感器等
机器人	飞行类机器人的姿态控制系统	加速度计、陀螺仪和惯性测量组合等
传感网	基于微机电子的环境监测系统等	压力、湿度、温度、生物、腐蚀、气体和气流速等多种传感器

制造技术的日益精进使 MEMS 传感器的参数指标和性能不断提高，与多种学科的交叉融合又使传感器不断推陈出新，应用领域不断拓宽。

2.4.4 微机电系统的标准化[22]

我国 MEMS 传感器的标准基本为空白，仅有传统的传感器方面的标准，均是基于组件式的传感器标准。我国组件式的传感器通用规范是以传感器的检测对象和转换原理交错建立的，通用规范较多，主要是因为这些传感器的工艺材料结构具有较大的差异。

目前，国外已颁布 MEMS 传感器标准的机构主要有国际电工技术委员会（IEC）和半导体工艺和设备技术委员会（SEMI）。

国际电工技术委员会将 MEMS 传感器的标准归口在 TC47（半导体器件委员会），

迄今为止,颁布的标准仅有 2005 年颁布的《MEMS 器件通用术语》一个,还有两个试验方法在制定中,TC47 制定的标准目录如表 2-7 所示[23-25]。

表 2-7　TC47 制定的微机电子标准

标准编号	标准名称
IEC 62047-1 Ed.1.0	半导体器件 MEMS 器件　第 1 部分:术语和定义
IEC 62047-2 Ed.1.0	半导体器件 MEMS 器件　第 2 部分:薄膜材料的张力试验方法
IEC 62047-3 Ed.1.0	半导体器件 MEMS 器件　第 3 部分:用于张力试验的薄膜标准试验片

TC47 的分会 TC47E(半导体分立器件委员会)制定的传感器标准也涉及 MEMS 器件的标准。从标准的内容看,主要涉及 MEMS 传感器的术语和测量方法,TC47E 制定的标准目录如表 2-8 所示[26-28]。

表 2-8　TC47E 制定的标准目录

标准编号	标准名称
IEC 60747-14-1 Ed.1.0	半导体器件　第 14-1 部分:半导体传感器总则和分类
IEC 60747-14-2 Ed.1.0	半导体器件　第 14-2 部分:半导体传感器霍尔传感器
IEC 60747-14-3 Ed.1.0	半导体器件　第 14-3 部分:半导体传感器压力传感器

半导体工艺和设备技术委员会在 SEMI 标准中也有 3 项关于 MEMS 传感器的标准。在 SEMI 标准中,主要涉及 MEMS 传感器的工艺术语、圆晶封装等方面的标准。其标准目录如表 2-9 所示[29-31]。

表 2-9　SEMI 制定的标准目录

标准编号	标准名称
SEMI PR9-0705	可升级工艺环境用超高纯微流量系统的标准性能、操作规程和装配建议指南
SEMI PR11-1105	微机电子技术术语
SEMI IMSI-0306	圆晶——圆晶专用焊接指南

本章参考文献

[1]　http://www.iso.org.

[2]　http://www.epcglobalinc.org.

[3]　http://www.rfidgroup.org.cn/.

[4]　http://www.rfidinfo.com.cn/tech/n380_1.html.

[5]　http://www.rfidsa.org.

[6]　郑和喜,陈湘国,郭泽荣,等. WSN RFID 物联网原理与应用[M].北京:电子工

业出版社,2011.

[7]　丁治国. RFID 关键技术研究与实现[D]. 合肥:中国科学科技大学,2009.

[8]　杨海东,杨春. RFID 安全问题研究[J]. 微计算机信息,2008,24(3-2).

[9]　Jeremy Landt. The History of RFID[J]. IEEE Potentials,2005,24(4):8-11.

[10]　Juels A. RFID Security and Privacy:A Research Survey[J]. IEEE Journal on Selected Areas in Communications,2006,24(2):381-391.

[11]　Jeongki Ryoo,Jaeyul Choo,Hosung Choo. Novel UHF RFID Tag Antenna for Metallic Foil Packages [J]. IEEE Transactions on Antennas and Propagation,2012,60(1):377-379.

[12]　Yanjun Zuo. Survivability Experiment and Attack Characterization for RFID [J]. IEEE Transactions on Dependable and Secure Computing,2012,9 (2):289-302.

[13]　Wang Honggang,Pei Changxing,Su Bo. Collision-free arbitration protocol for active RFID systems [J]. Journal of Communications and Networks,2012,14(1):34-39.

[14]　Hyuntae Cho,Jongdeok Kim,Yunju Baek. Large-scale active RFID system utilizing ZigBee networks[J]. IEEE Transactions on Consumer Electronics,2011,57(2):379-385.

[15]　Klair D K,Kwan-Wu Chin,Raad R. A Survey and Tutorial of RFID Anti-Collision Protocols [J]. IEEE Communications Surveys & Tutorials,2011,12(3):400-421.

[16]　赵惟,郭达,物联网标识与寻址技术的研究[J].移动通信,2011,35(1).

[17]　刘鹏程.浅谈物联网与物品编码标准化[J].物流技术,2011,(1).

[18]　张铎.物联网与物品标识系统[J].物联网技术,2012,(3).

[19]　张成海 李颖.全球统一物品标识系统标准[J].电子商务世界,2003,(8).

[20]　余瑞芬.传感器原理[M].北京:航空工业出版社,1995.

[21]　王淑华. MEMS 传感器现状及应用[J]. MEMS 与传感器,2011,48(8):516-522.

[22]　陈勤,范树新,张维波.MEMS 传感器的标准化现状与发展对策[J].传感器与微系统,2007.26(8):6-8.

[23]　IEC 62047-1-2005,Semiconductor devices2 micro2 electrome2 chanical devices2 Part 1:Terms and definitions[S].

[24]　IEC 62047-2-2006,Semiconductor devices2 micro2 electrome2 chanical devices2 Part 2:Tensile testingmethod of thin film mate2 rials[S].

[25]　IEC 62047-3-2006,Semiconductor devices2 micro2 electrome2 chanical devices2 Part

3：Thin film standard test p iece for tensile2 testing[S].

[26]　IEC 60747-14-1-2000,emiconductor devices2 Part 14-1：Semiconductor sensors；General and classification[S].

[27]　IEC 60747-14-2-2000,Semiconductor devices2 Part 14-2：Semiconductor sensors；Hall elements[S].

[28]　IEC 60747-14-3-2001,Semiconductor devices2 Part 14-3：Semiconductor sensors；Pressure sensors[S].

[29]　SEM I PR9-0705-2005,Proposed guide for standard perform2 ance practices and assembly for ultra high puritymicroscale fluid2 ics systems for use in scalable process environments[S].

[30]　SEMI PR II-1105-2005,Terminology for MEMS technology[S].

[31]　SEMIMSI-0306-2006,Guide to specifying wafer bonding a2 lignment targets[S].

第 3 章 物联网的传感网技术

　　无线传感器网络的研究始于美国,最早是由美国国防部高级研究计划局(DARPA)为军事应用而发起的。无线传感器网络目前已是美国网络通信和信息处理领域的热点研究之一,正步入一个高速发展的上升时期。欧盟在 2007 年的 IST 第七框架中将无线传感器网络列为网络化嵌入式控制系统的重要研究目标之一;韩国的 IT839 计划也将"无处不在的传感器网络"列为三大尖端基础设施的建设内容;日本的 E-JAPAN 和 U-JAPAN 战略将传感器网络列为在 2010 年需要实现的下一代信息和通信技术(ICT)社会的远景目标之一。

3.1　节　点　技　术

　　无线传感器网络,将大量、多种类传感器节点(集传感、采集、处理、收发、网络于一体)组成自治的网络,实现对物理世界的动态协同感知。可以看出,传感网是以感知为目的的物物互联网络。传感网是实现物物通信的重要手段和基础设施,因此更多的是从实现的角度来描述网络本身[1]。

　　无线传感器网络的应用需求虽然多种多样,但大都要求网络节点具备低功耗、低成本、小体积、布设方便、工作可靠等关键性能。采用片上系统集成技术的节点通过高度集成化及在物理设计上进行改进以减小体积、成本和功耗,并设计无线传感器网络专用的体系结构以提高计算效率和计算能力,从根本上解决低功耗、低成本和小体积的技术途径,将能代表未来节点技术的发展趋势。

　　节点技术是无线传感器网络研究与应用的基础,所有与无线传感器网络相关的协议、机制、算法等都需要在节点上得以实现才具有实际意义。因此,节点的设计和实现,是影响整个网络系统的功能、性能以及投入成本的最主要因素。

3.1.1　无线传感器网络节点

　　根据无线传感器网络的应用需求以及功能要求,目前问世的由不同公司以及研究机构研制的无线节点在硬件结构上基本相同,只是在一些有特殊要求的地方存在细微的差别。无线传感器节点由传感器模块、处理器模块、无线通信模块和能量供应模块 4 部分组成,典型的节点结构如图 3-1 所示。

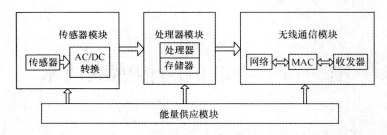

图 3-1　无线传感器节点构成[2]

1. 传感器模块

传感器模块由传感器和模数转换功能模块组成,主要负责监测区域内信息的采集和数据转换。纯量传感器用来感知温度、湿度、光照、声音、加速度、超声波、震动、压力、磁等物理量。

传感器一般包括传感器探头和变送系统两部分。通过探头测到物理量的变化,然后送入变送系统,转换成电阻、电容、电感的变化,这些模拟电子特性的变化,通过 AD 变换器(AD/DA)转换成相应的数字信号。

2. 处理器模块(处理器、存储器)

无线传感器的数据处理中心,用于设备控制、任务调度、通信协议、数据处理、存储等。

在无线节点各单元模块中,核心部分为处理器模块以及射频通信模块。处理器决定了节点的数据处理能力,路由算法的运行速度以及无线传感器网络形式的复杂程度,同时不同处理器工作频率不同,在不同状态下功率也不相同,因此不同处理器的选用也在一定程度上影响了节点的整体能耗和节点的工作寿命。

目前在大多数实际应用中,选用不同处理器的依据一般根据处理器工作频率、功率、内部程序存储空间大小、内存大小、接口数量以及数据处理能力是否能够满足实际应用的要求来进行选择。目前问世的节点大多使用如下几种处理器:ATMEL 公司 AVR 系列的 ATMega128L 处理器,TI 公司生产的 MSP430 系列处理器,少部分节点根据特殊的要求采用了功能强大的 ARM 处理器,以及广泛应用的 8051 内核处理器,表 3-1 是无线传感器网络节点中采用的处理器性能比较。

表 3-1　无线传感器网络节点中采用的处理器性能比较

性能参数/处理器	ATMega128L	MSP430	ML67Q5002	PXA270
总线带宽/bit	8	16	32	32
时钟频率/MHz	703728	4	60	Up to 520
工作电压	3.3	3.3	3.3	2.5/3.3
工作电流	20 mA	600 μA	120 mA	—
休眠电流	25 μA	4.3 μA	20 μA	—
内部 Flash	128 KB	48 KB+256 B	256 KB	—
内部 SRAM	4 KB	10 KB	32 KB	—

3. 无线通信模块（无线收发器）

在无线传感器网络节点中,核心部分除包括 CPU 处理器外,另外一个重要的部分就是无线通信模块,其主要负责与其他传感器节点进行无线通信、交换控制消息和收发采集数据。由于传感器网络应用的特殊性,使用像 802.11 这样的复杂协议,在该领域并不十分合适,主要是由于协议的复杂性会带来很大的能量消耗,同时节点的处理功能并不是十分强大,而使用这样复杂的协议要占用大量的处理器资源。因此,各大公司以及研究机构并不采用 802.11 无线通信协议作为无线传感器网络的无线通信底层部分。在无线传感器网络中,广泛应用的底层通信方式包括使用 ISM 波段的普通射频通信以及具有802.15.4 协议和蓝牙通信协议的射频通信。使用普通 ISM 频段的无线传感器网络节点根据在不同的国家和地区对于 ISM 波段频率的定义不同,一般将通信频率设置为 433MHz 或者 868/915 MHz。在硬件的设计中,所采用的芯片基本上包括 Chipcon 公司生产的 CC1000,Nordic 公司生产的 nrf903,Semtech 公司生产的 XE1205。这三种芯片只包含单纯的无线通信功能,没有协议的支持,非常适合研究无线传感器网络的底层 MAC通信协议,所研究的协议内容能够在这样的平台上完全实现。Mica2 与 EASI210 节点采用了 CC1000 芯片,CSRIO 节点采用了 nrf903 芯片,TinyNode 584 节点采用了 XE1205芯片。

还有部分无线传感器网络节点使用了带有 802.15.4/ZigBee 协议的通信芯片,具有这样协议的芯片包括 Chipcon 公司的 CC2420 芯片,RFWave 公司的 RFW102 芯片组 ,这两种芯片(组)都是工作在 2.4 GHz,采用 DSSS 直接序列扩频技术,功耗电流较低,无线数据的通信速率较快,但是由于工作频率较高,所以在同样的功率条件下,通信距离要比采用 ISM 波段通信频率的芯片相对较近。由于该种芯片内部已经实现了 802.15.4/ZigBee 通信协议,因此在节点程序的控制上不需要对 MAC 层协议进行过多操作,因为所有的 MAC 协议已经由芯片处理完成了,开发者只需要对网络层和应用层进行控制及操作即可,简化了开发的过程。micaz 节点、Tmote 节点、XYZ 节点和 imote2 节点采用了CC2420 芯片。

3.1.2　嵌入式平台

1. 嵌入式系统定义

嵌入式系统现在已经不再是一个陌生的概念,它以微处理器芯片为中心,是随着微处理器的出现而诞生的。经过 30 多年发展,嵌入式系统已经从非常简单的系统走向了复杂的系统。从 Intel 4004 微处理器芯片出现开始,人们将其用于控制设备的输入输出中,这也是一个典型的嵌入式设备,主要应用于航空航天器上。在 20 世纪 80 年代早期,出现了 16 位 6800 芯片,嵌入式系统可以处理复杂的应用,不再单纯是控制输入输出了。随着芯片技术和接口技术的发展,出现了各种各样的嵌入式系统,为了满足用户日益增多的需求,系统变得越来越复杂、功能也越来越多,常见的有:移动电话、MP4、自动汽车等。

尽管嵌入式系统已经进入了人们的日常生活,可是对什么是嵌入式系统,曾经经历了广泛的讨论,至今也没有一个统一的定义。常见的、能被普遍接受的定义如下:

嵌入式系统技术[3]是实现感知层物体、通信及信息处理设备智能的重要基础。主要包括嵌入式芯片技术、嵌入式操作系统技术、嵌入式应用软件和系统集成技术,可以灵活地定制,以满足物联网对设备功能、性能、可靠性、成本、体积、功耗等综合要求。

2.物联网中的嵌入式系统

从两者的定义来看,物联网强调的是物联网中设备具有感知、计算、执行、协同工作和通信能力及能提供的服务;嵌入式系统强调的是嵌入到宿主对象的专用计算系统,其功能或能提供的服务也比较单一。嵌入式系统具有的功能是物联网设备的功能的一个子集,但是它们之间的差异将越来越小。简单的嵌入式系统与物联网定义中的设备或者物有较大的区别,具有的功能不如物联网中的设备或者物,但是随着嵌入式系统不断发展,目前出现的一些复杂嵌入式系统[3](如智能移动电话)基本上达到了物联网的定义中设备或物的要求。

从技术的角度来看,首先物联网与嵌入式系统都是各种技术融合的综合性技术,融合的技术大致相同,其次物联网技术中又包含有嵌入式系统技术,如表 3-2 所示。

表 3-2 支撑技术对照表

技术	物联网	嵌入式系统
射频识别技术	需要	可选
电子技术	必需	必需
传感器技术	需要	可选
半导体技术	必需	必需
通信技术	必需	可选
智能计算技术	必需	可选
自动控制技术	可选	可选
软件技术	必需	必需

物联网之物可以被定义为在时空中可以被识别的、真实存在或数字虚拟的实体。物联网之物的发展历程:当前许多日常物品已经嵌入微处理器,并不断地推陈出新,在原来的基础上增加新功能和通信接口等。如 PDA 从原来不带无线通信接口的 PDA,发展到现在带有 Wi-Fi、Bluetooth 的 PDA。随着先进的半导体技术和软件技术的发展,包含有微计算器、存储器、软件、具有传感器与执行体接口的微处理器已经能比较容易地植入日常物品。

因此只要增加物品的网络接口,人和机器能够通过因特网远程监视和控制物品。还有,将传感器整合到物体中,那么它们自身就能相互交换信息,服务器或人也能远程监视它们。此外,改进软件系统使其变得更智能,无论是在有人还是无人干预的情况下,寄生在服务器和连接在网络上的物品中的智能计算软件系统根据服务器或物品的状态都能产生事件。

总之,互联网从连接计算机的网络走向了连接对象的网络（即物联网）要归功于与嵌入式微处理器、传感器、执行体、网络接口结合的对象能无缝地接入。而物联网中的物必须具有相应的属性和能力。

根据上述的分析,得出一种满足物的属性和能力特征的真实物理的物的构成模型,如图 3-2 所示。

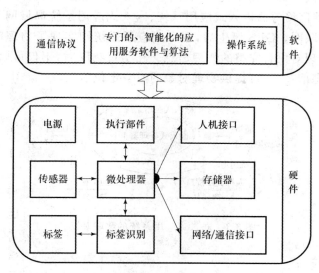

图 3-2　物联网嵌入式平台的构成模型

物联网之物分成了硬件和软件两部分。硬件部分指的是除了"物"本身固有的、真实的物质之外的部分;其中,"标签"表示的是 RFID 标签或者其他类型的标签,如二维码;双向箭头表示模块间有信息交换。标签和标签识别模块为可选模块。软件部分与硬件部分之间的箭头表示它们之间的相互依赖关系及信息交换。

由此可以得知,在技术的层面上,物联网与嵌入式系统都是各种多学科、多种技术融合的综合性应用技术,物联网技术又包含了嵌入式系统技术,物联网的发展需要嵌入式系统的支持。另外,在物联网之物与嵌入式系统关系的层面上,复杂的、网络化的、智能化的嵌入式系统几乎可以等价于物联网之物,即当前的嵌入式系统只要提升自身的通信、智能、感知能力就可以作为物联网的一部分。而在应用领域方面它们几乎是相同的,当前物联网涉足的领域,嵌入式系统都已经在其中被使用了。综上所述,物联网与嵌入式系统关系非常紧密[4],物联网的发展离不开嵌入式系统的支持,而物联网又给嵌入式系统带来了新的发展机遇和挑战。

在嵌入式处理器或微控制器基础上的嵌入式应用系统,嵌入到物理对象中,给物理对象完整的物联界面。与物理参数相联的是前向通道的传感器接口；与物理对象相联的是后向通道的控制接口；实现人-物交互的是人机交互接口；实现物-物交互的是通信接口。从图 3-3 可以看出，嵌入式应用系统可以提供多种物联方式。以传感器网为例，传感器不具有网络接入功能，只有通过嵌入式处理器，或嵌入式应用系统，将传统的传感器转化成智能传感器，才有可能通过相互通道的通信接口互联，或接入互联网，形成局域传感器网或广域传感器网。嵌入式应用系统历经20多年的发展，目前大多具备了局域互联或与互联网的连网功能。嵌入式应用系统的局域网有 RS-485 总线网、CAN 总线网、现场总线网，以及无线传感器网络等。嵌入式应用系统、嵌入式应用系统局域网与互联网的连接，将互联网变革到物联网。GPS 诞生后，嵌入式应用系统则实现了物理对象的时空定位，保证了物联网中物理对象有完整的物理信息。在实现物联时，不仅可以提供物理对象的物理参数、物理状态信息，还可提供物理对象的时空定位信息。

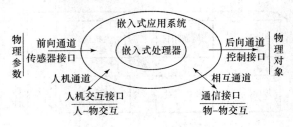

图 3-3　嵌入式应用系统的物联基础

3.1.3　操作系统

在无线传感器网络中，由于传感器节点的硬件资源限制及其应用的复杂性，有必要在传感器节点上开发嵌入式操作系统，使得开发人员可以有效地利用有限的资源，在较短的时间周期内开发所需的应用程序。

1. 传感器节点操作系统的必要性

无线传感器网络是由大量传感器节点通过无线通信技术自组织构成的网络，是一种以采集数据、发送数据和通信为目的的新型网络。无线传感器网络节点的操作系统设计一般要基于无线传感器网络及其传感器节点硬件资源的特点。一般情况下，无线传感器网络有以下几个特点[5]：

（1）通信能力有限。传感器的通信带宽窄而且经常变化，通信覆盖范围小，通常只有几米到几百米。传感器之间通信中断频繁，经常导致通信失败。由于传感器网络更多地受到高山、建筑物、障碍物等地势面貌以及风雨雷电等自然环境的影响，传感器可能会有时间脱离网络。

（2）电源能量有限。传感器的电源能量极其有限。电源能量消耗完后，传感器就会失效或报废。电源能量约束是阻碍传感器网络应用的严重问题。商品化的无线发送接收器电源远远不能满足传感器网络的需要。传感器传输信息要比执行计算更消耗能量。有粗略估计,传感器传输一信息所需要的电能足以执行 3 000 条计算指令。

(3) 大规模网络。为了获取精确信息,在检测区域通常部署大量传感器节点,传感器节点数量可能达到成千上万,甚至更多。传感器网络的大规模性包括两方面:一方面是传感器节点分布在很大的地理区域内;另外,传感器节点部署很密集,在一个面积不是很大的空间内,密集部署了大量的传感器节点。

(4) 自组织网络。在传感器网络应用中,通常情况下传感器节点被放置在没有基础结构的地方。传感器节点的位置不能给与精确设定,节点之间的相互邻居关系预先也不知道,这样就要求传感器节点具有自组织的能力,能够自动进行配置和管理,通过拓扑控制机制和网络协议自动形成转发感知数据的多跳无线网络系统。

(5) 动态性网络。无线传感器网络中大量节点构成一定的拓扑结构,通常会因以下几个因素而改变:①新节点的加入;②环境条件变化可能造成无线通信链路带宽变化,甚至时断时通;③环境因素或电能消耗造成的传感器节点出现故障或失败;④无线传感器网络三个基本要素的变化。

(6) 可靠的网络。传感器节点有时分布在条件比较恶劣的地区,传感器节点就很容易受到损坏。有时传感器节点的数目十分巨大,网络观察者不可能对每一个传感器节点都能进行维护。另外,传感器节点有时可能会被"敌方"获取,对传感器节点的保密就显得十分重要。因此,传感器节点在硬件上要非常的坚固,在软件设计上要考虑保密性。

基于上述无线传感器网络的特性可以知道,虽然无线传感器网络的复杂性以及性能越来越高的硬件资源拓展了无线传感器网络及其传感器节点的性能和应用范围,但也给应用程序的开发带来了越来越大的难度。所以,一方面,由于无线传感器网络中的节点可以划分为网关节点、目标控制节点、路由节点、已知节点和未知节点等,这些不同的节点在应用程序的开发时,都需要直接在硬件的基础上开发程序,没有任何类似操作系统的软件作为平台,对 CPU、RAM、定时器、DMA 等这些硬件资源的管理工作都必须有开发者自己编写来解决,这给开发者带来了较大的难度,程序设计人员工作将十分辛苦,并且应用程序的开发效率极低;另一方面,微电子技术的飞速发展,使计算机硬件的集成度越来越高,体积越来越小,其性能不断提高,而且硬件的复杂性日益增加,对软件设计提出了新的要求,软件开发周期的增大,导致软件开发成本急剧上升。随着嵌入式系统变得越来越复杂,在充分发挥硬件性能的同时如何降低开发难度和周期成了一个棘手的难题。解决这个问题的一般方法是在硬件的基础上设计嵌入式操作系统。

2. 传感器节点的操作系统

无线传感器网络操作系统通常采用微内核结构,它的核心主要提供操作系统的基本功能,如进程的调度、内存管理、中断处理、进程通信、时钟管理等。其他的模块可以有选择性的进行裁剪,从而缩小操作系统的代码量。操作系统一般和应用程序的区分不是太明显,它们在宿主机上共同被编译,然后将编译后的包含两者的目标代码下载到传感器节点上。操作系统和应用程序是在同一地址空间运行的,所以应用程序与操作系统一样,都具有对硬件的访问权限,即可以直接对硬件资源进行操作,但用户开发应用程序时,尽量避免与硬件的直接接触。由于传感器节点的电源有限性,为了有效地利用电能,降低功耗,传感器网络操作系统一般采用事件驱动模型,有任务时进行操作,无任务时传感器节点进入睡眠状态,以节省电能。

无线传感器网络操作系统实现对物理资源的抽象并管理有限的内存、处理器等资源。根据实现机制可以把现有的嵌入式操作分为两类,即通用的多任务操作系统(General-purpose Multi-tasking OS)和事件驱动的操作系统(Event-driven OS),前者多用于便携式智能设备(如手机、PDA 等)和工业控制中。对于支撑几个独立的应用运行在一个虚拟机上的并行操作是高效的,在处理过程中任务的运行和挂起很好地支撑多任务或者多线程。但是,随着内部任务切换频率的增加将产生非常大的开销,典型代表如 μC/OS-II、嵌入式 Linux、WinCE、Mantis。而后者支持数据流的高效并发,并且考虑了系统的低功耗要求,在功耗、运行开销等方面具有优势,因此备受关注。典型的代表如 TinyOS,Contiki[6]。

μC/OS-II 操作系统是一种性能优良、源码公开且被广泛应用的免费嵌入式操作系统。2002 年 7 月,μC/OS-II 在一个航空项目中得到了美国联邦航空管理局(Federal Aviation Administration)对于商用飞机的、符合 RTCA DO-178B 标准的认证。它是一种结构小巧、具有可剥夺实时内核的实时操作系统,内核提供任务调度与管理、时间管理、任务间同步与通信、内存管理和中断服务等功能,具有可移植性、可裁减、可剥夺性、可确定性等特点。

TinyOS(Tiny Micro Threading Operating System)是一个开源的嵌入式操作系统,它是由加州大学伯克利分校开发出来的,主要应用于无线传感器网络方面。目前在世界范围内,有超过 500 个研究小组或者公司正在 Berkeley/Crossbow 的节点上使用 TinyOS。它是基于一种组件(Component-based)的架构方式,能够快速实现各种应用。TinyOS 采用模块化设计,程序核心往往很小,能够突破传感器存储资源少的限制,这能够让其很有效地运行在无线传感器网络上并去执行相应的管理工作等。

事件驱动的 TinyOS 采用两级调度:任务和硬件事件处理句柄(Hardware Event Handlers)。任务是一些可以被抢占的函数,一旦被调度,任务运行完成彼此之间不能相互抢占。硬件事件处理句柄被执行去响应硬件中断,可以抢占任务的运行或者其他硬件事件处理句柄。TinyOS 的任务调度队列只是采用简单的 FIFO 算法。任务事件的调度过程如图 3-4 所示。TinyOS 的任务队列如果为空,则进入极低功耗的 Sleep 模式。当被事件触发后,在 TinyOS 中发出信号的事件关联的所有任务被迅速处理。当这个事件和所有任务被处理完成,未被使用的 CPU 循环被置于睡眠状态而不是积极寻找下一个活跃的事件。

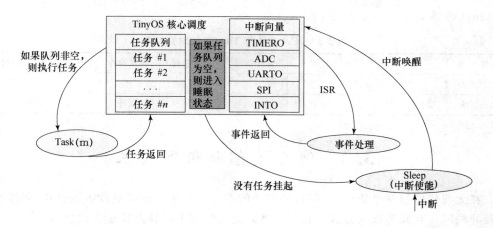

图 3-4　TinyOS 任务事件的调度过程

　　基于多任务的 μC/OS-II 采用基于优先级的调度算法,CPU 总是让处于就绪态的、优先级最高的任务运行,而且具有可剥夺型内核,使得任务级的响应时间得以优化,保证了良好的实时性。其任务的切换状态如图 3-5 所示。在 μC/OS-II 中,CPU 要不停地查询就绪表中是否有就绪的高优先级任务,如果有则做任务切换,运行当前就绪的优先级最高的任务;否则运行优先级最低的空闲任务(Idle Task)。

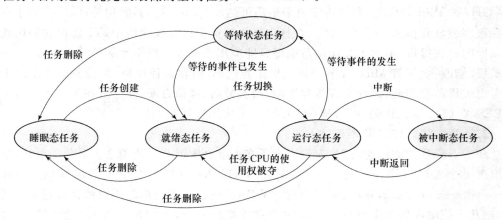

图 3-5　μC/OS-II 中的任务状态

　　从任务调度策略上,TinyOS 这种事件驱动的操作系统采用的两级调度策略、事件触发方式的机制让 CPU 在大多数时间处在极低功耗的睡眠模式。

　　μC/OS-II 适合小型控制系统,最小内核可编译至 2 KB。一般来说 TinyOS 核心代码和数据大概在 400 B 左右。μC/OS-II 源码绝大部分是用移植性强的 ANSI C 写的,与微处理器相关的部分是用汇编写的;而 TinyOS 代码则是由 NesC 和 C 编写的,底层与硬件相关部分使用了大量的宏定义。因而 μC/OS-II 的可移植性要好于 TinyOS。μC/OS-II

与 TinyOS 的对比总结如表 3-3 所示。

表 3-3 μC/OS-II 与 TinyOS 的对比结果

操作系统	通用性	核心代码量	运行空间	能量消耗	并发操作	移植性	实时性
μC/OS-II	通用	大	大	不考虑	无	好	好
TinyOS	事件驱动系统	小	小	低	支持	差	差

3.2　网络通信和组网技术

在无线传感器网络研究应用中,协议栈的设计直接决定着节点自组织方式、通信性能以及异构网络互联和接入方式。在网络资源受限情况下保持其能量有效性、可扩展性、传输可靠性等是该技术研究目的之一。

3.2.1　传感网的底层标准 IEEE 802.15.4

1. 研究背景

IEEE 802.15.4 是 ZigBee、Wireless HART、MiWi 等规范的基础,描述了低速率无线个人局域网的物理层和媒体接入控制协议,属于 IEEE 802.15 工作组。在 868/915M,2.4 GHz 的 ISM 频段上,数据传输速率最高可达 250 kbit/s。其低功耗、低成本的优点使它在很多领域获得了广泛的应用。在打包提供的免费协议栈代码中,TI 公司的协议栈部分以库的形式提供,限制了其应用范围即只能应用于其公司所生产的单片机芯片上,不方便扩展、修改;而尽管 Microchip 公司提供了源代码,但在编程风格、多任务操作系统上运行考虑欠周。鉴于此,设计实现结构清晰、层次分明、移植方便、能运行在多任务环境上的 IEEE802.15.4 协议代码,可为架构上层协议及应用扩展建立良好的基础。

2. IEEE 802.15.4 标准概述

随着通信技术的迅速发展,人们提出了在人自身附近几米范围之内通信的需求,这样就出现了个人区域网络(personal area network,PAN)和无线个人区域网络(wireless personal area network,WPAN)的概念。WPAN 网络为近距离范围内的设备建立无线连接,把几米范围内的多个设备通过无线方式连接在一起,使它们可以相互通信甚至接入 LAN 或 Internet。1998 年 3 月,IEEE 802.15 工作组成立。这个工作组致力于 WPAN 网络的物理层(PHY)和媒体接入控制(MAC)的标准化工作,目标是为在个人操作空间(personal operating space,POS)内相互通信的无线通信设备提供通信标准。POS 一般是指用户附近 10 m 左右的空间范围,在这个范围内用户可以是固定的,也可以是移动的。

在 IEEE 802.15 工作组内有四个任务组(task group,TG),分别制定适合不同应用的标准。这些标准在传输速率、功耗和支持的服务等方面存在差异。下面是四个任务组各自的主要任务。

(1) 任务组 TG1：制定 IEEE 802.15.1 标准，又称蓝牙无线个人区域网络标准。这是一个中等速率、近距离的 WPAN 网络标准，通常用于手机、PDA 等设备的短距离通信。

(2) 任务组 TG2：制定 IEEE 802.15.2 标准，研究 IEEE 802.15.1 与 IEEE 802.11（无线局域网标准，WLAN）的共存问题。

(3) 任务组 TG3：制定 IEEE 802.15.3 标准，研究高传输速率无线个人区域网络标准。该标准主要考虑无线个人区域网络在多媒体方面的应用，追求更高的传输速率与服务品质。

(4) 任务组 TG4：制定 IEEE 802.15.4 标准，针对低速无线个人区域网络（low-rate wireless personal area network，LR-WPAN）制定标准。该标准把低能量消耗、低速率传输、低成本作为重点目标，旨在为个人或者家庭范围内不同设备之间的低速互连提供统一标准。

任务组 TG4 定义的 LR-WPAN 网络的特征与传感器网络有很多相似之处，很多研究机构把它作为传感器的通信标准。

LR-WPAN 网络是一种结构简单、成本低廉的无线通信网络，它使得在低电能和低吞吐量的应用环境中使用无线连接成为可能。与 WLAN 相比，LR-WPAN 网络只需很少的基础设施，甚至不需要基础设施。IEEE 802.15.4 标准为 LR-WPAN 网络制定了物理层和 MAC 子层协议。

IEEE 802.15.4 标准定义的 LR-WPAN 网络具有如下特点：

(1) 在不同的载波频率下实现了 20 kbit/s，40 kbit/s 和 250 kbit/s 三种不同的传输速率；

(2) 支持星型和点对点两种网络拓扑结构；

(3) 有 16 位和 64 位两种地址格式，其中 64 位地址是全球唯一的扩展地址；

(4) 支持冲突避免的载波多路侦听技术（carrier sense multiple access with collision avoidance，CSMA-CA）；

(5) 支持确认（ACK）机制，保证传输可靠性。

3. IEEE 802.15.4 网络简介

IEEE 802.15.4 网络是指在一个 POS 内使用相同无线信道并通过 IEEE 802.15.4 标准相互通信的一组设备的集合，又名 LR-WPAN 网络。在这个网络中，根据设备所具有的通信能力，可以分为全功能设备（full-device，FFD）和精简功能设备（reduced-device，RFD）。FFD 设备之间以及 FFD 设备与 RFD 设备之间都可以通信。RFD 设备之间不能直接通信，只能与 FFD 设备通信，或者通过一个 FFD 设备向外转发数据。这个与 RFD 相关联的 FFD 设备称为该 RFD 的协调（coordinator）。RFD 设备主要用于简单的控制应用，如灯的开关、被动式红外线传感器等，传输的数据量较少，对传输资源和通信资源占用不多，这样 RFD 设备可以采用非常廉价的实现方案[7]。

IEEE 802.15.4 网络中，有一个称为 PAN 网络协调器（PAN coordinator）的 FFD 设备，是 LR-WPAN 网络中的主控制器。PAN 网络协调器（以后简称网络协调器）除了直接参与应用以外,还要完成成员身份管理、链路状态信息管理以及分组转发等任务。

无线通信信道的特征是动态变化的。节点位置或天线方向的微小改变、物体移动等周围环境的变化都有可能引起通信链路信号强度和质量的剧烈变化,因而无线通信的覆盖范围不是确定的。这就造成了 LR-WPAN 网络中设备的数量以及它们之间关系的动态变化。

4. IEEE 802.15.4 网络拓扑结构及形成过程

IEEE 802.15.4 网络根据应用的需要可以组织成星型网络,也可以组织成点对点网络,如图 3-6 所示。

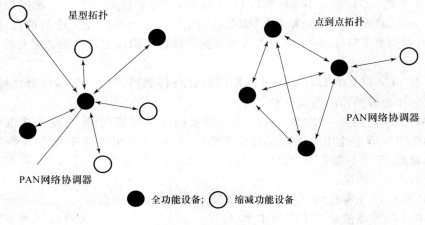

图 3-6　网络拓扑结构

在星型结构中,所有设备都与中心设备 PAN 网络协调器通信。在这种网络中,网络协调器一般使用持续电力系统供电,而其他设备采用电池供电。星型网络适合家庭自动化、个人计算机的外设以及个人健康护理等小范围的室内应用。

与星型网不同,点对点网络只要彼此都在对方的无线辐射范围之内,任何两个设备之间都可以直接通信。点对点网络中也需要网络协调器,负责实现管理链路状态信息,认证设备身份等功能。点对点网络模式可以支持 Ad Hoc 网络允许通过多跳路由的方式在网络中传输数据。不过一般认为自组织问题由网络层来解决,不在 IEEE 802.15.4 标准讨论范围之内。点对点网络可以构造更复杂的网络结构,适合于设备分布范围广的应用,如在工业检测与控制、货物库存跟踪和智能农业等方面有非常好的应用背景。

虽然网络拓扑结构的形成过程属于网络层的功能,但 IEEE 802.15.4 为形成各种网络拓扑结构提供了充分支持。这部分主要讨论 IEEE 802.15.4 对形成网络拓扑结构提供的支持,并详细地描述了星型网络和点对点网络的形成过程。

(1)星型网络形成

星型网络以网络协调器为中心,所有设备只能与网络协调器进行通信,因此在星型网络的形成过程中,第一步就是建立网络协调器。任何一个 FFD 设备都有成为网络协调器的可能,一个网络如何确定自己的网络协调器由上层协议决定。一种简单的策略是:一个

FFD 设备在第一次被激活后,首先广播查询网络协调器的请求,如果接收到回应说明网络中已经存在网络协调器,再通过一系列认证过程,设备就成为了这个网络中的普通设备。如果没有收到回应,或者认证过程不成功,这个 FFD 设备就可以建立自己的网络,并且成为这个网络的网络协调器。当然,这里还存在一些更深入的问题,一个是网络协调器过期问题,如原有的网络协调器损坏或者能量耗尽;另一个是偶然因素造成多个网络协调器竞争问题,如移动物体阻挡导致一个 FFD 自己建立网络,当移动物体离开的时候,网络中将出现多个协调器。

网络协调器要为网络选择一个唯一的标识符,所有该星型网络中的设备都是用这个标识符来规定自己的属主关系。不同星型网络之间的设备通过设置专门的网关完成相互通信。选择一个标识符后,网络协调器就允许其他设备加入自己的网络,并为这些设备转发数据分组。

星型网络中的两个设备如果需要互相通信,都是先把各自的数据包发送给网络协调器,然后由网络协调器转发给对方。

(2) 点对点网络的形成

点对点网络中,任意两个设备只要能够彼此收到对方的无线信号,就可以进行直接通信,不需要其他设备的转发。但点对点网络中仍然需要一个网络协调器,不过该协调器的功能不再是为其他设备转发数据,而是完成设备注册和访问控制等基本的网络管理功能。网络协调器的产生同样由上层协议规定,如把某个信道上第一个开始通信的设备作为该信道上的网络协议器。簇树网络是点对点网络的一个例子,下面以簇树网络为例描述点到点网络的形成过程。

在簇树网络中,绝大多数设备是 FFD 设备,而 RFD 设备总是作为簇树的叶设备连接到网络中。任意一个 FFD 都可以充当 RFD 协调器或者网络协调器,为其他设备提供同步信息。在这些协调器中,只有一个可以充当整个点对点网络的网络协调器。网络协调器可能和网络中其他设备一样,也可能拥有比其他设备更多的计算资源和能量资源。网络协调器首先将自己设为簇头(cluster header,CLH),并将簇标识符(cluster identifier,CID)设置为 0,同时为该簇选择一个未被使用的 PAN 网络标识符,形成网络中的第一个簇。接着,网络协调器开始广播信标帧。邻近设备收到信标帧后,就可以申请加入该簇。设备可否成为簇成员,由网络协调器决定。如果请求被允许,则该设备将作为簇的子设备加入网络协调器的邻居列表。新加入的设备会将簇头作为它的父设备加入到自己的邻居列表中。

上面讨论的只是一个由单簇构成的最简单的簇树。PAN 网络协调器可以指定另一个设备成为邻接的新簇头,以此形成更多的簇。新簇头同样可以选择其他设备成为簇头,进一步扩大网络的覆盖范围。但是过多的簇头会增加簇间消息传递的延迟和通信开销。为了减少延迟和通信开销,簇头可以选择最远的通信设备作为相邻簇的簇头,这样可以最大限度地缩小不同簇间消息传递的跳数,达到减少延迟和开销的目的。

5. IEEE 802.15.4 网络协议栈

IEEE 802.15.4 网络协议栈基于开放系统互连模型(OSI 参考模型),每一层都实现一部分通信功能,并向高层提供服务。

IEEE 802.15.4 标准只定义了物理层(PHY 层)和数据链路层的 MAC 子层。PHY 层由射频收发器以及底层的控制模块构成。MAC 子层为高层访问物理信道提供点到点通信的服务接口。

MAC 子层以上的几个层次,包括特定服务的聚合子层(service specific convergence sublayer,SSCS),链路控制子层(logical link control,LLC)等,只是 IEEE 802.15.4 标准可能的上层协议,并不在 IEEE 802.15.4 标准的定义范围之内。SSCS 为 IEEE 802.15.4 的 MAC 层接入 IEEE 802.2 标准中定义的 LLC 子层提供聚合服务。LLC 子层可以使用 SSCS 的服务接口访问 IEEE 802.15.4 网络,为应用层提供链路层服务。IEEE.802.15.4 网络协议栈架构如图 3-7 所示。

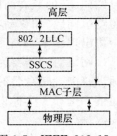

图 3-7 IEEE.802.15.4 网络协议栈架构[8]

(1) 物理层

物理层定义了物理无线信道和 MAC 子层之间的接口,提供物理层数据服务和物理层管理服务。物理层数据服务从无线物理信道上收发数据,物理层管理服务维护一个由物理层相关数据组成的数据库。

物理层数据服务包括以下五个方面的功能:

① 激活和休眠射频收发器;

② 信道能量检测(energy detect);

③ 检测接收数据包的链路质量指示(link quality indication,LQI);

④ 空闲信道评估(clear channel assessment,CCA);

⑤ 收发数据。

信道能量检测为网络层提供信道选择依据。它主要测量目标信道中接收信号的功率强度,由于这个检测本身不进行解码操作,所以检测结果是有效信号功率和噪声信号功率之和。

链路质量指示为网络层或应用层提供接收数据帧时无线信号的强度和质量信息,与信道能量检测不同的是,它要对信号进行解码,生成的是一个信噪比指标。这个信噪比指标和物理层数据单元一道提交给上层处理。

空闲信道评估判断信道是否空闲。IEEE 802.15.4 定义了三种空闲信道评估模式:第一种简单判断信道的信号能量,当信号能量低于某一门限值就认为信道空闲;第二种是通过判断无线信号的特征,这个特征主要包括两方面,即扩频信号特征和载波频率;第三种模式是前两种模式的综合,同时检测信号强度和信号特征,给出信道空闲判断。

(2) IEEE 802.15.4 网络协议栈-MAC 子层

在 IEEE 802 系列标准中,OSI 参考模型的数据链路层进一步划分为 MAC 和 LLC 两个子层。MAC 子层使用物理层提供的服务实现设备之间的数据帧传输,而 LLC 子层在 MAC 子层的基础上,在设备间提供面向连接和非连接的服务。

　　MAC 子层提供两种服务:MAC 层数据服务和 MAC 层管理服务(MAC sublayer management entity,MLME)。前者保证 MAC 协议数据单元在物理层数据服务中的正确收发,后者维护一个存储 MAC 子层协议状态相关信息的数据库。

　　MAC 子层主要功能包括以下六个方面:

　　① 协调器产生并发送信标帧,普通设备根据协调器的信标帧与协议器同步;

　　② 支持 PAN 网络的关联(association)和取消关联(disassociation)操作;

　　③ 支持无线信道通信安全;

　　④ 使用 CSMA-CA 机制访问信道;

　　⑤ 支持时槽保障(guaranteed time slot,GTS)机制;

　　⑥ 支持不同设备的 MAC 层间可靠传输。

6. IEEE 802.15.4 的安全服务

　　IEEE 802.15.4 提供的安全服务是在应用层已经提供密钥的情况下的对称密钥服务。密钥的管理和分配都由上层协议负责。这种机制提供的安全服务基于这样一个假定:即密钥的产生、分配和存储都在安全方式下进行。在 IEEE 802.15.4 中,以 MAC 帧为单位提供了四种帧安全服务,为了适用各种不同的应用,设备可以在三种安全模式中进行选择,即四种帧可以根据自身的需要选择不同的安全模式,在安全模式下,IEEE 802.15.4 可以提供四种不同的安全服务,如图 3-8 所示。

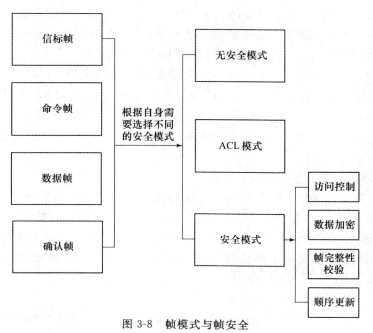

图 3-8　帧模式与帧安全

（1）四种帧安全

MAC 子层可以为输入输出的 MAC 帧提供安全服务。提供的安全服务主要包括四种：访问控制、数据加密、帧完整性校验和顺序更新。

访问控制提供的安全服务是确保一个设备只和它愿意通信的设备通信。在这种方式下，设备需要维护一个列表，记录它希望与之通信的设备。

数据加密服务使用对称密钥来保护数据，防止第三方直接读取数据帧信息。在 LR-WPAN 网络中，信标帧、命令帧和数据帧的负载均可使用加密服务。

帧完整性检查通过一个不可逆的单向算法对整个 MAC 帧运算，生成一个消息完整性代码，并将其附加在数据包的后面发送。接收方式用同样的过程对 MAC 帧进行运算，对比运算结果和发送端给出的结果是否一致，以此判断数据帧是否被第三方修改。信标帧、数据帧和命令帧均可使用帧完整性检查保护。

顺序更新使用一个有序编号避免帧重发攻击。接收到一个数据帧后，新编号要与最后一个编号比较。如果新编号比最后一个编号新，则校验通过，编号更新为最新的；反之，校验失败。这项服务可以保证收到的数据是最新的，但不提供严格的与上一帧数据之间的时间间隔信息。

（2）三种安全模式

在 LR-WPAN 网络中设备可以根据自身需要选择不同的安全模式：无安全模式、ACL 模式和安全模式。

无安全模式是 MAC 子层默认的安全模式。处于这种模式下的设备不对接收到的帧进行任何安全检查。当某个设备接收到一个帧时，只检查帧的目的地址。如果目的地址是本设备地址或广播地址，这个帧就会转发给上层，否则丢弃。

ACL 模式为通信提供了访问控制服务。高层可以通过设置 MAC 子层的 ACL 条目指示 MAC 子层根据源地址过滤接收到的帧。因此这种方式下 MAC 子层没有提供加密保护，高层有必要采取其他机制来保证通信的安全。

安全模式对接收或发送的帧提供全部的四种安全服务：访问控制、数据加密、帧完整性校验和顺序更新。

7. IEEE 802.15.4 在物联网中的应用

产品的方便灵活、易于连接、实用可靠及可继承延续是市场的驱动力。IEEE 802.15 对于工业市场领域来说，传感器网络是主要市场对象。将传感器和 802.15.4WPAN 设备组合，进行数据收集、处理和分析，就可以决定是否需要或何时需要用户操作。无线传感器应用实例包括恶劣环境下的检测，诸如涉及危险的火和化学物质的现场、监测和维护正在旋转的机器，等等。在这些应用上，一个 802.15.4 WPAN 网络可以极大地降低传感器网络的安装成本并简化对现有网络的扩充。

802.15.4 网络另一个充满魅力的应用领域是精作农业。使用自动化的远程控制网络的智能设备实现农场经营的信息化和软件化是精作农业的新范例。这需要成千上万个带传感器的 LR-WPAN 设备组成网状网络。传感器将收集有关田地的信息,如土地湿度、氮浓缩量和土壤的 pH 值等,每个传感器将经过计算的数据传输到它相应的 LR-WPAN设备,并通过网络将其返回到一个中央数据采集设备。精作农业的网络应用属 802.15.4LR-WPAN 的低端应用,仅需通过已部署的网络设备每天进行少许数据的传输。

802.15.4 技术产品在环境监测和保护领域发挥着重要的作用。利用该技术可以对污染源,特别是各工厂废水,废气的排放口进行实时监测控制,在每个排放口安装相应感应器,完成样本的采集、分析和最终的流量测定。

802.15.4 的特点决定了它在个体消费者和家庭自动化市场有着巨大的潜能。802.15.4 LR-WPAN 技术产品将低成本地替换用户的有线电子设备,从而提高人们的生活、娱乐质量。之所以成本低,是因为它削减了产品的功能集,同时提高了产品的专用性和使用效率。潜在的产品类型包括电视、VCR、PC 外围设备和互动玩具和游戏。应用范围包括监测和控制家庭的安全系统、照明、空调系统和其他设施。在一个家庭内,可安装这样的网络设备多达 100~150 个,很适合构架一个星型拓扑网络。

3.2.2　基于非 IP 标准的 ZigBee 协议栈

随着网络和通信技术的发展,人们对无线通信的要求越来越高。无线传感器网络是物联网的重点之一,而 ZigBee 则是无线传感器网络的热门技术。ZigBee 技术作为一种短距离、低速率无线传感器网络技术,是一种拓展性强,容易布建的低成本无线网络,强调低耗电、双向传输和感应功能等特色。故可以广泛应用在物联网领域。本节探讨 ZigBee 通信协议架构及其在相关领域的应用。

1. ZigBee 的由来

在蓝牙技术的使用过程中,人们发现蓝牙技术尽管有许多优点,但仍存在许多缺陷。对工业、家庭自动化控制和工业遥测遥控领域而言,蓝牙技术显得太复杂、功耗大、距离近、组网规模太小等,而工业自动化,对无线数据通信的需求越来越强烈。而且,对于工业现场,这种无线数据传输必须是高可靠的,并能抵抗工业现场的各种电磁干扰。因此,经过人们长期努力,ZigBee 协议在 2003 年正式问世。

ZigBee 是 IEEE 802.15.4 协议的代名词。根据这个协议规定的技术是一种近距离、低复杂度、低功耗、低数据速率、低成本的双向无线通信技术,不仅适合于自动控制和远程控制领域,可以嵌入各种设备中,同时支持地理定位功能。

由于蜜蜂(bee)是靠飞翔和"嗡嗡"(zig)地抖动翅膀的"舞蹈"来与同伴传递花粉所在方位和远近信息的,也就是说蜜蜂依靠着这样的方式构成了群体中的通信"网络",因此 ZigBee 的发明者们形象地利用蜜蜂的这种行为来描述这种无线信息传输技术。

2. ZigBee 技术概述

无线传感器网络节点要进行相互的数据交流就要有相应的无线网络协议(包括

MAC 层、路由、网络层、应用层等）。ZigBee 的基础是 IEEE 802.15.4，但 IEEE 仅处理低级 MAC 层和物理层协议，因此 ZigBee 联盟扩展了 IEEE，对其网络层协议和 API 进行了标准化。ZigBee 作为一种新兴的短距离、低速率的无线网络技术，主要用于近距离无线连接。它有自己的协议标准，在数千个微小的传感器之间相互协调实现通信。这些传感器只需要很少的能量，以接力的方式通过无线电波将数据从一个传感器传到另一个传感器，所以它们的通信效率非常高。ZigBee 是一个可多达 65 000 个无线数传模块组成的无线数传网络平台，十分类似于现有的移动通信的 CDMA 网或 GSM 网，每一个 ZigBee 网络数传模块类似移动网络的一个基站，在整个网络范围内，它们之间可以进行相互通信；每个网络节点间的距离可以从标准的 75 m，到扩展后的几百 m，甚至几 km；另外整个 ZigBee 网络还可以与现有的其他的各种网络连接。通常，符合如下条件的应用，就可以考虑采用 ZigBee 技术做无线传输：需要数据采集或监控的网点多；要求传输的数据量不大，而要求设备成本低；要求数据传输可靠性高，安全性高；设备体积很小，电池供电，但不便放置较大的充电电池或者电源模块；地形复杂，监测点多，需要较大的网络覆盖；现有移动网络的覆盖盲区；使用现存移动网络进行低数据量传输的遥测遥控系统；使用 GPS 效果差，或成本太高的局部区域移动目标的定位应用。ZigBee 的协议栈如图 3-9 所示。底层技术，包括物理层和 MAC 层由 IEEE 802.15.4 制定，而高层的网络层、应用支持子层（APS）、应用框架（AF）、ZigBee 设备对象（ZDO）和安全组件（SSP），均由 ZigBee 联盟所制定[9]。

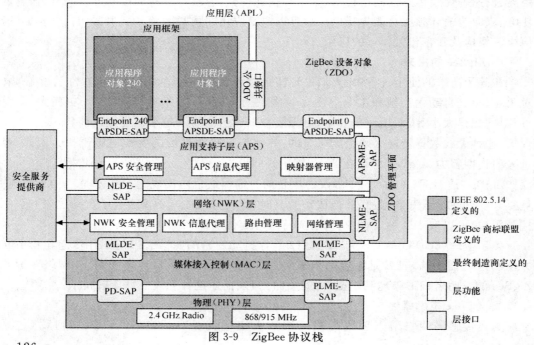

图 3-9 ZigBee 协议栈

3. ZigBee 的自组织网络通信方式

动态路由是指网络中数据传输的路径并不是预先设定的,而是传输数据前,通过对网络当时可利用的所有路径进行搜索,分析它们的位置关系以及远近,然后选择其中的一条路径进行数据传输。在网络管理软件中,路径的选择使用的是"梯度法",即先选择路径最近的一条通道进行传输,如果传不通,再使用另外一条稍远一点的通路进行传输,依此类推,直到数据送达目的地为止。在实际工业现场,预先确定的传输路径随时都可能发生变化,或者因各种原因路径被中断了,或者过于繁忙不能进行及时传送。动态路由结合网状拓扑结构,就可以很好解决这个问题,从而保证数据的可靠传输。

(1)ZigBee 自组织网络形式

自组织网络可以通过一个例子加以说明:当一队伞兵空降后,每人持有一个 ZigBee 网络模块终端,降落到地面后,只要他们彼此间在网络模块的通信范围内,通过彼此自动寻找,很快就可以形成一个互连互通的 ZigBee 网络。而且,由于人员的移动,彼此间的联络还会发生变化。因而,模块还可以通过重新寻找通信对象,确定彼此间的联络,对原有网络进行刷新,这就是自组织网。

(2)ZigBee 自组织网络通信方式的优点

网状网通信实际上就是多通道通信。在实际作业现场,由于各种原因,往往并不能保证每一个无线通道都能够始终畅通,就像城市的街道一样,可能因为车祸,道路维修等,使得某条道路的交通出现暂时中断,此时由于有多个通道,车辆仍然可以通过其他道路到达目的地。而这一点对工业现场控制而言非常重要。

4. ZigBee 可靠性及安全技术规范

在可靠性方面,ZigBee 在很多方面都做出了努力。首先是物理层采用了扩频技术,能够在一定程度上抵抗干扰,而 MAC 层和应用层(APS 部分)有应答重传功能,另外MAC 层的 CSMA 机制使节点发送之前先监听信道,也可以起到避开干扰的作用,网络层采用了网状网的组网方式(如图 3-10 所示),从源节点到达目的节点可以有多条路径,路径的冗余加强了网络的健壮性,如果原先的路径出现了问题,如受到干扰,或者其中一个中间节点出现故障,ZigBee 可以进行路由修复,另选一条合适的路径来保持通信(如图 3-11、图 3-12 所示)。在最新的ZigBee 2007 协议栈规范当中,引入一个新的特性—频率捷变,这也是 ZigBee

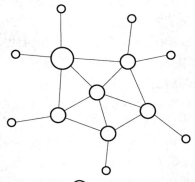

ZigBee协调器;　ZigBee路由器;　ZigBee末端节点

图 3-10　ZigBee 可靠的网状网组网方式

加强其可靠性的一个重要特性。这个特性大致的意思是当 ZigBee 网络受到外界干扰,如

Wi-Fi 的干扰,无法正常工作时,整个网络可以动态地切换到另一个工作信道上。

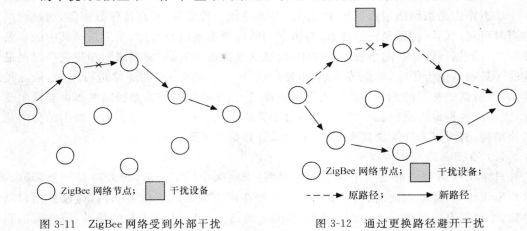

图 3-11　ZigBee 网络受到外部干扰　　　　图 3-12　通过更换路径避开干扰

时延也是一个重要的考察因素。由于 ZigBee 采用随机接入 MAC 层,并且不支持时分复用的信道接入方式,因此对于一些实时的业务并不能很好支持。而且由于发送冲突和多跳,使得时延变成一个不易确定的因素。

ZigBee 是一种基于开放的全球标准之上的无线技术。随着无线传感器网络的应用,许多应用不仅应该具有低功耗、低复杂度和较高的成本效益,而且还需要具有较高的保密性。因此,ZigBee 安全方向的研究就具有非常重要的意义。以下将通过介绍 ZigBee 加密技术、安全核心、可靠中心、担保帧格式和安全级别等方面使读者对 ZigBee 安全性有一个深入的了解,在该节的最后还将介绍在 ZigBee 应用层上的实际安全应用。

ZigBee 可以提供简单而强大的端到端的安全性能。它是基于 128 位 AES 算法并结合了标准的 IEEE 802.15.4 强大的安全元素之上设计的。ZigBee 栈为物理层、网络层以及应用层定义了安全服务。它的安全服务包括:安全核心建立和传输方法,设备管理和帧安全保护。ZigBee 提供的安全体系结构的安全级别取决于对称密钥的保管、使用的保障机制、正确实施的加密机制和相关的安全策略。不过,ZigBee 的安全性是建立在巨大的资源消耗的基础上的。在一些简单的应用程序中,安全机制不应该这么复杂,所以我们提出了一个简单而有效的方法来保护应用层中的信息包。

(1) ZigBee 安全服务分析

ZigBee 的安全体系结构包括:在两个协议栈层的安全机制。网络层(NWK)和应用支持子层(APS)负责各自帧的安全传输。它们都是使用基于 128 位 AES 算法的安全机制。ZigBee 提出的安全性主要基于以下三条原则。

① 简洁性:每个层发起一个帧起保护作用,而不需要多层次参与。

② 直接性:每一台源设备和目标设备之间的密钥是直接进行交换的。

③ 端到端的安全性:数据在传输过程中不需要每一跳都加密和解密。

在安全性方面 ZigBee 具有如下特点。

① ZigBee 提供连续的刷新。连续的刷新是一种使用一系列有序的输入设备被延时了的帧的安全服务，它可以防止攻击的转发。ZigBee 设备维护输入和输出刷新计数器，当有一个新的密钥创建时，计数器将复位。

② ZigBee 提供了帧完整性检查功能。ZigBee 使用消息完整性代码（MIC）来保护数据免受没有加密密钥部分的修改。它进一步确保这些数据都是来自具有加密密钥的部分。这个功能可以防止攻击者修改数据。MIC 位长度的值可以是 0,32,64 或 128。

③ ZigBee 提供实体认证服务。实体认证服务为一台设备与其他设备信息同步提供了一种安全方式，同时提供一个基于共享密钥的真实性。NWK 层认证是使用通过使用一个活动的网络密钥实现的，而 APS 层认证是通过使用设备间的链接密钥实现的。

④ ZigBee 提供对数据的加密。数据加密是一种使用对称加密技术来保护数据不被没有加密密钥的部分读取的安全服务。数据可能会由使用共享密钥的一组设备或者使用共享的密钥的两个节点进行加密。

⑤ ZigBee 定义可信中心的作用。可信中心决定允许或禁止一台新的设备进入其网络。可信中心可以定期地刷新和切换到一个新的网络密钥。它首先广播由原来的网络密码加密的新的密钥。然后，它告诉所有设备切换到新的密钥。网络中的所有成员应精确地识别出只有一个可信中心，并需在每一个安全的网络设置一个可信中心。可信中心通常是网络协调器，同时也能够作为一个专用设备。可信中心负责承担以下的安全角色。

- 可信性管理者：验证设备加入网络的请求。
- 网络管理者：维护和分配网络密钥。
- 配置管理者：确保设备间端到端的安全性。

⑥ ZigBee 采用 CCM* 加密算法。CCM* 对 CCM 算法作了略微的改进。它包括 CCM 的所有功能，并且还附加了唯一加密和唯一完整性的功能。这些附加功能通过消除对 CTR 和 CBC- MAC 的模式的需求来简化安全方案。此外，与那些每一安全等级需要不同密钥的 MAC 层安全模式不同，CCM* 中所有的安全等级都使用同一个密钥。随着 CCM* 在整个 ZigBee 协议栈的使用，MAC 层、NWK 层和 APS 层均可以使用相同的密钥。

（2）安全密钥

ZigBee 使用三种类型的密钥进行安全管理：控制、网络和链接。

控制密钥不是用于加密数据帧，而是用做当两个设备执行密钥，建立程序，生成链接密钥时的初始共享密码。

网络密钥负责一个 ZigBee 网络的网络层的安全。在 ZigBee 网络中的所有设备共享同一个密钥。一个设备可以通过密钥传输或预安装来获得网络密钥。

链接密钥保证在应用层两个设备之间的传播消息的安全。一台设备可通过密钥传输，密钥建立或预安装来取得链接密钥。用于获得链接密钥的密钥建立技术是基于一个控制密钥。

最后,设备之间的安全性取决于安全初始化和这些密钥的安装。链接密钥和控制密钥仅仅可用于 APL 层。

链接密钥和网络密钥可以根据需要定期更新。当两台设备有这两种密钥时,它们之间可以通过链接密钥进行通信。虽然存储网络密钥的成本很小,但网络密钥降低了系统的安全,由于网络密钥是由多个设备共享,所以它无法阻止内部攻击。

(3)有安全保证的帧形式

NWK 层是负责处理需要安全地传输输出帧和安全地接收输入帧的步骤。上层通过设定适当的密钥、帧计数器和确定需要使用的安全等级来控制安全流程的操作。NWK 层帧格式由一个 NWK 首部和 NWK 有效载荷字段组成。NWK 首部由帧控制和路由字段构成。当安全策略被应用到一个网络层协议数据单元(NPDU)帧,在 NWK 帧控制字段的安全位应设置为 1,表示辅助帧首部的出现。辅助帧首部应包括一个安全控制字段和一个帧计数器字段,可能还包括发件人地址字段和关键序列号字段。有安全保证的 NWK 层的帧格式如图 3-13 所示。

Octets 字节	14	变量	
初始网络首部	辅助帧首部	加密有效载荷	加密信息完整性编码
		安全帧有效载荷:CCM* 的输出	
全双工网络首部		安全网络有效载荷	

图 3-13 NWK 层的帧格式

① 辅助帧首部介于 NWK 首部和有效载荷字段之间。其帧首部的格式如图 3-14 所示。

Octets: 1	4	0/8	0/1
安全控制	帧计数器	源地址	关键字序列号

图 3-14 帧首部的格式

② 有安全保证的 NWK 层帧在帧首部需要有源地址字段和关键序列号字段。

应用服务层是负责处理那些安全地传出输出帧,安全地传入输入帧,并安全地建立和管理加密密钥的步骤。上层通过控制发出到 APS 层的原语来控制加密密钥的管理。APS 层帧格式由 APS 首部和 APS 有效载荷字段所组成。在 APS 首部中包括帧控制字段和地址字段。当安全协议被应用到应用支持子层协议数据单元(APDU)帧时,为了表示辅助帧首部的出现,APS 帧中的安全协议字段应被置为 1。辅助帧首部格式如图 3-14 所示。有安全保证的 APS 层的帧格式如图 3-15 所示。辅助帧首部介于 APS 的首部字段和有效载荷字段之间。有安全保证 APS 层框架不需要辅助帧首部中的源地址字段,但是它可以选择在辅助帧首部的关键序列号字段。

Octets 字节	5或6	变量	
初始应用支持首部	辅助首部	加密有效载荷	加密信息完整性编码
		安全帧有效载荷: CCM* 的输出	
全双工网络首部		安全应用支持有效载荷	

图 3-15　APS 层的帧格式

（4）ZigBee 的安全级别

表 3-4 列出 ZigBee 可提供给 NWK 层和 APS 层的安全等级。

表 3-4　ZigBee 可提供的安全等级

安全级别标识符	安全级别子区域	安全分配	数据加密	帧完整性(MIC 在字节数中的长度 M)
0×00	'000'	None	OFF	NO($M=0$)
0×01	'001'	MIC-32	OFF	YES($M=4$)
0×02	'010'	MIC-64	OFF	YES($M=8$)
0×03	'011'	MIC-128	OFF	YES($M=16$)
0×04	'100'	ENC	ON	NO($M=0$)
0×05	'101'	ENC- MIC-32	ON	YES($M=4$)
0×06	'110'	ENC- MIC-64	ON	YES($M=8$)
0×07	'111'	ENC- MIC-128	ON	YES($M=16$)

安全级别标识符表明输入帧和输出帧是如何进行安全保证的,它也指明了有效载荷是否已加密以及超越帧的数据真实性是在何种程度上提供的,正如消息完整性代码(MIC)长度所反映的。MIC 的位长可能的取值为 0,32,64 或 128,并且决定了一个随机的猜测的 MIC 正确的可能性。特别地,安全级别标识符并未说明各个安全级别的相对强度,并且安全级别 0 和 4 不可用于帧安全等级中。

5. ZigBee 技术在物联网中的应用[9]

（1）智能家居:对房间里电器和电子设备使用 ZigBee 技术,可以把这些电子电器设备都联系起来,组成一个网络,甚至可以通过网关连接到 Internet,这样用户就可以方便地在任何地方监控自己家里的情况,并且省去了在家里布线的烦恼。

（2）工业控制:工厂环境当中有大量的传感器和控制器,可以利用 ZigBee 技术把它们连接成一个网络进行监控,加强作业管理,降低成本。

（3）自动抄表:利用传感器把表的读数转化为数字信号,通过 ZigBee 网络把读数直接发送到提供煤气或水电的公司。使用 ZigBee 进行抄表还可以带来其他好处,如煤气或水电公司可以直接把一些信息发送给用户,或者和节能相结合,当发现能源使用过快的时候可以自动降低使用速度。

（4）医疗监护：在人体身上安装很多传感器对健康状况进行监测和报警，随时对人的身体状况进行监测。这些传感器、监视器和报警器，可通过 ZigBee 技术组成一个监测网络，由于是无线技术，传感器之间不需要有线连接，被监护的人也可以比较自由地行动，非常方便。

（5）电信应用：将 ZigBee 技术在电信领域开展，用户可以利用手机来进行移动支付，并且在热点地区可以获得一些感兴趣的信息，如新闻、折扣信息，用户也可以通过定位服务获知自己的位置。虽然现在的 GPS 定位服务已经做得很好，但却很难支持室内的定位，而 ZigBee 的定位功能正好弥补这一缺陷。

（6）智能交通：在街道、高速公路、建筑物等地布置大量的 ZigBee 节点设备，可以使汽车与外界的联系更加紧密，实现交通智能化。

（7）智能建筑：包括建筑内的人员管理、温度控制、能源管理（节能）、烟雾探测、信息交互等。

3.2.3 基于 IP 标准的 6LoWPAN 协议栈

6LoWPAN[10]是 IPv6 over Low power Wireless Personal Area Network 的简写，是一种将 IP 协议引入无线通信网络的、低速率的无线个域网标准。

IETF 组织于 2004 年 11 月正式成立了 IPv6 over LR_WPAN（6LoWPAN）工作组，着手制定基于 IPv6 的低速无线个域网标准，旨在将 IPv6 引入以 IEEE 802.15.4 为底层标准的无线个域网。该工作组的研究重点为适配层、路由、包头压缩、分片、IPv6、网络接入和网络管理等技术。该工作组已经完成了两个 RFC：《概述、假设、问题陈述和目标》（RFC4919：2007-08）和《基于 IEEE802.15.4 的 IPv6 报文传送》（RFC4944：2007-09）。6LoWPAN 技术是一种在 IEEE 802.15.4 标准基础上传输 IPv6 数据包的网络体系，可用于构建无线传感器网络。6LoWPAN 规定其物理层和 MAC 层采用 IEEE 802.15.4 标准[11]，上层采用 TCP/IPv6 协议栈，其与 TCP/IP 对比的参考模型如图 3-16 所示。

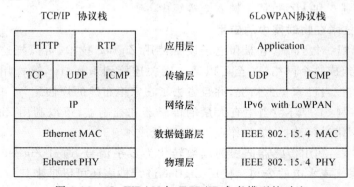

图 3-16　6LoWPAN 与 TCP/IP 参考模型的对比

6LoWPAN 协议栈参考模型与 TCP/IP 的参考模型大致相似,区别在于 6LoWPAN 底层使用的 IEEE 802.15.4 标准,而且因低速无线个域网的特性,6LoWPAN 的传输层没有使用 TCP 协议。

1. 6LoWPAN 技术概述

IEEE 802.15.4 特别适合应用于嵌入式系统、微处理器等领域。而工业领域希望建立一种可以连接到每个电子设备的无线网,这样就会有相当数量的节点要接入互联网,并且需要大量的 IP 地址,IPv4 越来越不能满足其应用的要求,因此人们寄希望于 IPv6。6LoWPAN 技术底层采用 IEEE 802.15.4 规定的 PHY 层和 MAC 层,网络层采用了 IPv6 协议。而 6LoWPAN 技术特别适合应用于嵌入式 IPv6 这一领域,它使大量电子产品不仅可以在彼此之间组网,还可以通过 IPv6 协议接入下一代互联网,所以 6LoWPAN 组织极力推荐 6LoWPAN 技术,并且致力于实现在 IEEE 802.15.4 上传输 IPv6 数据包。由于在 IPv6 中,MAC 支持的载荷长度远远大于 6LoWPAN 的底层所能提供的载荷长度,为了实现 MAC 层与网络层的无缝链接,6LoWPAN 工作组建议在网络层和 MAC 层之间增加一个网络适配层,用来完成包头压缩、分片与重组以及网状路由转发等工作。6LoWPAN 的层次结构如图 3-17 所示。

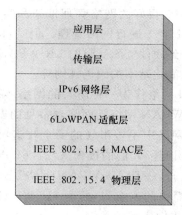

图 3-17　6LoWPAN 协议栈参考模型

为了更好地实现 IPv6 网络层与 IEEE 802.15.4 MAC 层之间的连接,在它们之间加入适配层以实现屏蔽底层硬件对 IPv6 网络层的限制。6LoWPAN 适配层是 IPv6 网络和 IEEE 802.15.4MAC 层间的一个中间层,其向上提供 IPv6 对 IEEE 802.15.4 媒介访问支持,向下则控制 LoWPAN 网络构建、拓扑及 MAC 层路由。6LoWPAN 的基本功能,如链路层的分片和重组、头部压缩、组播支持、网络拓扑构建和地址分配等均在适配层实现。

2. 6LoWPAN 关键技术

对于 IPv6 和 IEEE 802.15.4 结合的关键技术,6LoWPAN 工作组进行了积极的研究与讨论。目前在 IEEE 802.15.4 上实现传输 IPv6 数据包的关键技术如下：

① IPv6 和 IEEE 802.15.4 的协调。IEEE 802.15.4 标准定义的最大帧长度是 127 B。其中 MAC 头部最大长度为 25 B，MAC 载荷最大长度为 102 B。如果使用安全模式，不同的安全算法占用不同的字节数，如 AES-CCM-128 需要 21 个字节，AES-CCM-64 需要 13 个字节，而 AES-CCM-32 需要 8 个字节。这样留给 MAC 载荷最少只有 81 个字节。而在 IPv6 中，MAC 载荷最大为 1 280 B，但是 IEEE 802.15.4 帧不能用来封装完整的 IPv6 数据包。因此，要协调二者，就需要在网络层与 MAC 层之间引入适配层，用来完成分片和重组的功能。

② 地址配置和地址管理。IPv6 支持无状态地址自动配置，相对于有状态自动配置，配置所需开销比较小，这正适合 LR-WPAN 设备特点。并且，由于 LR-WPAN 设备一般大量、密集地分布在人员比较难以到达的地方，实现无状态地址自动配置则更加重要。

③ 网络管理。网络管理对 LR-WPAN 网络很关键。一般来说，网络规模大，而一些设备的分布地点又是人员所不能到达的，因此 LR-WPAN 网络应该具有自愈能力，要求 LR-WPAN 的网络管理技术能够在很低的开销下管理高度密集分布的设备。由于在 IEEE 802.15.4 上转发 IPv6 数据提倡尽量使用已有的协议，而简单网络管理协议 (SNMP) 又为 IP 网络提供了一套很好的网络管理框架和实现方法，因此，6LoWPAN 倾向于在 LR-WPAN 上使用 SNMPv3 进行网络管理。但是，由于 SNMP 的初衷是管理基于 IP 的互联网，要想将其应用到硬件资源受限的 LR-WPAN 网络中，仍需要进一步调研和改进。例如，限制数据类型、简化基本的编码规则等。

④ 安全问题。6LoWPAN 网络作为一种新兴的网络形态，既有传统网络的共性，也有自己与众不同的特性。6LoWPAN 网络既面临着常见的安全攻击，例如，窃听、篡改和伪造等，又面临着一些在传统网络中不曾出现的安全攻击，如能量耗尽型的 DOS 攻击。因此，6LoWPAN 网络的安全引起了人们的极大关注。6LoWPAN 网络的许多应用在很大程度上取决于网络的安全运行，一旦 6LoWPAN 网络受到攻击或破坏，将导致灾难性的后果。所以，一种既安全又简单的安全机制，为 6LoWPAN 网络提供一个相对安全的工作环境，是 6LoWPAN 网络走向实用的关键。

参考 IPSec，IEEE802.15.4 和 ZigBee 安全的体系架构，可以将 6LoWPAN 网络的安全模式分成三个分层：MAC 层、IPv6 层和应用层，如图 3-18 所示。

(1) MAC 层安全

6LoWPAN 网络内通信更多地集中在终端节点和数据汇聚点，数据汇聚点对各个邻居节点采集到的数据进行融合，然后汇聚点再通过多跳网络或是 Mesh 将数据传送到远端基站或是服务器。MAC 层可以提供邻居节点和数据汇聚点的安全保证。一方面载波监听多路访问/冲突避免(CA/CSMA)和时分复用技术，有效避免数据帧碰撞，实现数据传输的健壮性；另一方面，数据链路层可以引入安全机制，实现访问控制，对收发的 MAC 帧进行加密、解密和完整性验证，防止重放攻击，提供一跳距离的点到点通信。

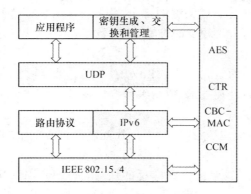

图 3-18　6LoWPAN 网络安全体系架构

MAC 层数据包种类有 4 种:Beacon 包、数据包、ACK 包和 MAC 命令包。IEEE 802.15.4 规定了 MAC 层的安全机制,确定了安全算法 AES 和工作模式 CTR、CBC_MAC 和 CCM,以及不同安全认证码长度的各种扩展模式,其中 CBC_MAC_64 是默认的安全模式[12]。

MAC 层安全提供服务可靠性和单跳通信链路安全,只负责本层 IEEE 802.15.4 帧的安全处理,可以与 IPv6 层使用相同的密钥,由上层设置安全级别,MAC 层的帧所需的安全处理由 MAC PIB 库中的安全材料决定。MAC(Message Authentication Code,消息认证码)长度在 IEEE 802.15.4 中可以是 4 B,8 B,16 B,完全可以满足 6LoWPAN 网络应用的需求。例如,若 MAC 长度是 4 B,采用最大速率 250 kbit/s,假设每个包长度为 60 B,那么每秒最多发送 520 个包,那么发送 232 个数据包需要大约 3 个月,完全可以抵挡伪造攻击[13,14]。

(2) 网络层安全

6LoWPAN 网络数据融合后,数据汇聚点再通过多条网络或是 Mesh 将数据传出到远端基站或者服务器。在 6LoWPAN 网络中,FFD 之间的通信主要是网络层端到端通信。因此必须在网络层提供一定的安全,保证端到端的安全通信。

由于 IPSec 太复杂,开销太大,并不适用于 6LoWPAN 网络,但将对 ESP 和 AH 进行精简和整合,只提供一种扩展安全报头;采用高级加密标准(AES)和 CTR 模式加密及 CBC-MAC 验证等对称加密算法对大量数据进行加密。保留并利用 MAC 层提供的算法和安全模式,作为 IPv6 层的安全算法和安全模式,以节省存储空间和重用协议代码。

(3) 应用层安全

应用层可以利用网络层和传输层提供的安全服务实现数据的可靠传输。应用层的安全主要集中在为整个 6LoWPAN 网络提供安全支持,即密钥建立、密钥传输和密钥管理等。而且应用层应该能够控制下层安全服务的某些参数,根据具体需求实现一定程度的灵活性。

密钥生成和管理是安全中最关键的部分,根据 6LoWPAN 网络需求,密钥生成和管理必须简单可靠:一方面,占用较少的带宽,速度较快,实现简单;另一方面,密钥的生成和管理必须可靠,保证密钥的安全性。

作为当今信息领域新的研究热点,6LowPAN 还有非常多的关键技术有待发现和研究,如服务发现技术、设备发现技术、应用编程接口技术、数据融合技术等。

3. 6LoWPAN 技术优势[15]

(1) 普及性:IP 网络应用广泛,作为下一代互联网核心技术的 IPv6,也在加速普及的步伐,在 LR-WPAN 网络中使用 IPv6 更易于被接受。

(2) 适用性:网络协议栈架构受到广泛的认可,IP LR-WPAN 网络完全可以基于此架构进行简单、有效地开发。

(3) 更多的地址空间:IPv6 应用于 LR-WPAN 最大的亮点是庞大的地址空间,这恰恰满足了部署大规模、高密度 LR-WPAN 网络设备的需要。

(4) 支持无状态自动地址配置:IPv6 中当节点启动时,可以自动读取 MAC 地址,并根据相关规配置好所需的 IPv6 地址。这个特性对传感器网络来说,非常具有吸引力,因为在大多数情况下,不可能对传感器节点配置用户界面,节点必须具备自动配置功能。

(5) 易接入:LR-WPAN 使用 IPv6 技术,更易于接入其他基于 IP 技术的网络及下一代互联网,使其可以充分利用 IP 网络的技术进行发展。

(6) 易开发:目前基于 IPv6 的许多技术已比较成熟,并被广泛接受,针对 LR-WPAN 的特性需进行适当的精简和取舍,简化协议开发的过程。尽管 6LoWPAN 技术存在许多优势,但仍然需要解决许多问题,如 IP 连接、网络拓扑、报文长度限制、组播限制以及安全特性,以实现 LR-WPAN 网络与 IPv6 网络的无缝连接。

4. 6LoWPAN 技术的应用[16]

随着嵌入式系统和下一代互联网的广泛使用,必将有越来越多的电子产品组网甚至接入互联网,6LoWPAN 必将在工业、办公以及家庭自动化、智能家居、环境监测等多个领域得到广泛的应用。

在工业领域,将 6LoWPAN 网络与传感器结合,使得数据的自动采集、分析和处理变得更加容易,可以作为决策辅助系统的重要组成部分。例如,危险化学成分的检测,火警的早期预报,高速旋转机器的检测和维护,这些应用所需数据量小,功耗低,可以最大程度地延长电池寿命,减少网络的维护成本。

在办公自动化领域,可以借助 6LoWPAN 传感器进行照明控制,当有人来的时候才将照明开关打开。同时还可以通过网络进行集中控制,或者通过接入互联网进行远程控制和管理。

在家庭自动化领域,即目前发展比较迅速的信息家电技术,也在很大程度上依赖于 6LoWPAN 技术,同时 6LoWPAN 节点可用于安全系统、温控装置和家电上网等方面。

在智能家居中,可将 6LoWPAN 节点嵌入到家具和家电中。通过无线网络与因特网互连,实现智能家居环境的管理。

在不同的领域,各种不同的技术都有发挥的空间。作为短距离、低速率和低功耗的无线个域网的新兴技术,6LoWPAN凭借其特有的富裕的地址空间,自动地址配置技术,将会展现出其强大的生命力。特别是在那些要求设备具有价格低、体积小、省电、分布密集,而不要求设备具有很高传输率的设备,6LoWPAN将会很好地实现设备的互连和智能通信。

3.3　传感网体系架构

无线传感器网络是由传感器网络节点构成的,应用和监测物理信号的不同决定了传感器的类型,另外节点的功能和组成也不尽相同。无线传感器网络节点的基本组成和功能包括如下几个单元[17]:传感单元(由传感器和模数转换功能模块组成)、处理单元(由嵌入式系统构成,包括CPU、存储器、嵌入式操作系统等)、通信单元(由无线通信模块组成)、以及电源部分。此外,可以选择的其他功能单元包括:定位系统、移动系统以及电源自供电系统等,典型的无线传感器网络结构如图 3-19 所示。

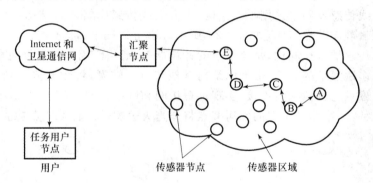

图 3-19　无线传感器网络体系结构

传感器节点经多跳转发,再把传感信息送给用户使用,系统构架包括分布式无线传感器节点群、汇聚节点、传输介质(Internet 或卫星通信)和网络用户端。节点通过某些方式任意散落在被监测区域内。在监测区域内部署的多个传感器节点,除了进行本地信息收集和数据处理外,还对其他节点转发来的数据进行存储、管理和融合处理,同时与其他节点协作完成一些特定任务。在这些节点中通常有一个汇聚节点,它负责将其他节点的数据汇集,并连接传感器网络与 Internet 等外部网络。传感网络是核心,在感知区域中,大量的节点以无线自组网(Ad Hoc Network)方式进行通信,每个节点都可充当路由器的角色,并且每个节点都具备动态搜索、定位和恢复连接的能力,传感器节点将所探测到的有用信息通过初步的数据处理和信息融合之后传送给用户,数据传送的过程是通过相邻节点接力传送的方式传送回基站,然后通过基站以卫星信道或者有线网络连接的方式传送给最终用户。

传感网体系结构旨在研究网络中节点间关系,即网络组织形式。根据网络的组织结构可将网络分为平面型网络结构与层次型网络结构[1]。对早期的无线传感器网络的研究,一般采用平面型网络结构,即同构无线传感器网络。对于平面型网络结构来讲,数量庞大的节点之间往往采用平等、多跳、自组织的无线通信方式完成用户指定的任务。而这种基于静态固定数据接入节点的网络存在着节点能量损耗不均匀、数据传输效率低、部署缺乏灵活性、网络结构单一、易产生路由空洞、覆盖空洞及瓶颈节点等固有问题,往往导致其整体网络性能劣化。而在实际的无线传感器网络配置和应用时,有时必须要考虑传感器网络的层次性网络结构,即异构无线传感器网络,如大部分传感器网络节点采用电池供电方式,其能量是受限的,而对某些重要节点则用市电电源供电或太阳能可充电电源,这将对资源进行平衡分配,实现能量的均衡消耗,极大地改善整个传感器网络的生命周期。此外,层次型网络的还有一个最大特点就是可扩展性好而且对节点的移动性有很好的支持。

3.3.1　平面传感网络架构

传统的无线传感器网络采用平面结构,平面无线传感网络体系结构是由散布在一定地理区域的大量静态节点组成,如图 3-20 所示。通常情况下,部署在监测区域中用于数据采集的微型传感器节点同构,每个节点的计算能力、通信距离和能量供应相当。节点采集的数据通过多跳通信的方式,借助网络内其他节点的转发,将数据传回到数据汇聚点,再通过数据汇聚点与其他网络连接,实现远程访问和网络查询、管理。其数据流向多表现为"多对一"的特征,数据汇聚点的邻居节点将充当大数据量的转发节点功能。

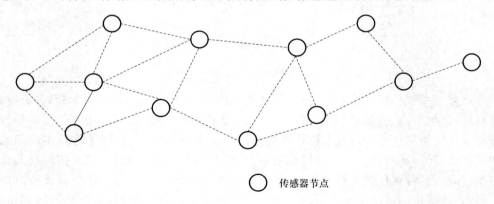

○　传感器节点

图 3-20　无线传感器平面网络结构

路由算法这一平面架构运用到的平面型协议主要为:Flooding 和 Gossiping。这是两种最简单的路由技术,不需要节点维护网络拓扑信息,接收到分组的节点以广播形式转发分组,不用进行路由计算。在 Flooding 协议中,每个节点向其所有邻居节点转发数据,而

不管它们是否已经从其他节点接收到相同的数据。如图 3-21(a)所示,节点 A 广播数据,
节点 B 接到数据后继续向节点 D 转发;节点 C 接到数据后,同样也向节点 D 转发。这样
节点 D 接到相同的数据两次,这就是内爆(Implosion)。如图 3-21(b)所示,因为节点 A
和节点 B 的监测范围存在交叉,因此,节点 A 和 B 都会采集到交叉范围 r 内的信息,这样
B 点就会接到重复的数据,这就是所谓的重叠(Overlap)。

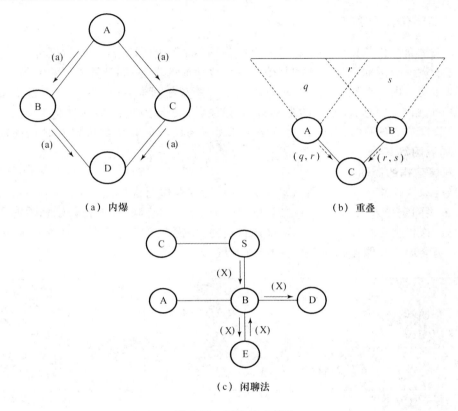

(a) 内爆

(b) 重叠

(c) 闲聊法

图 3-21 三种路由算法

为了解决 Flooding 的内爆问题,出现了闲聊法(Gossiping)。为节约能量,闲聊法使
用随机性原则,节点发送数据,不再像扩散法那样,给它的每一个邻居节点发送数据副本,
而是随机选择一个节点。如果节点 E〔如图 3-21(c)所示〕已收到它的邻居节点 B 的数据
副本,若再收到,那么它将此数据发回它的邻居节点 B。尽管闲聊法可以避免出现信息爆
炸问题,但是仍然无法解决部分重叠现象和盲目使用资源问题,而且数据传输平均时延拉
长,传输速度变慢。

然而,平面结构的网络虽然能够工作,但随着节点数量的增加和网络规模的扩大,将
不可避免地在数据汇聚点邻居节点处形成瓶颈节点,导致网络性能下降,甚至直接导致网
络瘫痪。

此外,数据在多跳网络中传输丢失的机率随网络规模的扩大而增加,转发数据节点数量也随网络规模增大而增多,相应的能量消耗加剧,由此导致网络性能随网络规模的扩张而降低。

根据 IPv6 无线传感器网络的特点,实际应用中一般采用异构节点组成的、层次化的网络,因此我们采用层次化的传感网体系架构。

3.3.2 双层传感网络架构

为解决平面结构数据汇聚点邻居节点成为网络瓶颈的问题,可采用双层的传感网络架构。每个定位子网的汇聚节点和其他具有无线功能的设备(如计算机、PDA 等)一起组成无线通信网。由于汇聚节点和计算机等设备的能源相对充足,不受到节点设备微型化的限制影响,相互之间无线通信的距离远、数据稳定、安全性好,能够有效地减少低层传感器节点到管理节点的跳数。同时,每个参与到无线通信网的设备都可以实时查询定位信息,无须局域网等其他支持。

1. 双层架构的简述

典型的双层传感网络结构将选取一定数量的节点作为固定接入点,如图 3-22(a)所示,并将这些固定接入点稀疏散布在网络中,形成上层覆盖网络以汇聚转发其临近区域的节点信息。这在一定程度上均衡了网络能量消耗,并提高了网络性能。但类似地,固定接入点附近仍会形成高能耗、大传输量的瓶颈区域。

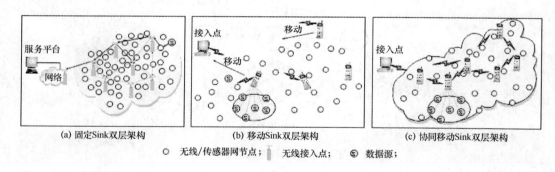

(a) 固定Sink双层架构   (b) 移动Sink双层架构   (c) 协同移动Sink双层架构

○ 无线/传感器网节点;　▌ 无线接入点;　Ⓢ 数据源;

图 3-22　Sink 双层结构

与此同时,终端技术的发展也呈现出明显的多样化、智能化、多模化的趋势。各种便携式的消费类电子产品,如手机、笔记本式计算机、PDA 等不仅具有强大的计算、通信能力及移动性,而且将取代传统无线传感器网络中的固定 Sink,从而形成具有移动 Sink 的新型传感网体系架构。如图 3-22(b)所示,移动 Sink 在网络内随机运动,获取临近区域节点信息,并将数据转发至接入点。更进一步,移动 Sink 之间可协同形成上层自组织网络,如图 3-22(c)所示。移动 Sink 之间的协同工作能够更显著提高无线传感器网络的性能:将复杂的数据处理、接入处理、数据转发传输、路由维护等工作交由移动终端来完成,可以尽可能地降低由于多跳无线传输造成的数据错误(或丢包),还可以利用移动终端相对较强的计算能力减轻无线传感器网络的网内信息处理量。

2. 层次式路由协议

在这种层次式路由协议中,节点被分成很多簇,每个簇内选举一个节点作为簇头,簇头节点充当本地基站的角色,负责簇内所有节点采集到的数据收集和处理,并进行一些必要的数据融合操作,然后把处理后的数据发送给基站节点。采用这种工作模式时,非簇头节点采用直接通信方式与簇头节点通信。因为簇内的节点通常与簇头距离很小,因此,非簇头节点的能量消耗不大;因为簇头节点要担任簇内信息收集、整理和与基站通信的任务,其能量会很快耗尽。如果采用固定簇头工作模式,随着簇头节点能量的耗尽,网络也就随之终止。

Leach(Low-Energy Adaptive Clustering Hierarchy)[18]协议是比较经典的层次式路由协议。它采用轮换簇头节点的方式使得网络中节点相对均衡地消耗能量,从而延长了网络的生命周期。

Leach 算法选举簇头的过程如下:节点产生一个 0～1 之间的随机数,如果这个数小于阈值 $T(n)$,则发布自己是簇头的公告消息。在每轮循环中,如果节点已经当选过簇头,则把其设置为 0,这样该节点不会再次当选为簇头。对于未当选过簇头的节点,则将以 $T(n)$ 的概率当选;随着当选簇头的节点数目增加,剩余节点当选为簇头的阈值 $T(n)$ 随之增大。当只剩下一个节点未当选时,即 $T(n)=1$,表示这个节点一定当选。$T(n)$ 可表示为

$$T(n) = \begin{cases} \dfrac{p}{1-p[r\,\mathrm{mod}(1/p)]}, & n \in G \\ 0, & \text{其他} \end{cases}$$

其中:p 是簇头在所有节点中所占的百分比,r 是选举轮数,$r\,\mathrm{mod}(1/p)$ 代表这一循环中当选过簇头的节点个数,G 是这一轮中未当选过簇头的节点合。节点当选为簇头后,发布通告消息告知其他节点自己是新簇头。当簇头接收到所有的加入消息后,就产生一个 TDMA 定时消息,并且通知该簇中所有节点。为了避免附近簇的信号干扰,簇头可以决定本簇中所有节点所用的 CDMA 编码。这个用于当前阶段的 CDMA 编码连同 TDMA 定时一起发送。当簇内节点收到这个消息后,它们就会在各自的时间槽内发送数据。经过一段时间的数据传输,簇头接到其簇内节点发送的数据后,运行数据融合算法来处理数据,并将结果直接发送给基站。

双层体系结构突破了传统平面结构中多个节点向一个固定 Sink 传输数据的模式,有效地增大了系统生命期,均衡了网络能量消耗,提高了数据传输效率并获得了更好的网络覆盖性。但双层网络结构优化仍局限于传感网本身,而未考虑异构网络环境中与其他网络融合的问题。因此,我们提出了三层的传感网络体系架构。

3.3.3 三层传感网络架构

当前,无线技术共同为用户提供了泛在、异构的网络环境。这些异构无线网络分别具有不同的背景、目标、发展方向、系统结构、覆盖范围、通信协议、链路特性、应用场景和业务提供能力。节点能量、带宽、链路以及计算能力的异构性不仅可以提高网络的能量使用效率(即节点的能量使用效率)、网络吞吐量,网络可靠性和扩展性,同时扩展了无线传感器网络的应用领域并使商业化的部署变得简单可行。移动性使代理设备可动态地进行信息挖掘,有效地减少传输链路长度、能量消耗,减轻了能量分布不均衡程度。

在此背景下,三层传感网结构(如图 3-23 所示)充分融合了有基础设施的蜂窝网及无基础设施的传感网的互补特性,更有效地解决了由固定数据接入点导致的网络性能恶化等问题,并更适合应用在未来泛在、异构、协同的网络环境中。

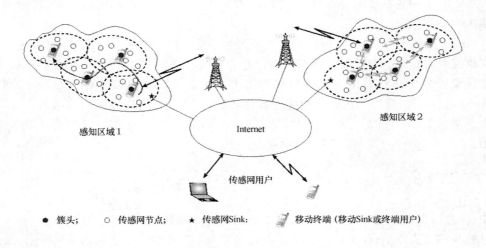

图 3-23　无线传感器网络与蜂窝网络融合的层次性网络结构

具体地说,有基础设施的蜂窝网具有强大的业务平台、完善的运营模式和管理体系,但由于采用相对集中的控制和管理体系而缺乏灵活性;传感网因其自组织性而具有显著的灵活性,但传输距离短,缺乏完善的运营模式和管理体系。两者有机融合使得区域部署的无线传感器网络能借助移动广域网的覆盖获得信息,并更广范围地传递和交互。而移动广域网利用无线传感器网采集到的丰富信息资源得到业务能力的拓展。从而在机器之间、机与人之间,人与现实环境之间实现高效的信息交互方式,从信息采集、传输、处理、反应的整体上优化信息流通模式,建立起人与其周边更加和谐的联系。

同时,能量和链路等方面的异构性也带来诸多优势。网络中包含足够"高能"节点,可解决多对一传输中数据汇聚点附近节点成为能量瓶颈点问题,数据包可不经由能量较低节点转发而到达数据汇聚点,增大网络生命期。并且,链路异构性减少了节点向数据汇聚点发送数据的平均跳数。传感网络链路可靠性较低，每一跳均明显地降低了端到端的传输率。而骨干链路提供了一个跨网的高速链路，有效地增加了传输率、降低能耗。此外，一些移动设备较普通节点具备更高的智能性、可编程性、便携性，尤其是手机使用日益普及，在城市已形成较为成熟的规模化基础设施架构。

无线传感器网络与移动通信网络融合也带来技术上的挑战。非 IP 和 IP 相融合的网络与业务应充分利用并扩展无基础设施网络的多跳和自组织特性，实现与有基础设施网络的结合。需重点研究泛在异构网结构的层次与平面的划分、定义与功能抽象等，围绕未来网络通信需求，结合自治计算、自治通信、认知网络、泛在计算等研究领域的最新技术，提出适应未来网络与业务需求的新型通信网络体系结构模型，解决泛在移动环境下的互联网服务质量和新业务的多样性需求等问题。此外，应充分利用终端技术的多样化、智能化、多模化能力，研究传感器网络和移动通信网融合的自组织协同技术，在通信的末梢区域内实现各种终端能力、通信方式和接入手段的有机结合。

传感网几种层次架构的对比如表 3-5 所示。

表 3-5　传感网几种层次架构的对比

架构名称	覆盖范围	能量有效性	健壮性	数据传输效率
平面传感网络架构	小	较差	好	低
双层传感网络架构	大	较好	较好	高
三层传感网络架构	很大	很好	较差	很高

总之，区域部署的无线传感器网络、局域部署的无线自组织网络以及广域部署的移动网络互补融合的层次化新型体系架构，其异构链路可以提高网络数据传输效率、传输可靠性，其能量异构性也将提高网络的生命周期以及网络的健壮性。

3.4　信息智能处理技术

智能信息处理技术是物联网的重要组成部分，是确保物联网在多应用领域安全可靠运行的神经中枢和运行中心。信息智能处理技术包括中间件、数据存储、并行计算、数据挖掘、平台服务、信息呈现、服务体系架构、软件和算法技术、云计算、数据中心等。

物联网智能信息处理的目标是将 RFID、传感器和执行器信息收集起来，通过数据挖掘等手段从这些原始信息中提取有用信息，为创新性服务提供技术支持。从信息流程来看，物联网智能信息处理分为信息获取、表达、量化、提取和处理等阶段。物联网技术能否得到规模化应用，很大程度上取决于这些问题是否得到了很好的解决。

3.4.1　信息识别与提取技术

信息识别与提取技术是信息数据识读、输入计算机的重要方法和手段，它是以计算机技术和通信技术的发展为基础的综合性科学技术。近几十年,此方面技术在全球范围内得到了迅猛发展,初步形成了一个包括条码技术、磁条(卡)技术、光学字符识别、系统集成化、射频技术、声音识别及视觉识别等集计算机、光、机电、通信技术为一体的高新技术学科。

1. 传感器技术

传感器是构成物联网的基础单元[19],是物联网的耳目,是物联网获取相关信息的来源。具体来说,传感器是一种能够对当前状态进行识别的元器件,当特定的状态发生变化时,传感器能够立即察觉出来,并且能够向其他的元器件发出相应的信号,用来告知状态的变化。

关于传感器的概念,国家标准 GB 7665—87 是这样定义的:"能感受规定的被测量并按照一定的规律转换成可用信号的器件或装置,通常由敏感元件和转换元件组成,"[20]也就是说,传感器是一种检测装置,能感受到被测量的信息,并能将检测感受到的信息,按一定规律变换成为电信号或其他所需形式的信息输出,以满足信息的传输、处理、存储、显示、记录和控制等要求。它是实现自动检测和自动控制的首要环节。

传感器根据不同的标准可以分成不同的类别。按照被测量参量,可分为机械量参量(如位移传感器和速度传感器)、热工参量(如温度传感器和压力传感器)、物性参量(如 pH 传感器和氧含量传感器);按照工作机理,可分为物理传感器、化学传感器和生物传感器。按照能量转换,可分为能量转换型传感器和能量控制型传感器。按传感器使用材料,可分为半导体传感器、陶瓷传感器、复合材料传感器、金属材料传感器、高分子材料传感器、超导材料传感器、光纤材料传感器、纳米材料传感器等。按传感器输出信号,可分为模拟传感器和数字传感器。数字传感器直接输出数字量,不需使用 A/D 转换器,就可与计算机联机,提高系统可靠性和精确度,具有抗干扰能力强,适宜远距离传输等优点,是传感器发展方向之一。图 3-24 为某管道式温度传感器,其具有很强的抗污染和优良的机械强度,适合安装在矿井、坑道等环境恶劣的场合。

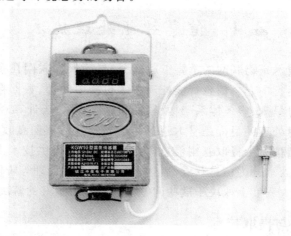

图 3-24　某管道式温度传感器

目前,传感技术广泛地应用在工业生产、日常生活和军事等各个领域。

在工业生产领域,传感器技术是产品检验和质量控制的重要手段,同时也是产品智能化的基础。传感器技术在工业生产领域中广泛应用于产品的在线检测,如零件尺寸、产品缺陷等,实现了产品质量控制的自动化,为现代品质管理提供了可靠保障。另外,传感器技术与运动控制技术、过程控制技术相结合,应用于装配定位等生产环节,促进了工业生产的自动化,提高了生产效率。

传感器技术在智能汽车生产中至关重要。传感器作为汽车电子自动化控制系统的信息源、关键部件和核心技术,其技术性能将直接影响到汽车的智能化水平。目前普通轿车约需要安装几十至近百只传感器,而豪华轿车上传感器的数量更是多达两百余只。发动机部分主要安装温度传感器、压力传感器、转速传感器、流量传感器、气体浓度和爆震传感器等,它们需要向发动机的电子控制单元(ECU)提供发动机的工作状况信息,对发动机的工作状况进行精确控制。汽车底盘使用了车速传感器、踏板传感器、加速度传感器、节气门传感器、发动机转速传感器、水温传感器、油温传感器等,从而实现了控制变速器系统、悬架系统、动力转向系统、制动防抱死系统等功能。车身部分安装有温度传感器、湿度传感器、风量传感器、日照传感器、车速传感器、加速度传感器、测距传感器、图像传感器等,有效地提高了汽车的安全性、可靠性和舒适性等。

在日常生活领域,传感技术也日益成为不可或缺的一部分。首先,传感器技术普遍应用于家用电器:如数码相机和数码摄像机的自动对焦;空调、冰箱、电饭煲等的温度检测;遥控接收的红外检测等。其次,办公商务中的扫描仪和红外传输数据装置等也采用了传感器技术。第三,医疗卫生事业中的数字体温计、电子血压计、血糖测试仪等设备同样是传感器技术的产物。

在军事领域,传感技术的应用主要体现在地面传感器,其特点是结构简单、便于携带、易于埋伏和伪装,可用于飞机空投、火炮发射或人工埋伏到交通线上和敌人出现的地段,用来执行预警、地面搜索和监视任务。当前的军事领域使用的传感器主要有震动传感器、声响传感器、磁性传感器、红外传感器、电缆传感器、压力传感器和扰动传感器等。传感器技术在航天领域中的作用更是举足轻重,用于火箭测控、飞行器测控等。

2. 标识技术

标识存在于人们的生活中,通过对物品的标识能够使人们清楚物品的各种信息。这一点对于信息的采集是非常重要的,如果没有对物品的标识,就没有办法对物品信息进行采集。

(1) 条码

条码[21]可分为一维条码和二维条码。

一维条码是通常我们所说的传统条码。条码是由一组规则排列的条、空以及对应的字符组成的标记,"条"指对光线反射率较低的部分 ,"空"指对光线反射率较高的部分,这些条和空组成的数据表达一定的信息,并能够用特定的设备识读,转换成与计算机兼容的二进制和十进制信息。通常对于每一种物品,它的编码是唯一的,对于普通的一维条码来说,还要通过数据库建立条码与商品信息的对应关系,当条码的数据传到计算机上时,由计算机上的应用程序对数据进行操作和处理。因此,普通的一维条码在使用过程中仅作为识别信息,它的意义是通过在计算机系统的数据库中提取相应的信息而实现的。

一个完整的条码[22]的组成次序依次为:静区(前)、起始符、数据符、终止符、静区(后),如图 3-25 所示。

静区,指条码左右两端外侧与空的反射率相同的限定区域,它能使读写器进入准备阅读的状态,当两个条码相距较近时,静区则有助于对它们加以区分,静区的宽度通常应不小于 6mm(或 10 倍模块宽度)。

起始/终止符,指位于条码开始和结束的若干条与空,标志条码的开始和结束,同时提供了码制识别信息和阅读方向的信息。

数据符,位于条码中间的条、空结构,它包含条码所表达的特定信息。

构成条码的基本单位是模块,模块是指条码中最窄的条或空,模块的宽度通常以 mm 或 mil(千分之一英寸)为单位。构成条码的一个条或空称为一个单元,一个单元包含的模块数是由编码方式决定的,有些码制中,如 EAN 码,所有单元由一个或多个模块组成;而另一些码制,如 39 码中,所有单元只有两种宽度,即宽单元和窄单元,其中的窄单元即为一个模块。

图 3-25　一维条码

二维条码(2-dimensional bar code)是用某种特定的几何图形按一定规律在平面(二维方向上)分布的黑白相间的图形记录数据符号信息的;在代码编制上巧妙地利用构成计算机内部逻辑基础的"0"、"1"比特流的概念,使用若干个与二进制相对应的几何形体来表示文字数值信息,通过图像输入设备或光电扫描设备自动识读以实现信息自动处理:它具有条码技术的一些共性:每种码制有其特定的字符集;每个字符占有一定的宽度;具有一定的校验功能等。同时还具有对不同行的信息自动识别功能,及处理图形旋转变化等特点。

二维条码能够在横向和纵向两个方位同时表达信息,因此能在很小的面积内表达大量的信息。二维条码根据构成原理,结构形状的差异,可以分为堆叠式/行排式二维条码和矩阵式二维条码。堆叠式/行排式二维条码形态上是由多行短截的一维条码堆叠而成;矩阵式二维条码以矩阵的形式组成,在矩阵相应元素位置上用"点"表示二进制"1",用"空"表示二进制"0",由"点"和"空"的排列组成代码。

行排式二维条码又称堆积式二维条码或层排式二维条码,其编码原理是建立在一维条码基础之上,按需要堆积成二行或多行。它在编码设计、校验原理、识读方式等方面继承了一维条码的一些特点,识读设备与条码印刷与一维条码技术兼容。但由于行数的增加,需要对行进行判定,其译码算法与软件也不完全相同于一维条码。有代表性的行排式二维条码有 Code49,Code 16K,PDF417 等。其中的 Code49 是 1987 年由 David Allair 博士研制,Intermec 公司推出的第一个二维条码。

Code 49 二维条码(如图 3-26 所示)是一种多层、连续型、可变长度的条码符号,它可以表示全部的 128 个 ASCII 字符。每个 Code 49 条码符号由 2 到 8 层组成,每层有 18 个条和 17 个空。层与层之间由一个层分隔条分开。每层包含一个层标识符,最后一层包含表示符号层数的信息。

图 3-26　Code 49 二维条码

1988 年 Laserlight 系统公司的 Ted Williams 推出第二种二维条码 Code 16K 码。Code 16K 条码是一种多层、连续型可变长度的条码符号,可以表示全 ASCII 字符集的 128 个字符及扩展 ASCII 字符。它采用 UPC 及 Code 128 字符。一个 16 层的 Code 16K 符号,可以表示 77 个 ASCII 字符或 154 个数字字符。Code 16K 通过唯一的起始符/终止符标识层号,通过字符自校验及两个模 107 的校验字符进行错误校验。

矩阵式二维条码(又称棋盘式二维条码)是在一个矩形空间通过黑、白像素在矩阵中的不同分布进行编码。在矩阵相应元素位置上,用点(方点、圆点或其他形状)的出现表示二进制“1”,点的不出现表示二进制的“0”,点的排列组合确定了矩阵式二维条码所代表的

图 3-27　Code One 二维条码

意义。矩阵式二维条码是建立在计算机图像处理技术、组合编码原理等基础上的一种新型图形符号自动识读处理码制。具有代表性的矩阵式二维条码有:Code One(如图 3-27所示),Maxi Code,QR Code,Data Matrix 等。

(2) 射频技术

RFID 即无线射频识别。常称为感应式电子晶片或近接卡、感应卡、非接触卡、电子标签、电子条码等。

最基本的 RFID 系统由三部分组成。一是标签,由耦合元件及芯片组成,每个标签具有唯一的电子编码,附着在物体上标识目标对象;二是读写器,读取(有时还可以写入)标签信息的设备,可设计为手持式或固定式;三是天线,在标签和读写器间传递射频信号。电子标签中一般保存有约定格式的电子数据,在实际应用中,电子标签附着在待识别物体的表面。读写器可无接触地读取并识别电子标签中所保存的电子数据,从而达到自动识别体的目的。通常读写器与计算机相连,所读取的标签信息被传送到计算机上进行下一步处理。

电子标签具有各种各样的形状,但不是任意形状都能满足阅读距离及工作频率的要求,必须根据系统的工作原理,即磁场耦合(变压器原理)还是电磁场耦合(雷达原理),设计合适的天线外形及尺寸。电子标签通常由标签天线(或线圈)及标签晶片组成,如图 3-28 所示。标签晶片即相当于一个具有无线收发功能再加存储功能的单片系统。从纯技术的角度来说,射频识别技术的核心在电子标签,读写器是根据电子标签的设计而设计的。虽然,在射频识别系统中电子标签的价格远比读写器低,但通常情况下,在应用中电子标签的数量是很大的,尤其是物流应用中,电子标签有可能是海量并且是一次性使用的,而读写器的数量则相对要少得多。

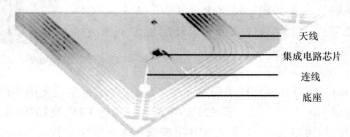

图 3-28 电子标签的组成

无线射频识别的工作原理是,读写器通过天线发送出一定频率的射频信号,当标签进入磁场时产生感应电流从而获得能量,发送出自身编码等信息被读写器读取并解码后送至计算机主机进行有关处理。通常读写器发送时所使用的频率被称为 RFID 系统的工作频率,基本上划分为三个范围:低频(30 ~ 300 kHz)、高频(3 ~ 30 MHz)和超高频(300 MHz~3 GHz)。常见的工作频率有低频 125 kHz,134.2 kHz 及高频 13.56 MHz等。典型的 RFID 系统工作图如图 3-29 所示。

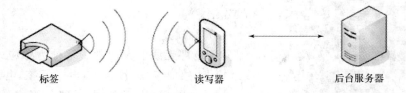

标签   读写器   后台服务器

图 3-29 RFID 系统工作图[23]

无线射频识别分为被动标签(Passive tags)和主动标签(Active tags)两种。主动标签自身带有电池供电,读/写距离较远同时体积较大,与被动标签相比成本更高,也称为有源标签。被动标签由读写器产生的磁场中获得工作所需的能量,成本很低并具有很长的使用寿命,比主动标签更小也更轻,读写距离则较近,也称为无源标签。

RFID 技术广泛应用在社会生产生活各领域。日常生活中人们经常要使用各式各样的数位识别卡,如信用卡、电话卡、金融 IC 卡等。大部分的识别卡,都是与读卡机作接触式连接来读取数位资料,常见方法有磁条刷卡或 IC 晶片定点接触,这些用接触方式识别数位资料的作法,在长期使用下容易因磨损而造成资料判别错误,而且接触式识别卡有特定的接点,卡片有方向性,使用者常会因不当操作而无法正确判读资料。而无线射频识别乃是针对常用接触式识别系统的缺点加以改良,采用射频信号以无线方式传送数位资料,因此识别卡不必与读卡机接触就能读写数位资料,这种非接触式的射频身份识别卡与读卡机之间无方向性的要求,且卡片可置于口袋、皮包内,不必取出而能直接识别,免除现代人经常要从数张卡片中找寻特定卡片的烦恼。

和传统条码识别技术相比,RFID[24] 技术有以下优势。①快速扫描。条码一次只能有一个条形码受到扫描,而 RFID 辨识器可同时辨识读取数个 RFID 标签。②体积小型化、形状多样化。RFID 在读取上并不受尺寸大小与形状限制,不需为了读取精确度而配合纸张的固定尺寸和印刷品质。此外,RFID 标签更可往小型化与多样形态发展,以应用于不同产品。③抗污染能力和耐久性。传统条形码的载体是纸张,因此容易受到污染,但无线射频识别对水、油和化学药品等物质具有很强抵抗性。此外,由于条形码是附于塑料袋或外包装纸箱上,所以特别容易受到折损,RFID 卷标是将数据存在芯片中,因此可以免受污损。④可重复使用。现在的条形码印刷上去之后就无法更改,RFID 标签则可以重复地新增、修改、删除 RFID 卷标内储存的数据,方便信息的更新。⑤穿透性和无屏障阅读。在被覆盖的情况下,RFID 能够穿透纸张、木材和塑料等非金属或非透明的材质,并能够进行穿透性通信。而条形码扫描机必须在近距离而且没有物体阻挡的情况下,才可以辨读条形码。⑥数据的记忆容量大。一维条形码的容量是 50 B,二维条形码最大的容量可储存 2~3 000 字符,无线射频识别最大的容量则有数 MB。随着记忆载体的发展,数据容量也有不断扩大的趋势。未来物品所需携带的资料量会越来越大,对卷标所能扩充容量的需求也相应增加。⑦安全性。由于无线射频识别承载的是电子式信息,其数据内容可经由密码保护,使其内容不易被伪造及变造。

近年来,无线射频识别因其所具备的远距离读取、高储存量等特性而备受瞩目。它不仅可以帮助一个企业大幅提高货物、信息管理的效率,还可以让销售企业和制造企业互联,从而更加准确地接收反馈信息,控制需求信息,优化整个供应链。

3. 定位技术

由物联网的体系架构可以认识到,人们使用无线射频识别、传感器,从物理世界中获取各种各样的信息,这些信息又通过通信、处理,最后传到用户或者服务器端,为用户提供各种各样的服务,所有采集的信息必须和传感器的具体位置信息相关联,否则这个信息就没有任何意义,可以说传感器的定位技术是物联网一个重要的基础。从物联网的三个目标来看,要实现任何时间、任何事物、任何地点之间的连接其中必须有定位技术的支持,而且在任何地方的连接里面本身就包含着物体之间的位置信息。

(1) GPS 定位

卫星导航系统定位都是采用的"三球交汇"定位原理,具体流程为:①用户测量出自身到三颗卫星的距离;②卫星的位置精确已知,通过电文播发给用户;③以卫星为球心,距离为半径画球面;④3个球面相交得2个点,根据地理常识排除一个不合理点即得用户位置。

在日常生活中,早期应用最广泛的就是GPS定位系统,用于进行测量。另外在各种交通运输行业,如轮船、汽车以及飞机导航方面都用到了GPS定位系统。而且,现在在很多的智能手机上面也都已经安装了GPS定位系统。可以说GPS定位系统是目前最成功得到大规模商业应用的系统,而且取得了非常好的社会效益。我们在GPS得到广泛应用的同时也必须看到,GPS定位技术,乃至所有的卫星定位技术都具有三个突出的问题,一是它的功耗比较高,二是必须在开阔的地方使用,并不适合于在封闭的楼层里面,还有地下环境使用,三是GPS定位系统的精度相对来说比较低。近年来物联网的应用方兴未艾,已经引起了各方面的注意,在很多的应用场景中,如地下停车场车辆的调度、工厂内部物流行业生产的物品、各种物料的运输和管理中需要对物料进行定位、宠物资料的管理、化工厂为保证安全生产对工作人员的管理,这些都可以说是物联网新型的定位技术应用,但是这些技术并不太适合采用GPS这种卫星定位系统。

(2) 移动基站定位

蜂窝基站定位主要应用于移动通信中广泛采用的蜂窝网络,目前大部分的GSM,CDMA和3G等移动通信网络均采用蜂窝网络架构。在通信网络中,通信区域被划分为一个个蜂窝小区,通常每个小区有一个对应的基站。以GSM网络为例,当移动设备要进行通信时,先连接在蜂窝小区的基站,然后通过该基站接GSM网络进行通信。也就是说,在进行移动通信时,移动设备始终是和一个蜂窝基站联系起来,蜂窝基站定位就是利用这些基站来定位移动设备。典型的移动基站定位技术是COO定位(Cell Origin),它是一种单基站定位,这种方法非常原始,就是将移动设备所属基站的坐标视为移动设备的坐标。

(3) 无线AP定位

无线AP(Access Point,接入点)定位是一种Wi-Fi定位技术,它与蜂窝基站的COO定位技术相似,通过Wi-Fi接入点来确定目标的位置。每个AP都在不断向外广播信息,以便各种Wi-Fi设备寻找接入点,信息中包含有自己全球唯一的MAC地址。如果用一个数据库记录下全世界所有无线AP的MAC地址,以及该AP所在的位置,就可以通过查询MAC地址,再通过信号强度来估算出比较精确的位置。

此外还有诸如RFID定位、红外线及声波定位等定位技术。这几种定位技术在物联网方面的应用范围比较如表3-6所示。

表3-6 几种定位技术及使用范围

定位技术	使用范围
GPS	适合于在室外空旷领域定位,例如,车辆的定位导航领域
移动网络、Wi-Fi等	适用于人在内部区域里面的定位,例如,世博会路线引导
RFID	适合于制造工业流水线区域上的定位,例如,残次品检测
红外、超声波	适合于无障碍、可直线传播区域,例如,科研机构

4. 语音识别技术

语音识别技术,也被称为自动语音识别(Automatic Speech Recognition,ASR),其目标是将人类的语音中的词汇内容转换为计算机可读的输入,例如,按键、二进制编码或者字符序列。该技术是 2000—2010 年年间信息技术领域重要的十大科技发展技术之一。语音识别是一门交叉学科,成为信息技术中人机接口的关键技术。语音识别技术与语音合成技术结合使人们能够甩掉键盘,通过语音命令进行相应的操作。语音技术的应用已经成为一个具有竞争性的新兴高技术产业。

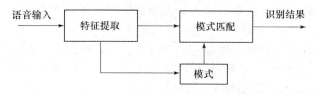

图 3-30　语音识别系统的实现过程

一个完整的语音识别系统可大致分为三部分,如图 3-30 所示。一个简单的语音识别过程分如下阶段:

(1) 从声音波形图上进行特征提取;

(2) 根据声学模型,得到音素(phonemes,如/i:/,/ts/…)序列;

(3) 从单词模型中,找与当前音素序列匹配程度最高的单词;

(4) 如果是多个单词形成的一句话的话,还需要根据语言模型生成最合适的句子。

语音识别技术发展到今天,特别是中小词汇量非特定人语音识别系统识别精度已经大于 98%,对特定人语音识别系统的识别精度就更高。这些技术已经能够满足通常应用的要求。由于大规模集成电路技术的发展,这些复杂的语音识别系统也已经完全可以制成专用芯片,大量生产。在西方经济发达国家,大量的语音识别产品已经进入市场和服务领域。一些用户交换机、电话机、手机已经包含了语音识别拨号功能、语音记事本、语音智能玩具等产品,同时也包括语音识别与语音合成功能。人们可以通过电话网络用语音识别口语对话系统查询有关的机票、旅游、银行信息。调查统计表明,多达 85% 以上的人对语音识别的信息查询服务系统的性能表示满意。可以预测,在 5~10 年内,语音识别系统的应用将更加广泛,各种各样的语音识别系统产品将不断出现在市场上。

语音识别技术在人工邮件分拣中的作用也日益显现,发展前景诱人。一些发达国家的邮政部门已经使用了这一系统,语音识别技术逐渐成为邮件分拣的新技术。它可以克服手工分拣单纯依靠分拣员记忆力的不足,解决人员成本过高的问题,提高邮件处理的效率和效益。

就教育领域来讲,语音识别技术的最直接的应用就是帮助用户更好地练习语言技巧。如一家美国公司开发了一套"Talk to Me",当用户跟着计算机说完一句话后,计算机会同时显示标准发音和用户发音的波形比照图,并给出分数。用户可以反复对比倾听来体会这种差异。不难想象,将语音技术应用于教育方面的空间是极其巨大的。

就娱乐方面来讲,也可以激发出许多的新应用。如通过电话进行电视 MTV 点播时,可以直接说出哪个歌手的哪首歌,电视台就接受语音输入而播放相应的曲目。随着网络技术的进一步发展,电子商务也正在日渐流行。语音识别技术和电子商务的结合,将创造一种全新的交易方式,人们可以做到足不出户就能够"逛"商场,购买到所需要的东西。而且,这种语音交流的方式比起网上购物更具有亲和力,同时也为人类的工作和生活带来极大的便利。

近年来语音识别技术在智能手机上的应用也发展迅速。主要包括以下三个方面。

（1）声控

语音拨号就是声控功能的一种,过去声控功能只能编辑几条固定的命令让手机完成指定的动作,而现在则要强大得多,而且不用预先编辑,手机可以执行相应的动作。如对手机说"拨 12345"或者"给某某拨号"等,它就可以完成拨号。

（2）语音转文字

iPhone 上有一个 Dragon Dictation 的应用程序,使用它用户可以通过语音记笔记和发送电子邮件,更新 Twitter;黑莓上也有类似功能的应用,如 Dragon for Email,Android 手机自带的语音识别软件可以帮助用户通过语音发送短信。

（3）翻译

这项技术目前还不太成熟,不过也已经有了一些应用,如 iPhone 上的 Jibbigo 就可以翻译单词、短语和简单的句子,让双方进行简单的交流。

5. 生物识别技术

所谓生物识别技术就是通过计算机与光学、声学、生物传感器和生物统计学原理等高科技手段密切结合,利用人体固有的生理特性(如指纹、脸象、虹膜等)和行为特征(如笔迹、声音、步态等)来进行个人身份的鉴定。

（1）指纹识别

指纹是指人的手指末端正面皮肤上凹凸不平的纹线。纹线有规律地排列成不同的形状。由于每个人的指纹不尽相同,就算同一个人的十个指头,指纹也存在明显的区别,因此可以将指纹作为识别生物的技术之一。随着计算机技术和信息技术的发展,如今,指纹识别技术已经广泛地融入日常生活,很多门禁系统或仪器都将指纹识别系统用于用户登录的身份鉴定。指纹识别系统是一个典型的模式识别系统,包括图像采集、处理、特征提取和特征比较等模块。

指纹识别系统[25]是一个典型的模式识别系统如图 3-31 所示,包括指纹图像采集、处理、特征提取和匹配等如下模块:

指纹图像采集:通过专门的指纹采集仪可以采集活体指纹图像。目前,指纹采集仪主要有活体光学式、电容式和压感式。根据采集指纹面积大体可以分为滚动捺印指纹和平面捺印指纹,公安行业普遍采用滚动捺印指纹。另外,也可以通过扫描仪、数字相机等获取指纹图像。

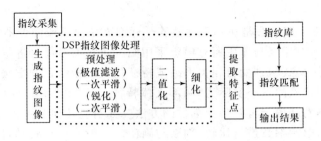

图 3-31　指纹识别系统

指纹图像压缩：大容量的指纹数据库必须经过压缩后存储，以减少存储空间。主要方法包括 JPEG，WSQ，EZW 等。

指纹图像处理：包括指纹区域检测、图像质量判断、方向图和频率估计、图像增强、指纹图像二值化和细化等。

指纹识别技术当前在金融、公安、交通等行业已经实现了广泛的应用，大大提高了工作效率和准确率。权威统计机构预测到 2014 年全球以指纹识别为代表的生物识别产业将达到 75 亿欧元。同样在我国，生物识别市场也如火如荼。其在物联网行业的主要典型应用有指纹锁、指纹考勤机、指纹门禁、指纹 POS 机等多款适合物联网行业的实用产品。

（2）人脸识别

人脸识别技术是基于人的脸部特征，对输入的人脸图像或者视频流，首先判断其是否存在人脸，如果存在人脸，则进一步地给出每个脸的位置、大小和各个主要面部器官的位置信息，并依据这些信息，进一步提取每个人脸中所蕴涵的身份特征，并将其与已知的人脸进行对比，从而识别每个人脸的身份。

人脸识别技术包含三个部分[26]。

① 面貌检测

面貌检测是指在动态的场景与复杂的背景中判断是否存在面像，并分离出这种面像。一般有参考模板法、人脸规则法、样品学习法、肤色模型法、特征子脸法等几种方法。

② 面貌跟踪

面貌跟踪是指对被检测到的面貌进行动态目标跟踪。具体采用基于模型的方法或基于运动与模型相结合的方法。此外，利用肤色模型跟踪也不失为一种简单而有效的手段。

③ 面貌比对

面貌比对是对被检测到的面像进行身份确认或在面像库中进行目标搜索。这实际上就是说，将采样到的面像与库存的面像依次进行比对，并找出最佳的匹配对象。所以，面像的描述决定了面像识别的具体方法与性能。目前主要采用特征向量法与面纹模板两种描述方法：

· 特征向量法。该方法是先确定眼虹膜、鼻翼、嘴角等面像五官轮廓的大小、位置、距离等属性,然后再计算出它们的几何特征量,而这些特征量形成一描述该面像的特征向量。

• 面纹模板法。该方法是在库中存储若干标准面像模板或面像器官模板,在进行比对时,将采样面像所有像素与库中所有模板采用归一化相关量度量进行匹配。

此外,还有采用模式识别的自相关网络或特征与模板相结合的方法。

人体面貌识别技术的核心实际为"局部人体特征分析"和"图形/神经识别算法"。这种算法是利用人体面部各器官及特征部位的方法。如对应几何关系多数据形成识别参数与数据库中所有的原始参数进行比较、判断与确认。一般要求判断时间低于 1 s。

人体面貌的识别过程一般分三步。

① 建立人体面貌的面像档案

用摄像机采集单位人员的人体面貌的面像文件获取他们的照片形成面像文件,并将这些面像文件生成面纹(Faceprint)编码储存起来。

② 获取当前的人体面像

用摄像机捕捉当前出入人员的面像,获取照片输入,并将当前的面像文件生成面纹编码。

③ 用当前的面纹编码与档案库存的比对

将当前面像的面纹编码与档案库存中的面纹编码进行检索比对。上述的"面纹编码"方式是根据人体面貌脸部的本质特征和形状来工作的。它可以抵抗光线、皮肤色调、面部毛发、发型、眼镜、表情和姿态的变化,具有强大的可靠性,从而使它可以从百万人中精确地辩认出某个人。

人脸识别作为一种新兴的生物特征识别技术,与虹膜识别、指纹扫描等技术相比,人脸识别技术在应用方面具有直观性突出、使用方便、识别精确度高、不宜仿冒等方面的优势。目前其在物联网行业中的应用主要体现在以下几个方面:

• 智能预警。随着人脸识别技术广泛应用于门禁系统和公安刑侦破案中,加之视屏监控的普及,目前,在环境条件较好的地方,利用人脸识别技术可以从监控视屏图像中实时查找指定的人脸,并与建好的人脸数据库进行对比,从而快速对身份进行识别,以实现智能预警。

• 扩展应用。利用人脸识别系统能够实时抓取所有图像来源(包括摄像头和互联网图片)中的人脸,并找到同一个人的人脸对应关系(无论其何时出现在何地都能够对应),建立各种名单(包括公安逃犯、恐怖分子、走失儿童和老人等),能够对所有出现的人脸进行记录,并将其与名单进行比对的一个大系统。

6. 情景感知

情景感知又称为上下文感知[27],该技术在互联网、泛在网和物联网中均受到了广泛的关注。情景感知有很多定义,总结来说是利用人机交互或传感器提供给计算设备关于人和设备环境的情景信息,让计算设备给出相应的反应。

　　通过人机交互或传感器采集的方式可以获得关于人和设备等情景信息。而情景感知则是根据这些情景信息,让计算设备做出相应的反应。情景感知的最终目的是使得计算机能够主动获取情景,并进一步感知情景,改进并丰富传统的人机交互方式以提供更好的服务。

　　例如,旅游方面,应用了情景感知技术的导游助手可以根据游客的位置进行景点推荐、路线导游;购物方面,也可以根据顾客的位置进行商品推荐,等等。随着传感器技术的不断发展,传感器的种类不断丰富,获得的情景感知也随之丰富起来,情景感知处理的信息也将扩展。Kang Dong-oh 等人建立了家庭网络,利用可穿戴的传感器,如 ECG(心电图)和 SKT(皮肤温度传感器)等,实时检测用户的身体信息。这些信息通过 ZigBee 传给服务器,由服务器上的应用软件进行实时监测,甚至根据专家系统及用户的历史信息进行诊断或推理。此外,情景感知被广泛应用于智能家庭、普适计算、精准农业等领域。

　　典型的物联网情景感知系统如图 3-32 所示,包括:情景信息采集模块,用来驱动底层传感进行信息采集,同时实现对底层传感器的管理;情景信息整合模块,对采集模块获得的情景信息进行预处理,去冗余和冲突处理等;推理模块,由采集模块得到的数据集挖掘出隐藏的知识,推理出应用可理解的高层情景信息,识别当前情景,并由此决定提供什么服务;学习模块,根据用户反馈,优化推理模块和整合模块;接入控制模块,用于传感器、应用及用户等的接入控制;此外,还应该包括存储情景信息和注册信息的数据库,物联网中情景信息的瞬时性、关联性特征等使得情景信息存储管理有其固定的特点,如情景信息的时效性(过去的温度信息对当前的情景感知是没有意义的);隐私保护,必须给予使用者定义隐私策略的机会,根据定义的规则控制数据是否发送以及发送到哪里,做到合理的隐私保护。

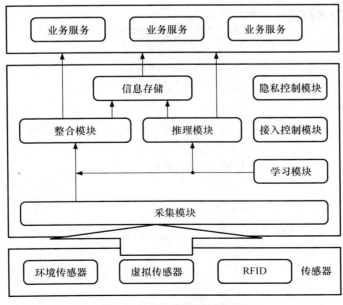

图 3-32　情景感知系统结构

由情景感知技术发展而来的情景感知服务是近年来逐渐流行的一种移动服务，需要在智能手机上使用。情景感知服务通过获取顾客的情景信息（如所处时间、地点、天气、周边好友等），结合用户的个人资料（如性别、年龄、教育等）和历史行为记录（如消费）来为顾客提供专业化的服务，其目的是帮助顾客更快、更好地做出决策。

7. 文本信息的识别与提取技术

随着科学技术的不断发展与进步，网络已经渗透到社会生活中的每一个角落。网络的蓬勃发展导致信息不断膨胀，如何从成千上万的信息中整理出有用的信息成为人们日益关注的问题。数据挖掘（Data Mining）又称数据库中的知识发现，是一个从大规模数据库的数据中抽取有效的、隐含的、以前未知的、有潜在使用价值的有用信息的过程。它是当今众多学科领域，特别是数据库领域最前沿的研究课题之一。

数据挖掘[28]一般是指从海量的数据中自动搜索隐藏于其中的有着特殊关系属性（association rule learning）的信息的过程，特别适用于文本信息的提取应用。数据挖掘通常与计算机科学有关，并通过统计、在线分析处理、情报检索、机器学习、专家系统（依靠过去的经验法则）和模式识别等诸多方法来实现上述目标。它的主要方法是数据统计分析和人工智能搜索技术。

数据挖掘有以下这些不同的定义：

（1）从数据中提取出隐含的有价值的潜在信息。

（2）一门从大量数据或者数据库中提取有用信息的科学。

（3）在人工智能领域，习惯上又称为数据库中的知识发现（Knowledge Discovery in Database，KDD）。

典型的数据挖掘系统结构如图 3-33 所示。

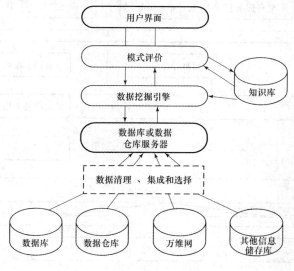

图 3-33　数据挖掘系统结构[29]

数据挖掘主要应用在文本挖掘(新闻组、E-mail,文档资料)、流数据挖掘(stream date mining)、Web 挖掘、DNA 数据分析。

文本挖掘[30] 作为一个新的数据挖掘研究领域,目前并没有给出统一的、确切的定义,但是文本挖掘的目的就是从文本信息中发现潜在的、可能的数据模式,内在联系,规律,发展趋势等,并转化为人可以利用的知识。文本挖掘是一个交叉的研究领域,它涉及数据挖掘、信息检索、自然语言处理、统计数据分析、概率理论、机器学习等多个领域的内容,不同的研究者从各自的研究领域出发,对文本挖掘的含义有不同的理解,不同的应用目的,文本挖掘项目也各有其侧重点。与传统的数据挖掘相比,文本挖掘有其独特之处,主要表现在:文档本身是半结构化或非结构化的,无确定形式并且缺乏机器可理解的语义;而数据挖掘的对象以数据库中的结构化数据为主,并利用关系表等存储结构来发现知识。进行文本挖掘的主要目标有:文本分类、文本聚类、信息提取、文本总结等。其中,文本数据挖掘中的文本分类和信息提取就是研究的重点[31]。

文本分类是指按照预先定义的主题类别,为文档集合中的每个文档确定一个类别。这样,用户不但能够方便地浏览文档,而且可以通过限制搜索范围使文档的查找更为容易。文本分类主要有两种方式。第一种方式是手工的方式,也就是人工将每篇文档分配到相应的类别下。但是这种方法的代价比较昂贵,不适台处理大规模的文档。另外一种方式是自动分类。对于自动分类系统,我们可以从领域专家那里或者从训练文档集合里自动学习分类模型进行分类。随着全球计算机与通信技术的飞速发展、互联网的普及与应用,信息爆炸的现实使人们越来越注重对自动分类的研究,文本自动分类及其相关技术的研究也日益成为一项研究热点。

信息提取是一个以未知的自然语言文档作为输入,产生固定格式、无歧义的输出数据的过程。这些数据可以直接向用户显示,也可作为原文信息检索的索引,并存储到数据库、电子表格中,以便于以后的进一步分析。也可以说,信息提取是指从大量的、无结构的文本信息中抽取出有效、有用、可理解的、散布在文本文件中的有价值的知识,并且利用这些知识更好地组织信息的过程。信息提取的目的是对文本扫描并提取出所需要的事实。信息提取虽然需要对文本进行一定程度的理解,但与真正的文本理解是不同的。在信息提取中,用户一般只关心有限的感兴趣的事实消息,只是对文档中包含相关信息的部分进行分析,至于哪些信息是相关的,将由系统设计时定下的领域范围而定。所以说,信息提取并不关心文本意义的细微差别以及文章的写作意图等深层理解问题。因此,信息提取只能算是一种浅层的或者说简化的文本理解技术[32]。

3.4.2　信息压缩与编码技术

随着数字化信息时代和多媒体计算机技术的发展,人们所面对的各种数据量剧增,数据压缩编码技术的研究受到人们越来越多的重视。特别是计算机网络技术的广泛应用,更促进了数据压缩技术和相关理论的研究和发展。

各种媒体的信息(特别是图像和动态视频)传输和存储所需的数据量是非常大的。例如,一幅 640×480 分辨率的 24 位真彩色图像的数据量约为 900 kbit;一个 100 Mbit 的硬盘只能存储约 100 幅静止图像画面。显然,这样大的数据量不仅超出了计算机的存储和处理能力,更是当前通信信道的传输速率所不及的。因此,为了存储、处理和传输这些数据,必须进行压缩。

在数字通信系统中,信源端的数据经编码后,才能通过数字传输系统进入信宿端。信源编码包括模拟信号数字化和信源压缩编码。在文本、表格、图形、语音、图像等多媒体数据中,都存在各种各样的冗余。为了保证通信的有效性,进行数字通信时必须作压缩处理,一般采用信源压缩编码(预测编码、变换编码等),去除或减少信源数据中的冗余度。为了提高信息传输的可靠性,除信源编码外,还需进行信道编码(又称抗干扰编码或差错控制编码)。

1. 数据压缩与编码技术的发展历史

数据压缩的基本原理最初来源于香农的信息论[33]。香农信息论认为:信源的熵是信源无失真编码的极限,也就是说,不论采取何种压缩算法,其压缩后的数码率不会小于该数据的熵,如果小于的话,那么这种压缩必然是失真的,而对信源进行失真编码时,又要遵循信息论中率失真函数的关系。

如图 3-34 所示,信源编码和信源解码统称为信源编码。而信道编码和信道解码也统称为信道编码,信源编码和信道编码都是信息科学的重要分支。其中信源编码主要解决有效性问题。通过对信源的压缩、扰乱、加密等一系列处理,力求用最少的数码传输最大的信息量,使信号更适于传输,因此从信息论角度看,信源编码的一个主要目的,就是要解决数据的压缩问题,它构成了数据压缩的理论基础;信道编码主要解决可靠性问题。

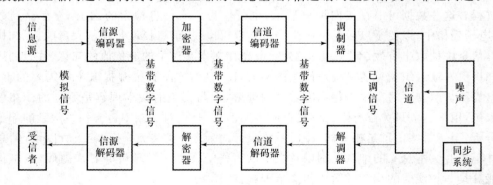

图 3-34 数字传输系统模型[34]

1948 年,Shannon 在提出信息熵理论的同时,也给出了一种简单的编码方法——Shannon 编码。1952 年,R. M. Fano 又进一步提出了 Fano 编码。这些早期的编码方法揭示了变长编码的基本规律,也确实可以取得一定的压缩效果,但离真正实用的压缩算法还相去甚远。

第一个实用的编码方法是由 D. A. Huffman 在 1952 年的论文《最小冗余度代码的构造方法》(*A Method for the Construction of Minimum Redundancy Codes*)中提出的。直到今天,许多数据结构教材在讨论二叉树时仍要提及这种被后人称为 Huffman 编码的方法。

1968 年前后,P. Elias 发展了 Shannon 和 Fano 的编码方法,构造出从数学角度看来更为完美的 Shannon-Fano-Elias 编码。沿着这一编码方法的思路,1976 年,J. Rissanen 提出了一种可以成功地逼近信息熵极限的编码方法——算术编码。1982 年,Rissanen 和 G. G. Langdon 一起改进了算术编码。之后,人们又将算术编码与 J. G. Cleary 和 I. H. Witten 于 1984 年提出的部分匹配预测模型(PPM)相结合,开发出了压缩效果近乎完美的算法。

对于无损压缩而言,PPM 模型与算术编码相结合,已经可以最大程度地逼近信息熵的极限。看起来,压缩技术的发展可以到此为止了。不幸的是,事情往往不像想象中的那样简单:算术编码虽然可以获得最短的编码长度,但其本身的复杂性也使得算术编码的任何具体实现在运行时都慢如蜗牛。即使在摩尔定律大行其道,CPU 速度日新月异的今天,算术编码程序的运行速度也很难满足人们日常应用的需求。如果不是下面将要提到的那两个犹太人,人们还不知要到什么时候才能用上 WinZIP 这样方便实用的压缩工具呢。

Ziv 和 Lempel 于 1977 年发表题为《顺序数据压缩的一个通用算法》(*A Universal Algorithm for Sequential Data Compression*)的论文,论文中描述的算法被后人称为 LZ77 算法。1978 年,二人又发表了该论文的续篇《通过可变比率编码的独立序列的压缩》(*Compression of Individual Sequences via Variable Rate Coding*),描述了后来被命名为 LZ78 的压缩算法。

1984 年,T. A. Welch 发表了名为《高性能数据压缩技术》(*A Technique for High Performance Data Compression*)的论文,描述了他在 Sperry 研究中心(该研究中心后来并入了 Unisys 公司)的研究成果,这是 LZ78 算法的一个变种,也就是后来非常有名的 LZW 算法。1990 后,T. C. Bell 等人又陆续提出了许多 LZ 系列算法的变体或改进版本。

今天,LZ77,LZ78,LZW 算法以及它们的各种变体几乎垄断了整个通用数据压缩领域,人们熟悉的 PKZIP,WinZIP,WinRAR,gzip 等压缩工具以及 ZIP,GIF,PNG 等文件格式都是 LZ 系列算法的受益者,甚至连 PGP 这样的加密文件格式也选择了 LZ 系列算法作为其数据压缩的标准。

2. 数据压缩编码的分类和标准

(1)根据对编码信息的恢复程度划分[35]

根据对编码信息的恢复程度,数据压缩编码可分为无损压缩编码(又称可逆压缩编码、无失真压缩编码和冗余压缩)和有损压缩编码(又称不可逆压缩编码、有失真压缩编码、限失真压缩编码和熵压缩编码)。其中尤以有失真压缩编码为侧重点。

无损压缩编码(lossless compression)是指解码后的数据与原始数据完全相同,无任何偏差。此编码通常基于信息熵原理。它的压缩能力与所处理数据的类型有关,压缩比通常较低,一般在 2∶1~5∶1。主要用于要求数据无损压缩存储和传输的场合,如传真机、文本文件传输等。

有损压缩编码(lossy compression)是指编码后的数据与原始数据有一定的偏差,但仍可保持一定的视听质量和效果。此编码主要利用人的视觉和听觉特性,在一定的保真度下,对数据进行压缩,压缩比可达 100∶1。压缩比越高,其解压后的视、听质量就越低。主要用于对音频和视频的压缩。

经常使用的无损压缩方法有 Shannon-Fano 编码、Huffman 编码、游程(Run-Length)编码、LZW 编码(Lempel-Ziv-Welch)和算术编码等。

在多媒体应用中常用的压缩方法有:PCM(脉冲编码调制)、预测编码、变换编码(主成分变换或 K-L 变换、离散余弦变换 MT 等)、插值和外推法(空域亚采样、时域亚采样、自适应)、统计编码(Huffman 编码、算术编码、Shannon-Fano 编码、行程编码等)、矢量量化和子带编码等;混合编码是近年来广泛采用的方法。

(2) 根据所用方法的原理划分

根据所用方法的原理,数据压缩编码可分为预测编码、变换编码、量化与向量量化编码、信息熵编码、分频带编码、结构编码和基于模型的编码等。

预测编码是针对统计冗余进行压缩。它对于空间冗余可进行帧内预测估计,对于时间冗余则进行帧间预测估计,在接收端则对应着预测编码。

变换编码也是针对统计冗余进行压缩,它将图像光强矩阵(时域信号)变换到系数空间(频域)上进行处理。变换编码一般进行正交变换,变换解码则完成相反方向的变换处理。

量化与向量量化(VQ)编码是按照统计和概率分布,设计最优的量化器(如 Max 量化器)。在对象元点进行量化时,一次量化多个点。接收端解压解码时,需进行逆处理过程,以便还原数据。

信息熵编码是根据信息熵原理进行编码,出现概率大的用短码字表达,反之用长码字表达。接收端解压解码时,同样是逆处理过程。

分频带编码是将图像数据变换到频域后,按频率分带,用不同的量化器进行量化,从而达到最优组合,或者分步渐进编码。在接收端,初始时对某一频带的信号进行解码,然后逐步扩展到所有频带。随着解码数据的增加,编码图像也逐渐清晰。此方法对于远地图像模糊查询与检索比较有效。

结构编码又称为第二代编码。编码时,首先将图像中的边界、轮廓、纹理等结构特征求出,然后保存这些参数信息。

基于模型的编码是对于人脸等可用规则描述的图像。它利用人们对于人脸的知识形成一个规则库,用一些参数描述人脸的变化等,实现用参数加上模型进行人脸的图像编码。

（3）数据压缩与编码的标准

目前,被国际社会广泛认可和应用的通用压缩编码标准大致有四种:H.26x,JPEG,MPEG 和 DVI。

• H.26x 由 CCITT(国际电报电话咨询委员会)通过的用于音频视频服务的视频编码解码器（也称 Px64 标准）,它使用两种类型的压缩:一帧中的有损压缩(基于 DCT)和用于帧间压缩的无损编码,并在此基础上使编码器采用带有运动估计的 DCT 和 DPCM (差分脉冲编码调制)的混合方式。这种标准与 JPEG 及 MPEG 标准间有明显的相似性,但关键区别是它为动态使用设计的,并提供完全包含的组织和高水平的交互控制。

• JPEG 全称是 Joint Photogragh Coding Experts Group(联合图片专家组),是一种基于 DCT 的静止图像压缩和解压缩算法,它由 ISO(国际标准化组织)和 CCITT(国际电报电话咨询委员会)共同制定,在 1992 年后被广泛采纳并成为国际标准。它是把冗长的图像信号和其他类型的静止图像去掉,甚至可以减小到原图像的 1/100(压缩比100∶1)。但是,在这个级别上,图像的质量并不好;压缩比为 20∶1时,能看到图像稍微有点变化;当压缩比大于 20∶1时,一般来说图像质量开始变坏。

• MPEG 是 Moving Pictures Experts Group(动态图像专家组)的英文缩写,实际上是指一组由 ITU 和 ISO 制定发布的视频、音频、数据的压缩标准。它采用的是一种减少图像冗余信息的压缩算法,它提供的压缩比可以高达 200∶1,同时图像和音响的质量也非常高。现在通常有三个版本:MPEG-1,MPEG-2,MPEG-4 以适用于不同带宽和数字影像质量的要求。它的三个最显著优点就是兼容性好、压缩比高(最高可达 200∶1)、数据失真小。

• DVI 其视频图像的压缩算法的性能与 MPEG-1 相当,即图像质量可达到 VHS 的水平,压缩后的图像数据率约为 1.5Mbit/s。为了扩大 DVI 技术的应用,Intel 公司最近又推出了 DVI 算法的软件解码算法,称为 Indeo 技术,它能将压缩的数字视频文件压缩为 1/5 到 1/10。

3. 音频压缩编码技术

音频数据的压缩技术最早也是由无线电广播、语音通信等领域里的技术人员发展起来的,这其中又以语音编码和压缩技术的研究最为活跃。自从 1939 年 H. Dudley 发明声码器以来,人们陆续发明了脉冲编码调制(PCM)、线性预测(LPC)、矢量量化(VQ)、自适应变换编码(ATC)、子带编码(SBC)等语音分析与处理技术。这些语音技术在采集语音特征,获取数字信号的同时,通常也可以起到降低信息冗余度的作用。像图像压缩领域里 JPEG 一样,为获得更高的编码效率,大多数语音编码技术都允许一定程度的精度损失。而且,为更好地用二进制数据存储或传送语音信号,这些语音编码技术在将语音信号转换为数字信息之后又总会用 Huffman 编码、算术编码等通用压缩算法进一步减少数据流中的冗余信息。音频压缩编码的发展趋势是:在一些应用环境下,追求尽可能低的传输速率;在另一些应用环境下,则追求尽可能高的保真度[36]。

语音编码方法归纳起来可以分成三大类:波形编码、信源编码、混合编码。

波形编码比较简单,编码前采样定理对模拟语音信号进行量化,然后进行幅度量化,再进行二进制编码。解码器作数/模变换后再由低通滤波器恢复出现原始的模拟语音波形,这就是最简单的脉冲编码调制(PCM),也称为线性 PCM。可以通过非线性量化、前后样值的差分、自适应预测等方法实现数据压缩。波形编码的目标是让解码器恢复出的模拟信号在波形上尽量与编码前原始波形相一致,也即失真要最小。波形编码的方法简单,数码率较高,在 64 kbit/s 至 32 kbit/s 之间音质优良,当数码率低于 32 kbit/s 的时候音质明显降低,16 kbit/s 时音质非常差。

信源编码又称为声码器,是根据人的发声机理,在编码端对语音信号进行分析,分解成有声音和无声音两部分。声码器每隔一定时间分析一次语音,传送一次分析的得到的有/无声和滤波参数。在解码端根据接收的参数再合成声音。声码器编码后的码率可以做得很低,如 1.2 kbit/s,2.4 kbit/s,但是也有其缺点。首先是合成语音质量较差,往往清晰度可以而自然度没有,难以辨认说话人是谁,其次是复杂度比较高。

混合编码是将波形编码和声码器的原理结合起来,数码率在 4~16 kbit/s 之间,音质比较好,最近有个别算法所取得的音质可与波形编码相当,复杂程度介乎于波形编码器和声码器之间。

上述的三大语音编码方案还可以分成许多不同的编码方案。

话音数据压缩编码标准主要有 G.711,G.721,G.728,GSM,GTIA 和 NSA,分别对应 64 kbit/s,32 kbit/s,16 kbit/s,138 kbit/s,48 kbit/s 和 25 kbit/s 传输速率。相关音频调制编码技术如下。

(1) 自适应差值脉码调制(ADPCM)

标准 log-PCM 的采样速率为 8 kHz 和 8 bit/s 量化。差值脉冲编码调制(DPCM)与 PCM 不同,它不是直接对采样进行量化编码,而是对当前采样值与其预测值之差进行量化编码。差值大小取决于预测精度。预测越准、差值越小,分配的比特数也就越少。一般 DPCM 可取 5 bit/s,其编码速率为 40 kbit/s,是 log-PCM 的 62%。ADPCM 根据语音音调的准周期变化,对预测值随时进行修正,克服了 DPCM 的不足。其特点是:①采用动态对数量化器提高预测精度;②采用鲁棒自适应预测器;③增加了 PCM 和 ADPCM 间的同步,从而不降低 PCM 与 ADPCM 间的转换特性。

G.721 使用 ADPCM 压缩算法,信号带宽为 3.4 kHz,压缩后的数据传输速率为 32 kbit/s。该标准已广泛应用于卫星通信、长途通信、会议电视和多媒体多路复用装置等。

(2) 自适应预测编码(APC)和自适应增量调制(ADM)

16 kbit/sAPC 编码的音质相当于 56 kbit/s 的 log-PCM,优于 16 kbit/s 的 ADPCM。

普通增量调制(DM)编码是具有二阶量化的特殊 DPCM,即使 PCM 退化到 1 bit 的极端情形。CM 的预测值为 1 bit(0 或 1 码),在较低调制速率下,很难跟上语音波形的快速变化,易出现过载现象,会产生过载失真。为弥补这一不足,采取幅度自适应补偿措施,使解码后的波形尽可能跟上波形的变化。

（3）自适应子带编码(SBC)

SBC 根据语音低频能量大、高频能量小的特点,将输入语音频带分成四个或更多个相邻带信息,用不同的比特数(低频分配多、高频分配少)分别对这些子带进行 DPCM 编码。由于各子带的能力大小随时间变换,DPCM 编码不能保证 SBC 有高的信噪比(SNR)的值。按照子带的能量随时调整比特的分配,得到自适应比特分配的 SBC,可使各子带的量化噪声谱始终与语音谱相匹配,即不会出现幅度大的 SNR 值高,幅度小的 SNR 值低的不均匀现象。16 kbit/s 子带编码速率的音质优于改进型 ADPCM。

（4）线性预测编码(LPC)

LPC 是语音信号的混合编码方式之一,它以线性预测技术构成的声音模型为基础。LPC 不同于 PCM 等波形编码方法,它根据人发声机理的数字模型,通过线性预测算法,从语音波形中提取特征参数。LPC 传输的是参数的编码信息,不是波形本身。解码时,根据同一数字模型,由解码所得的这些参数加上增益系数、音调信息和噪声判决信息,一起合成语音。从波形上看,恢复后的语音与原始波形完全不一样,只是在语音谱上接近原始语音。开关完成噪/噪切换动作,数字滤波器模拟咽喉、口鼻腔、嘴唇等声道的谐振特性,乘法器控制音量大小,LPC 通过数字滤波器模型提取参数。

语音编码属性可以分为四类,分别是比特速率、时延、复杂性和质量。比特速率是语音编码很重要的一方面。比特速率的范围可以是从保密的电话通信的 2.4 kbit/s 到64 kbit/s的 G.711PCM 编码和 G.722 宽带(7 kHz)语音编码器。MP3,MP4 和 TwinVQ等是几种目前较为流行的音乐压缩算法。

4. 视频压缩编码技术

视频编码的研究课题主要有数据压缩比、压缩/解压速度及快速实现算法三方面内容。以压缩/解压后数据与压缩前原始数据是否完全一致作为衡量标准,可将数据压缩划分为无失真压缩(即可逆压缩)和有失真压缩(即不可逆压缩)两类[37]。

传统压缩编码建立在香农信息论基础之上的,以经典集合论为工具,用概率统计模型来描述信源,其压缩思想基于数据统计,因此只能去除数据冗余,属于低层压缩编码的范畴。

伴随着视频编码相关学科及新兴学科的迅速发展,新一代数据压缩技术不断诞生并日益成熟,其编码思想由基于像素和像素块转变为基于内容（content-based）。它突破了香农信息论框架的束缚,充分考虑了人眼视觉特性及信源特性,通过去除内容冗余来实现数据压缩,可分为基于对象（object-based）和基于语义（semantics-based）两种,前者属于中层压缩编码,后者属于高层压缩编码。

与此同时，视频编码相关标准的制定也日臻完善。视频编码技术基本是由 ISO/IEC 制定的 MPEG-x 和 ITU-T 制定的 H.26x 两大系列视频编码国际标准推出。从 H.261 视频编码建议，到 H.262/3 和 MPEG-1/2/4/7 等都有一个共同的不断追求的目标，即在尽可能低的码率（或存储容量）下获得尽可能好的图像质量。而且，随着市场对图像传输需求的增加，如何适应不同信道传输特性的问题也日益显现出来。于是在 MPEG-4 之后 IEO/IEC 和 ITU-T 两大国际标准化组织联手又制定了视频新标准 H.264 来解决这些问题。

H.261 是最早出现的视频编码建议，目的是规范 ISDN 网上的会议电视和可视电话应用中的视频编码技术。它采用的算法结合了可减少时间冗余的帧间预测和可减少空间冗余的 DCT 变换的混合编码方法。和 ISDN 信道相匹配，其输出码率为 $p \times 64$ kbit/s。p 取值较小时，只能传清晰度不太高的图像，适合于面对面的电视电话；p 取值较大时（如 $p > 6$)，可以传输清晰度较好的会议电视图像。H.263 建议的是低码率图像压缩标准，在技术上是 H.261 的改进和扩充，支持码率小于 64 kbit/s 的应用。但实质上 H.263 以及后来的 H.263＋ 和 H.263＋＋ 已发展成支持全码率应用的建议，从它支持众多的图像格式这一点就可看出，如 Sub-QCIF，QCIF，CIF，4CIF 甚至 16CIF 等格式。

MPEG-1(1988—1992)，可以提供最高达 1.5 Mbit/s 的数字视频，只支持逐行扫描。

MPEG-2(1990—1994)，支持的带宽范围从 2 Mbit/s 到超过 20 Mbits/s，MPEG-2 后向兼容 MPEG-1，但增加了对隔行扫描的支持，并有更大的伸缩性和灵活性。

MPEG-4(1994—1998)，支持逐行扫描和隔行扫描，是基于视频对象的编码标准，通过对象识别提供了空间的可伸缩性；MPEG-4 除采用第一代视频编码的核心技术，如变换编码、运动估计与运动补偿、量化、熵编码外，还提出了一些新的有创见性的关键技术，并在第一代视频编码技术基础上进行了卓有成效的完善和改进，包括视频对象提取技术、VOP 视频编码技术、视频编码可分级性技术、运动估计与运动补偿技术。

MPEG-4 标准为新一代多媒体标准提供一整套能同时满足制作者、服务商和终端用户的编解码技术。它主要包括视频、音频和系统三部分。其中，音视频已不是 MPEG-1 和 MPEG-2 中音频和视频帧的概念，而是一个 AV(Audio Visual)场景。这些 AV 场景由不同的 AV 对象（听觉、视觉或视听内容的表示单元）组成。最基本的视听单元称为"原始 AV 对象"，它们可以是"自然的"或"合成的"声音或视频，又可进一步组合成复合 AV 对象。整个 MPEG-4 标准就是围绕"如何对 AV 对象有效编码，如何有效组织传输 AV 对象"而制定的。

经典的压缩算法理论已经比较成熟，并且已经出台了基于 DCT 等上述技术的国际压缩标准。然而随着人们对这些传统编码方法的深入研究和应用，也发现了这些方法的许多缺点，如高压缩比时恢复图像出现严重的方块效应、人眼视觉系统的特性不易被引入到压缩算法中。为克服传统压缩方法的上述缺点，人们提出了几种新的图像压缩编码方法：基于小波变换的压缩方法、分形压缩方法和神经网络压缩方法。

（1）小波

小波变换的理论是在 20 世纪 80 年代后期兴起的新的数学分支，它是继傅里叶变换后又一里程碑式的发展。小波图像压缩的基本想想是：对原始图像进行小波变换，转换成小波域上的系数，然后对小波系数进行量化编码。由于小波变换后原始图像的能量主要集中在少部分的小波系数上，所以通过略去某一阈值以下的系数，只保留那些能量较大的系数就可达到图像压缩的目的。典型的小波变换视频编码的系统框图如图 3-35 所示。

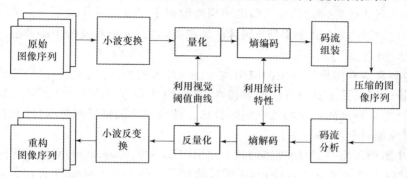

图 3-35　小波变换视频编码的系统框图

图像经过小波变换后生成的小波图像的数据总量与原图像的数据量相等，即小波变换本身并不具有压缩功能。之所以将它用于图像压缩，是因为生成的小波图像具有与原图像不同的特性，表现在图像的能量主要集中于低频部分，而水平、垂直和对角线部分的能量则较少。小波变换的作用是对图像进行多分辨率分解，即把原始图像分解成不同空间、不同频率的子图像，分解级数越多，图像的分辨率等级也就越多。低频部分可以称做亮度图像，水平、垂直和对角线部分可以称做细节图像。对所得的四个子图，根据人类的视觉生理和心理特点分别作不同的量化和编码处理。

与传统纯频域分析的傅里叶变换不同，同离散余弦变换（DCT）图像编码方法相比，小波变换能够有效地消除方块效应的存在以及方块效应对后继图像编码的影响，并且还可以保证在较高压缩比下恢复图像的质量。同时，小波变换方法还能基本消除蚊式噪声。由于其具有这些优点，所以小波分析迅速成为图像压缩领域的热点，并取代离散余弦变换用于 JPBG-2000，MPEG-4，MPEG-7 等新的图像编码标准。

（2）分形

分形的概念是数学家 Mandelbrot 于 1975 年提出的称为分形的结构，一般都存在内在的几何规律性，即"比例自相似性"。在一定的标度范围内，对景物图像的局部区域进行放大，会发现其不规则程度与景物本身是一样的或极其近似的。分形图像压缩的思想就是利用原始图像所具有的自相似性，构造一个迭代函数系统（IFS）。利用 IFS 抽象图像的自相似性，即用图像中的一个子块经过自仿射分形交换来逼近同一图像中的另一子块，达到基于分形的图像压缩目的。

分形理论在图像压缩编码中的应用是一个非常诱人的研究领域,其主要特点是在获得高压缩比的同时能保持较好的解码图像质量、运算速度与提高图像分辨率的关系不太,选择适当的分形模型完全可以构造出清晰的边缘细节、解码过程快捷等。但目前,分形编码还未完全实用化,其首要困难在于传统空域的分形压缩有很多瓶颈,例如,运算复杂度太大、收敛过程较难预测和控制、高压缩倍率时的块状效应等。尽管自动图像压缩算法的改进工作已持续了十几年,但编码时间、压缩比以及压缩效果仍不够理想,远没有达到分形本身应该达到的效果,因而,在当前图像压缩编码中还不占主导地位。为了能真正发挥分形高压缩比的潜力,必须寻求 IFS 码算法的突破,找到编码实现的快速算法。

（3）神经网络

人工神经网络在图像压缩中的应用越来越引起人们的注意。和一些传统的压缩方法相比,人工神经网络技术具有良好的容错性、自组织性和自适应性,因此在图像压缩过程中,不必借助于某种预先确定的数据编码算法。神经网络能根据图像本身的信息特点,自主地完成图像编码和压缩。

目前,在图像压缩中,使用较多的是三层 BP(Back Propagation)网络。将图像先分成 n 个小块,对应于输入的 n 个神经元,压缩后的数据对应于隐含层 m 个神经元,$m \leqslant n$。通过 BP 训练算法,调整网络权重,使重建图像尽可能地相似于原始图像,经过训练后 BP 神经网络便可直接用来进行数据压缩。BP 网络用于数据压缩类似于图像的 KL 变换。

但是,目前人工神经网络的工作原理还不清楚。神经网络的图像编码方法的研究目前仅处于一个初级阶段,需要解决的问题还很多,如完善人工神经网络的理论体系,弄清楚神经网络的工作原理,找到适合图像数据高效压缩,充分利用视觉信息处理机制的神经网络模型和学习算法。

5. 无线传感器网络中的数据压缩技术

随着无线传感器网络逐渐应用到实践中,无线传感器网络中的数据压缩技术也渐渐发展起来。按照无线传感器网络中的数据压缩技术的发展,其中的数据压缩方法主要有:消除时间冗余方法、消除空间冗余方法、消除时空冗余方法等[38]。

（1）消除时间冗余方法

无线传感器网络节点在邻近时刻采集的数据的感知数据会有很大的相似性,即感知数据具有时间相关性,因此节点的感知数据会有时间上的冗余,时间冗余方法正是通过消除节点邻近时刻感知数据的时间冗余来实现数据的压缩的。大多数的消除时间冗余算法的研究对象都是单个节点,其研究内容是节点内多个连续采样得到的感知数据,根据不同的应用领域采用不同的方案,从而消除节点内邻近时刻数据的相似性,完成无线传感器网络感知数据的压缩。如 Antonios Deligiannakis 提出的 SBR(Self-base regression)算法,Song Lin 和 Vana Kalogeraki 等人提出的无线传感器网络在线信息压缩算法等。

（2）消除空间冗余方法

无线传感器网络中节点是密集分布的,相邻节点在同一时刻感知的数据具有很大的相似性,即存在空间相关性,因此无线传感器网络收集的数据存在空间上的冗余,空间冗余方法正是通过消除节点间感知数据的空间冗余来实现数据压缩的。空间冗余算法的研究对象为无线传感器网络中的所有节点,通常将无线传感器网络中的节点多个簇来研究,其研究内容是多个相邻节点的感知数据的压缩融合,根据不同的应用领域采用不同的压缩方案。如 Lunjun Jia 和 Guevara Noubir 提出的 GIST(Group-Independent Spanning Tree)算法、Pattem Sundeep 和 Krishnam Bhaskar 提出的无线传感器网络中数据空间冗余的路径选择压缩算法等。

(3) 消除时空冗余方法

以上两种方法都只考虑在时间相关性或者空间相关性单个方面来对感知数据进行压缩,而没有同时考虑感知数据的时空相关性。由于无线传感器网络节点会不断地向簇头或者基站发送感知信息,节点采集的数据不仅在相邻的时刻具有时间相关性,而且相邻节点采集的数据同时具有空间相关性,因此,无线传感器网络的节点感知数据既存在时间冗余,也存在空间冗余,时空冗余方法就是综合考虑了消除感知数据的时间冗余和空间冗余来实现数据的压缩的。和消除空间冗余方法类似,消除时空冗余算法的研究对象是无线传感器网络中的所有节点,也是将无线传感器网络划分成多个簇来研究。不同的是,消除时空冗余方法需要先消除簇内节点的时间冗余,然后再消除簇间节点的空间冗余。如 Deepak Ganesan 和 Deborah Estrin 等人提出 DIMENSIONS 算法,该算法通过小波变换在节点内部消除感知数据的时间冗余后,在分层的网络拓扑结构中再消除感知数据的空间冗余。算法的优点在于可以通过多分辨率提取数据的特征,因而可以根据实际需要获取不同精度的数据;算法的不足之处在于需要对数据进行多次小波变换,算法的复杂度较高,同时对节点的计算能力以及存储容量的要求也较高。周四望与林亚平等人提出基于环模型的分布式时空小波数据压缩算法,该算法以小波为基本工具,设计出了适合任意支撑长度的小波变换环模型,在此模型的基础上同时消除了感知数据的时空相关性,但该算法对感知数据组成的矩阵进行行列小波变换,使得算法的复杂度相当大,特别是对于浮点形式的原始数据的处理上,算法性能会大打折扣。

作为一种新型的无线网络,无线传感器网络具有极高的理论价值和广阔的应用前景。特别是近年来,无线传感器网络已经广泛地应用在军事、环境监测、工业、医疗等方面。正是由于无线传感器网络具有广阔的应用前景,因此又给无线传感器网络的理论研究带来了更多的研究热点。由于无线传感器网络中的节点是分布在不同的地理位置上的,节点的基本功能是对监测区域的信息进行收集并汇报,然而节点的电池能量、存储容量、处理能力以及通信带宽等资源又是十分有限的,如何在保证网络能量效率的前提下将多份感知数据或信息进行处理,组合出更加有效、更加能符合用户所要求的监测结果,这是一个比较有价值的研究方向,恰好数据压缩是实现此目标的重要手段,于是研究无线传感器网络中的数据压缩关键技术就显得尤为重要。

3.4.3 数据融合处理技术

物联网的蓬勃发展,使信息的收集变得更加全面,更加智能,更加深入。然而,要是缺乏有效的手段对信息进行稳定的存储、高效的组织、便捷的查询,则相当于望"数据的海洋"而兴叹。幸运的是,数据库系统作为一项有着半个世纪历史的数据处理技术,仍可在物联网中大展拳脚,为物联网的广泛运用提供基石。同时,结合物联网应用提出的新要求,数据融合技术也在进行不断的更新,发展出新的方向,伴随着物联网成长。

1. 数据库与物联网

物联网的出现是继计算机和互联网之后社会变得更加智能化的标志:在历史上,人们需要人工去采集信息,然后同样以人工方式对信息进行处理,用文字或者口耳相传的方式对信息进行传播;计算机以及互联网的出现,将人们从繁重的信息处理任务中解脱出来,实现了信息处理以及信息传播的自动化;而无线传感网络的出现,又更进一步地使得信息采集的过程也变得自动化,促使人类社会向着更加智能化的方向演进。

无线传感网络的一个重要特点就是"以数据为中心"。用户并不关心城市交通感知网络的传感器是怎样安放,网络怎样组织,网络错误怎样处理,相反,用户关注的核心是传感器所感知到的数据,以及这些数据背后所反映的信息。如用户想知道"某地点停车场是否还有车位","某路段是否堵车"等。

数据库技术在无线传感器网络的重要性就体现在如何管理网络中产生的数据,包括:怎样存储传感器产生的海量数据,融合异构环境下的数据;怎样处理查询返回相应结果;怎样消除查询结果中的数据冗余性和不确定性。

物联网数据库的特点:

(1) 海量性,由于传感器数量和类型众多且每时每刻发送数据,产生的数据量会惊人的大。

(2) 多态性,物联网的应用包罗万象,物联网中的数据令人眼花缭乱、环境监测传感包含温度、湿度、光照度、风力、二氧化碳等气体浓度;多媒体传感网中包含视频、音频等多媒体数据。数据的多态性将带来数据处理的复杂性:不同的网络导致数据具有不同的格式;不同的设备导致数据具有不同的精度;不同的测量时间和测量条件导致数据的动态性。

(3) 关联性及语义性,物联网中的数据绝对不是独立的。描述同一个实体的数据在时间上具有关联性;描述不同实体的数据在空间上具有关联性;描述实体的不同维度之间也具有关联性。不同的关联性组合会产生丰富的语义。

2. 物联网中数据融合相关技术[39]

(1) 存储技术

根据传感网中传感器的计算能力有限、存储容量有限、电池能量紧缺、通信能耗高的特点,传感网的数据存储可以分为分布式存储与集中式存储。

分布式存储(如图 3-36 所示),就是将数据先分散存储在多台独立的设备(有存储能力的传感器或存储分支服务器)上,需要发送或查询时再将数据传回数据汇聚点。集中式存储不同于分布式存储的是,网络中不存在存储节点,所有的数据都被发送回数据汇聚点,查询时不涉及网络。分布式存储的优点在于将数据存储在节点上能够减少不必要的数据传输。但是,该方法在长时间的部署任务中产生的数据量可能会远大于其存储量,或者传感器发生了故障导致数据丢失,这些都会对网络的可靠性造成影响。

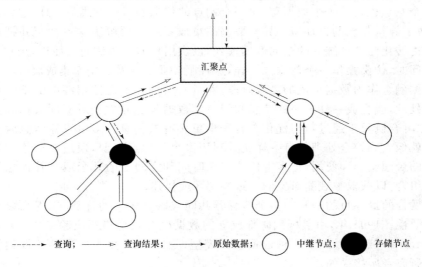

图 3-36　分布式存储

集中式存储(如图 3-37 所示)的好处是所有汇聚来的数据都将长久保存,减少了数据的缺失,同时网关不需要将收到的查询分发到网络中去,直接操作本地数据库即可。但其缺点是,部分传感网络由于其多条特性,传回一个数据包就需要若干传感器的通力合作,这就造成了这条链路上的传感器的能量损耗。

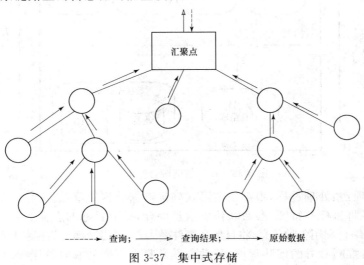

图 3-37　集中式存储

（2）传感网中的融合技术与数据集成[40]

无传感器网络中存在着的各种数据源,如结构化的关系数据库和面向对象数据源、半结构化的 HTML/XML、无结构文本、文档数据源及多媒体数据等,这些数据源结构不同,语义各异,它们之间可能存在着各种差异和冲突。从数据库应用的角度来看互联网络上的每一个站点也是一个个数据源,每一个站点的信息和组织方式不一样,它们都是异构的,也构成了异构数据的大环境。异构数据的集成系统需要解决这些冲突并把这些异构数据源最终转化为一种统一的全局数据模式,以供用户的透明访问和使用,用户在对数据源进行访问时,仿佛操作一个数据源一样,这种服务通常称做数据库集成服务。

而数据融合作为数据集成的高级阶段,着重于对存在不同数据源中的不一致的数据进行分析处理,融合成一种统一的信息知识体。数据集成侧重于对不同数据源数据的集合,而数据融合侧重于通过数据优化组合导出更多有效信息。多传感器信息融合技术的基本原理就像人脑综合处理信息一样充分利用多个传感器资源,通过对这些传感器及其观测信息的合理支配和使用,把多个传感器在时间和空间上的冗余或互补信息依据某种准则进行组合,以获取被观测对象的一致性解释或描述。

数据融合的最终目的是利用多个传感器共同或联合操作的优势,来提高多个传感器系统的有效性。1991 年,由美国国防部成立的数据融合联合指挥实验室(Joint Directors of Laboratories,JDL)提出了一种数据融合模型(如图 3-38 所示),这种数据融合模型是被大多数研究者所接受的。

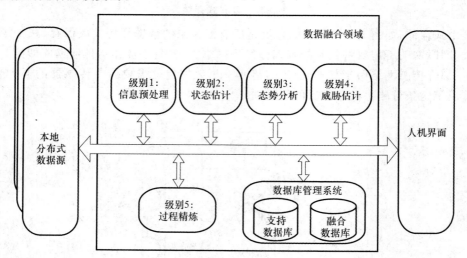

图 3-38　JDL 数据融合基本模型

信息预处理:预处理过程,根据当前形式确定数据处理的重点。

状态估计:将目标的特征、参数和位置信息综合,提取目标的表征。

态势分析:综合利用各种信息,将目标和事件融入背景描述,确立目标各自的含义和联系。

威胁估计:推断敌方的威胁程度、行动方案及我方可能采取的最佳行动方案。

过程优化:不断地修正上述估计,评价是否需要其他信息补充,是否需要修改处理过程本身的算法等来获得更加精确可靠的结果。

目前为止,由于各融合系统的细节不一致,还没有一个理想的传感器模型框架存在。但一些方案暂且能满足一些功能上的需求,如 Scene Gen 工具、MRS 工具、FLAMES 系统等。关于数据融合的算法,目前有概率论方法、人工智能方法两大类方法,其他还有一些方式,不属于这两大类的方式,如马尔科夫方法等。人工智能方法有不确定推论方法,模糊理论以及神经网络等。物联网业务平台中对传感器数据融合处理应该选择一种合适并高效的融合算法,提供一致的数据融合结构、模式和实现方案。融合算法的分类及比较如图 3-39 和表 3-7 所示。

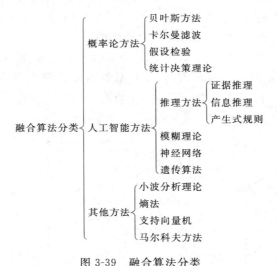

图 3-39　融合算法分类

表 3-7　融合算法比较

融合算法	优点	缺点	适用范围
概率论方法	简洁,计算量小	(a)存在多种假设和条件限制,如需给定先验概率等; (b)不能区分不确定和不知道的信息	处理随机信息;适用于融合的各个层次
推理方法	能区分不确定和不知道信息	运算复杂度高	适用于融合的较高层次
模糊方法	可解决信息或决策冲突问题	运算复杂度高	处理模糊信息;适用于融合的较高层次
神经网络	(a)自适应学习能力强 (b)高速并行运算能力	寻找全局最优解比较困难	适用于融合的较高层次

数据集成及融合的研究目的是针对分布异构的信息系统中的数据信息进行抽取、转换、合并与融合，建立一个稳定的集成环境，为用户提供统一信息存取接口。而随着物联网的发展，对海量数据造成的信息冗余要进行及时的处理，因此，传感网数据集成及业务融合面临着非常严峻的问题。如果不能将异构数据源中的数据进行完整性、正确性、实时性处理，对于冗余信息不仅仅浪费了大量传感器资源，还会降低网络运行速度，造成信息的堵塞，准确性差，用户多样性需求得不到满足等问题，不利于物联网应用的普及。

单个传感器产生的数据可看做数据流。无线传感器网络中的数据流与互联网很大的不同是，在互联网中，数据流是从丰富的网络资源流向终端设备；而在无线感知网络中，数据流是从终端设备即传感器流向网络。数据融合，即怎样从网络中无数的数据流中筛选出感兴趣的数据，也是无线传感器网络跨向大规模应用所必须越过的障碍。为此，数据流管理系统（DSMS）的思想被提出，用以处理多数据流。

图 3-40 展示了无线传感网络中数据流管理系统的基本框架。传感器收集的数据作为数据源被传送到 DSMS 中来；DSMS 将这些数据或者存储在传感器端，或者存储在网关端；连续查询常驻于 DAMS 内部，一直在被执行；快速查询被用户以 Ad Hoc 方式发出，在 DSMS 中执行后返回。

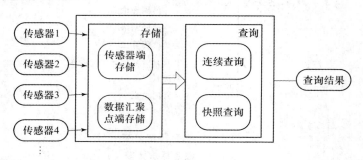

图 3-40　数据流管理系统

（3）融合技术在数据集成中的应用

结合融合技术的数据集成体系框架如图 3-41 所示。数据集成层的主要作用是解决如何从分布式异构数据源提取数据及数据格式转换问题。融合层的输入来自于数据集成层返回的结果，运用领域知识和融合规则对数据集成的结果信息进行分析、整合，得到融合结果，方便用户决策。本章重点研究融合方法应用，不具体讨论数据集成过程，因此，假设异构数据源在语法、语义级的异构已经在集成过程中得到了初步解决，那么数据在表达形式上达到初步的一致。

数据集成层的作用是解决模式级的异构问题，使数据的表达形式得到初步的统一，例如，"日期"、"性别"等同一种类型的数据要用统一的格式表示；不符合约束条件的字段值要改正等。由于 XML 语义表达能力的缺陷，本文未采用 XML 作为统一的数据交换格式,而是将移动代理获得的结果集,按照语义元数据中的定义转化为使用资源描述框架 (RDF)描述的本体实例(Ontology instances)输出。

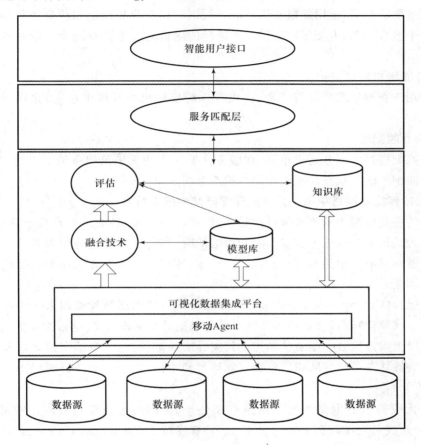

图 3-41　结合融合技术的数据集成体系框架

① 数据层

企业数据库可能是典型的关系型数据库系统,也可能是 Web 数据、XML 文件、文本文件等半结构化的数据存储系统。在企业内部的数据库系统,既包含大量的历史遗留数据,也包含实时反映企业当前运行情况的数据。由于开发时期和开发环境的不同,导致大量数据是异构的。

② 数据集成层

基于中间件、Agent 等技术,主要管理数据服务单元(Data ServiceUnit,DSU)生成与发布任务,接收服务匹配层输出的服务执行指令,指派移动代理(Agent)辅助执行 DSU

服务任务并返回数据结果。

③ 融合层

对信息集成结果，运用领域知识和融合规则对信息集成的结果信息进行整合、分析，以得到一个融合结果，方便用户决策。所进行的融合对应于信息融合中的特征层和决策层融合。

④ 智能用户接口层

接收用户查询请求并进行处理，向服务匹配层输出服务请求单元，并期望返回查询结果。

⑤ 服务匹配层

服务匹配层接收服务请求单元，在服务注册库中搜索满足服务请求条件的 DSU（即执行服务匹配），输出执行匹配成功的数据服务指令。

3. 无线传感器网络中基于分布式压缩感知的融合技术

无线传感器网络中的节点数目比较多，资源比较有限，各组成节点具有同构性，因此如何利用无线传感器网络中节点间感知数据的时空相关性，通过能量有效的方式来满足无线传感器网络应用中的 QoS（服务质量）要求，这就是基于分布式压缩感知的融合技术要解决的问题[38]。

压缩感知（Compressed Sensing，CS）理论是近些年来逐渐发展起来一种新型的数据融合理论。该理论指出，只要信号能够在某些基上进行稀疏表达，通过少量的随机线性观测值就可以重构该信号。压缩感知凭借其优异的压缩性能、非自适应编码以及编码解码相互独立的特性在通信领域和信号处理领域得到了广泛关注，如今已经成为了国内外研究的热点。

由于无线传感器网络中的节点是密集分布的，同时节点是具有一定存储能力的，因此研究无线传感器网络中的分布式压缩感知（Distributed Compressed Sensing，DCS）模型与算法来进一步利用无线传感器网络中节点间感知数据的空间或时间相关性。

DCS 理论的建立基础是一个被称为信号群的"联合稀疏模型"（Jointly Sparse Models，JSM）概念。DCS 理论指出，如果多个信号都能在同一个基上稀疏表达，而且这些信号之间是相关的，那么每一个信号都可以利用另一个与之不相关的基（如一个随机矩阵）来对信息进行观测和编码，从而得到远远少于原始信号长度的编码，传感器节点将编码后的含有少量数据的测量值传送到解码端，解码端在满足适当的联合稀疏模型下就可以利用接收到的少量观测值精确地恢复出无线传感器网络中的每一个信号。

在 JSM 模型中，如果多个信号都在同一个稀疏域下稀疏，并且这些信号具有相关性，那么每个信号都能够通过利用另一个不相关基（例如一个随机矩阵）进行观测和编码，得到远少于信号长度的编码。将每个编码后的少量数据传输到解码端，那么在适当的条件下,解码端利用接收到的少量数据就能够精确重建每一个信号。

　　由图 3-42 可以看出,无线传感器网络中监控区域的事件源 S 通过触发分布在事件区域的节点并获得节点的信息数据,由于无线传感器网络中的节点是密集分布的,S_i 之间以及 S_i 和 S 之间在空间上存在着不同程度的相关性,因此,在满足失真度的前提下,通过确定时间区域的范围,并利用无线传感器网络中节点间感知数据的空间相关性对数据进行压缩和重构,在资源受限的无线传感器网络中具有非常重要的意义。

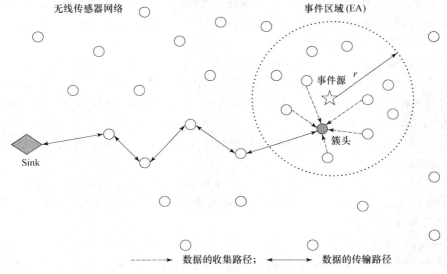

图 3-42　无线传感器网络中基于空间相关性的 DCS 场景图

3.5　混合网、异构网与移动性

　　网络是物联网最重要的基础设施之一。网络的构建在物联网层次模型中连接感知识别层和管理服务层,具有强大的纽带作用,高效、稳定、及时、安全地传输网络上下层的数据。本章重点介绍现阶段与物联网相关的各种通信网络的形式(包括移动通信网络、短距离无线网络、互联网等),这些不同类型的网络形式的共存共同构成了物联网所在的混合、异构的网络环境。

3.5.1　移动混合网络形式概述

1. 移动通信网络

　　第三代移动通信系统(简称 3G)是一种能提供多种类型的、高质量的多媒体业务,能实现全球无缝覆盖,具有全球漫游能力,与固定网络相兼容,并以小型便携式终端在任何时候、任何地点进行任何种类通信的通信系统[41]。

IMT-2000(international mobile telecommunications)是第三代移动通信系统的统称,3G(the Third Generation)是业界对第三代移动通信系统的简称。IMT-2000 系统使用 2 000 MHz 附近的统一频段。第三代移动通信系统的主要特点如下:

(1) 全球漫游,用户能够以低成本的多模终端在整个系统和全球实现无缝漫游。

(2) 在不同速率、不同运动状态下获得有质量保证的服务,在静止状态下系统的数据传输速率可达 2 Mbit/s,高速运动状态下的数据传输速率可达 144 kbit/s。

(3) 提供多种业务,如高质量话音、可变速率的数据、高分辨率的图像和多媒体业务等。

(4) 具有较高的频谱利用率和较大的系统容量,为此,系统需要拥有强大的多用户管理能力、高保密性能和服务质量。

(5) 能后向兼容第二代移动通信系统,实现第二代移动通信到第三代移动通信的平滑过渡。

目前国际上最具代表性的第三代移动通信技术标准有三种,它们分别是WCDMA、CDMA 2000 和 TD-SCDMA。其中 WCDMA 和 TD-SCDMA 标准由 3GPP 标准化组织负责制定,CDMA 2000 由 3GPP2 标准化组织负责制定。WCDMA 和 CDMA 2000 采用频分双工(FDD)模式,而 TD-SCDMA 采用时分双工(TDD)模式。如表 3-8 所示为三种 3G 技术标准的对比。

WCDMA 是宽带码分多址接入技术(Wideband Code Division Multiple Access)的英文缩写,该技术规范是基于 GSM 网络发展而来的,可以通过 GSM—GPRS—EDGE—WCDMA实现平滑演进。

CDMA 2000 是码分多址接入技术(Code Division Multiple Access)的英文缩写,该技术规范是由 IS-95 技术发展而来的第三代 CDMA 技术,可通过 IS-95—CDMA1X—CDMA2000 实现平滑演进。

TD-SCDMA 是时分同步码分多址接入技术(Time Division-Synchronous Code Division Multiple Access)的英文缩写。2001 年 3 月 16 日,在美国加里福尼亚州举行的 3GPP TSG RAN 第 11 次全会上,正式将 TD-SCDMA 列为第三代移动通信系统标准之一,包含在 3GPP R4 中。TD-SCDMA 属于中国自主研发的国际通信规范。

表 3-8　3G 技术标准的对比

	WCDMA	CDMA 2000	TD-SCDMA
核心网	基于 GSM-MAP	基于 ANSI-41	基于 GSM-MAP
双工方式	FDD	FDD	TDD
双向信道带宽	10 MHz	2.5 MHz	1.6 MHz
码片速率	3.84 Mcps	1.2288 Mcps	1.28 Mcps
帧长	10 ms	可变	10 ms(分两个 5 ms 子帧)
基站同步	异步(同步可选)	同步	同步
功率控制	开环+快速闭环1 500 Hz	开环+快速闭环 800 Hz	开环+慢速闭环 200 Hz

续　表

	WCDMA	CDMA 2000	TD-SCDMA
系统覆盖	在相同频段上,WCDMA 的覆盖范围同 CDMA 2000 相似	同 WCDMA	在相同频段上,TD-SCDMA 覆盖范围最差
业务特征	适合于对称业务,如语音、交互式实时数据业务,支持非对称业务	同 WCDMA	尤其适合于非对称数据业务,如 Internet 下载
适用场景	适合各种蜂窝组网制式,适合城区、郊县和乡村	同 WCDMA	适合城区组网
标准演进	R99、R4、R5 和 R6 已经冻结,R7 和 R8 正在制定中	CDMA 2000 第一阶段称 CDMA 2000 1x,版本包括 Rel.0,Rel.A 和 Rel.B 更高技术版本称为 CDMA2000 1xEV,包括 CDMA2000 1xEV-DO 和 CDMA2000 1xEV-DV	TD-SCDMA 标准由 3GPP 组织制定,目前采用中国无线通信标准组织 TSM(TD-SC-DMA over GSM)标准
设备成熟度	随着越来越多的 GSM 运营商选择 WCDMA 系统作为演进目标,WCDMA 系统设备和终端发展速度最快	CDMA2000 发展得较早,因此系统设备和终端设备比其他两种标准更成熟	与其他两种标准相比,系统和终端设备的成熟度落后
商用范围	主要集中在亚洲(日韩)和欧洲	主要集中在美国、日韩	暂无商用网络
知识产权保护	最主要的由爱立信、诺基亚、高通、西门子、DoCoMo 公司拥有	绝大部分核心专利都由高通公司拥有	核心专利主要集中在大唐、西门子和高通手中,大唐电信的专利集中在空中接口物理层面上

　　移动通信技术是在不断演进的,它最大的特点就是数据传输的速率越来越高。例如,第三代移动通信技术,国际电信联盟对 3G 速率的最低要求是 384 kbit/s,CDMA2000,WCDMA,TD-SCDMA 等 3G 标准都不低于这一速率。在这个基础上,电信的技术组织提出了 LTE,而真正的 4G 可能是在 LTE 基础上更进一步的发展。目前已经有 6 个提案入围 4G 备选标准,我国提出的 TD-LTE Advanced 也是备选方案之一。

　　3G 与 4G 技术,使得通信网络的数据传输速度有了极大的提高,随时享受高速带宽网络的梦想将向现实更走进一步。通信会从简单的打电话、发短信,过渡到许多更加丰富的应用。4G 手机不但支持高速度的网络,它还会支持更加强大的身份识别、定位和电子支付的功能,它会对于不同的用户,开发有针对性的应用。一方面,手机功能会更加强大,另一方面,很多日常生活用品可能会被赋予通信功能,如通过向手表、眼镜、化妆盒等植入通信和多媒体芯片,使其具有通信的功能。

2. 中短距离无线通信网络

在各种远距离无线通信技术飞速发展的同时,短距离无线通信技术也逐步得到发展。

(1) 蓝牙[42,43]

蓝牙是一种无线数据与语音通信的开放性全球规范,其实质内容是为固定设备或移动设备之间的通信环境建立通用的短距离无线接口。

蓝牙技术主要特点:

① 蓝牙工作在全球开放的 2.4 GHz ISM 频段。频率范围为 2.4~2.4835 GHz。

② 使用跳频频谱扩展和时分多址技术,把频带分成若干个跳频信道,在一次连接中,无线电收发器按一定的码序列不断地从一个信道"跳"到另一个信道。79 个信道,1 600 跳/秒。

③ 数据传输速率可达 1 Mbit/s。

④ 低功耗、通信安全性好。四种工作模式:激活(Active)模式、呼吸(Sniff)模式、保持(Hold)模式和休眠(Park)模式。在链路层中,蓝牙,系统使用认证、加密和密钥管理等功能进行安全控制。在应用层中,用户可以使用个人标识码(PIN)来进行单双向认证。

⑤ 在有效范围内可越过障碍物进行连接,没有特别的通信视角和方向要求。

⑥ 组网简单方便。采用"即插即用"的概念,嵌入蓝牙技术的设备一旦搜索到另一蓝牙设备,马上就可以建立连接,传输数据。

⑦ 蓝牙技术具有电路交换和分组交换两种数据传输类型,能够同时支持语音业务和数据业务的传输。

(2) WLAN

WLAN 是一种借助无线技术取代以往有线信道方式构成计算机局域网的手段,以解决有线方式不易实现的计算机的可移动性,使其应用更加不受空间限制。技术标准包IEEE- 802.11系列(如表 3-9 所示)和欧洲的 HiperLAN 系列。

表 3-9　WLAN 802.11 系列标准

标准	IEEE 802.11	IEEE 802.11b	IEEE 802.11a	IEEE 802.11g
使用频带	2.4 GHz	2.4 GHz	5 GHz	2.4 GHz
传输速率	2 Mbit/s	11 Mbit/s	54 Mbit/s	54 Mbit/s
扩频技术	DSSS/FHSS	DSSS	FHSS	FHSS
调制技术	BPSK/QPSK	BPSK/QPSK	OFDM	OFDM
传输距离	100 m	100 m	50 m	100 m
标准制定时间	1997 年	1999 年	2001 年	2003 年

Wi-Fi 最具潜力的应用主要是在 SOHO、家庭无线网络以及不便安装电缆的建筑物

或场所。凭借这些优点,Wi-Fi 已成为目前最为流行的笔记本式计算机无线上网技术。

（3）IrDA（红外数据协会）技术

IrDA 技术是一种利用红外线进行点对点通信的技术。目前它的软硬件技术都很成熟,在小型移动设备(如 PDA、手机)上广泛使用。事实上,当今每一个出厂的 PDA 及许多手机、笔记本式计算机、打印机等产品都支持 IrDA 技术。

IrDA 的主要优点是无须申请频率的使用权,因而红外通信成本低廉。它还具有移动通信所需的体积小、功耗低、连接方便、简单易用的特点;由于数据传输率较高,因而适于传输大容量的文件和多媒体数据。此外,红外线发射角度较小,传输安全性高。

IrDA 的不足在于它是一种视距传输,两个相互通信的设备之间必须对准,中间不能被其他物体阻隔,因而该技术只能用于两台(非多台)设备之间的连接。IrDA 目前的研究方向是如何解决视距传输问题及提高数据传输率。

（4）ZigBee

ZigBee 技术是一种近距离、低复杂度、低功耗、低数据速率、低成本的双向无线通信技术,主要适合于自动控制和远程控制领域,可以嵌入各种设备中,同时支持地理定位功能。

ZigBee 技术特点:

① 低功耗。在低耗电待机模式下 2 节 5 号干电池可支持 1 个节点工作 6~24 个月,甚至更长。这是 ZigBee 的突出优势。相比之下蓝牙只可以工作数周,Wi-Fi 只可以工作数小时。

② 低成本。通过大幅简化协议使成本很低(不足蓝牙的 1/10),降低了对通信控制器的要求。按预测分析,以 80C51 的 8 位微控制器测算,全功能的主节点需要 32 KB 代码,子功能节点少至 4 KB 代码,而且 ZigBee 的协议专利免费。

③ 低速率。ZigBee 工作在 250 kbit/s 的通信速率,满足低速率传输数据的应用需求。

④ 近距离。传输范围一般在 10~100 m 之间,在增加 RF(Radio Frequency)发射功率后,也可增加到 1~3 km。这指的是相邻节点间的距离。如果通过路由和节点间通信的接力,传输距离将可以更远。

⑤ 短时延。ZigBee 的响应速度较快,一般从睡眠转入工作状态只需 15 ms,节点接入网络只需 30 ms,进一步节省了电能。相比较,蓝牙需要 3~10 s,Wi-Fi 需要 3 s。

⑥ 高容量。ZigBee 可采用星状、片状和网状网络结构,由一个主节点管理若干子节点,最多一个主节点可管理 254 个子节点;同时主节点还可由上一层网络节点管理,最多可组成 65 000 个节点的入网。

⑦ 高安全。ZigBee 提供了三级安全模式,包括无安全设定、使用接入控制列表(Access Control List,ACL),防止非法获取数据以及采用高级加密标准(AES128)的对称密码,以灵活确定其安全属性。

⑧ 免执照频段。采用直接序列扩频在工业科学医疗 2.4 GHz 频段。

(5) Ad Hoc

无线自组织网络(Ad Hoc Network)是由一组带有无线通信收发装置的移动终端节点组成的一个多跳临时性无中心网络,可以在任何时刻、任何地点快速构建起一个移动通信网络,并且不需要现有信息基础网络设施的支持,网络中的每个终端可以自由移动,地位相等,而且具有分组转发能力。也称为多跳无线网(Multi-hop Wireless Network)。

Ad Hoc 网络的特点:

① 网络的独立性。Ad Hoc 网络相对常规通信网络而言,最大的区别就是可以在任何时刻、任何地点不需要硬件基础网络设施的支持,快速构建起一个移动通信网络。它的建立不依赖于现有的网络通信设施,具有一定的独立性。Ad Hoc 网络的这种特点很适合灾难救助、偏远地区通信等应用。

② 动态变化的网络拓扑结构。在 Ad Hoc 网络中,移动主机可以在网中随意移动。主机的移动会导致主机之间的链路增加或消失,主机之间的关系不断发生变化。在自组网中,主机可能同时还是路由器,因此,移动会使网络拓扑结构不断发生变化,而且变化的方式和速度都是不可预测的。对于常规网络而言,网络拓扑结构则相对较为稳定。

③ 有限的无线通信带宽。在 Ad Hoc 网络中没有有线基础设施的支持,因此,主机之间的通信均通过无线传输来完成。由于无线信道本身的物理特性,它提供的网络带宽相对有线信道要低得多。除此以外,考虑到竞争共享无线信道产生的碰撞、信号衰减、噪声干扰等多种因素,移动终端可得到的实际带宽远远小于理论中的最大带宽值。

④ 有限的主机能源。在 Ad Hoc 网络中,主机均是一些移动设备,如 PDA、便携计算机或掌上电脑。由于主机可能处在不停的移动状态下,主机的能源主要由电池提供,因此 Ad Hoc 网络有能源有限的特点。

⑤ 网络的分布式特性。在 Ad Hoc 网络中没有中心控制节点,主机通过分布式协议互联。一旦网络的某个或某些节点发生故障,其余的节点仍然能够正常工作。

⑥ 生存周期短。Ad Hoc 网络主要用于临时的通信需求,相对于有线网络,它的生存时间一般比较短。

⑦ 有限的物理安全。移动网络通常比固定网络更容易受到物理安全攻击,易于遭受窃听、欺骗和拒绝服务等攻击。现有的链路安全技术有些已应用于无线网络中来减小安全攻击。不过 Ad Hoc 网络的分布式特性相对于集中式的网络具有一定的抗毁性。

由于无线通信和终端技术的不断发展,Ad Hoc 网络在民用环境下也得到了发展,如需要在没有有线基础设施的地区进行临时通信时,可以很方便地通过搭建 Ad Hoc 网络实现。如紧急和突发场合、偏远野外地区、临时场合、个人通信等场合。

3. 异构无线 Mesh 网络概述

无线 Mesh 网(WMNs)是一种动态自组织和自配置网络,网络中的所有节点自动建立一个 Ad Hoc 网络并维护网络的连通性。无线 Mesh 网包含了两种类型的节点:Mesh路由器和 Mesh 客户端。Mesh 路由器除了具有传统无线路由器所具有的网关/网桥功能外,还包括额外的路由功能以支持 Mesh 网。通过多跳通信,Mesh 路由器可以以相对较低的发射功率实现相同的覆盖范围。为了进一步提高 Mesh 网的灵活性,Mesh 路由器通常具有以相同或不同无线接入技术实现的多个无线接口。尽管具有这些差异,Mesh 路由器和传统的无线路由器通常是建立在相同的硬件平台上[44]。

　　Mesh 路由器具有最小的移动性,并形成骨干网供 Mesh 客户端接入。因此,尽管 Mesh 客户端也可以作为 Mesh 网的路由器来工作,但它们的硬件和软件平台要比 Mesh 路由器简单得多。例如,用于 Mesh 客户端的通信协议可以是轻分量的,Mesh 客户端中并不存在网关或网桥的功能,而只需要单一的无线接口,等等。

　　在 Mesh 网中除了 Mesh 路由器和 Mesh 客户端外,Mesh 路由器中的网关/网桥功能可以使无线 Mesh 网与其他网络集成。传统的具有无线接口卡(NICs)的节点可以直接通过 Mesh 路由器接入到无线 Mesh 网。没有无线 NICs 的客户端可以通过以太网等来连接到 Mesh 路由器以接入无线 Mesh 网。因此,无线 Mesh 网将极大地有助于用户随时随地保持在线。

　　无线 Mesh 网的网络结构可以被分为三类。

　　(1) 基础设施/骨干 WMNs

　　在这种结构中,Mesh 路由器为客户端形成一个基础设施网,如图 3-43 所示,其中虚线和实线分别表示无线和有线链路。除了通常所采用的 IEEE 802.11 技术外,基础设施/骨干 WMNs 还可以通过多种类型的无线电技术来搭建。Mesh 路由器之间形成一个具有自配置自愈链路的 Mesh 网。通过使用网关功能,Mesh 路由器可以连接到 Internet 上。这种方法也被称做"基础设施 Mesh 化",为传统的客户端提供一个骨干网,并通过网关/网桥的功能使得 WMNs 可以与其他现有网络进行集成。带有以太网接口的传统客户端可以通过一条链路连接到 Mesh 路由器。对于与 Mesh 路由器采用相同无线电技术的传统客户端,它们可以直接和 Mesh 路由器通信。如果两者采用的是不同的无线电技术,则客户端必须与基站通信,基站再通过以太网连接到 Mesh 路由器。

　　(2) 客户端 WMNs

　　客户端 Mesh 化提供了客户端设备间的一种对等网络。在这种类型的结构中,客户端节点组成实际的网络,实现路由和配置功能,同时为客户提供终端用户应用。因此,Mesh 路由器在这类网络中并不是必需的。客户端 WMNs 通常在终端设备上采用同一种无线电技术来组网,因此客户端 WMNs 通常与传统的 Ad Hoc 网络相同。但是,由于终端用户必须实现额外的功能如路由和自配置,与基础设施 Mesh 化相比,客户端 WMNs 提高了对终端用户设备的要求。

　　(3) 混合 WMNs

　　这类结构结合了基础设施和客户端 Mesh 化,如图 3-44 所示。Mesh 客户端既可以直接通过与其他 Mesh 客户端的 Mesh 连接直接接入网络,也可以通过 Mesh 路由器接入网络。混合 WMNs 中的基础设施网提供了到其他网络的连接,例如 Internet、Wi-Fi、

WiMAX、蜂窝网,以及传感器网络等,而客户端所具有的路由能力则提高了 WMNs 中的覆盖性和连通性。

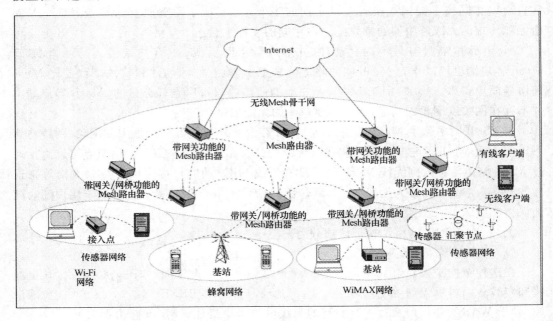

图 3-43　无线 Mesh 网的基础设施/骨干网

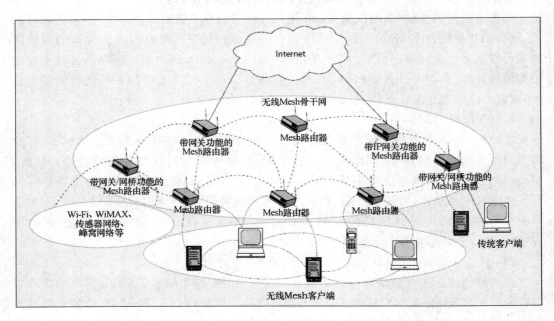

图 3-44　混合结构的无线 Mesh 网

由于混合结构包含了无线 Mesh 网的所有优点,因此下面提到的无线 Mesh 网指的是混合结构的无线 Mesh 网,其主要特点如下:

(1) 无线 Mesh 网支持 Ad Hoc 网络,并且具备自形成,自愈和自组织能力。

(2) 无线 Mesh 网是多跳的无线网络,但是需要通过 Mesh 路由器提供基础设备/骨干网。

(3) Mesh 路由器具有较小的移动性,主要实现路由和自配置功能,可以有效减少网络客户端和其他端节点的负担。

(4) 通过基础设施可以较容易地提供端节点的移动性支持。

(5) Mesh 路由器集成了不同类型的网络,包括有线和无线网络。因此,多种类型的网络接入共存于无线 Mesh 网。

(6) 无线 Mesh 网路由器和 Mesh 客户端的功率消耗约束不同。

(7) 无线 Mesh 网并不是独立存在的,需要与其他无线网络兼容,并能互操作。

因此,无线 Mesh 网并不是另一种形式的 Ad Hoc 网络,而是 Ad Hoc 网络功能的扩展。这就为无线 Mesh 网带来了很多的优点,例如,低连接成本、简单的网络维护、健壮性、可靠的服务覆盖,等等。故而,无线 Mesh 网除了被传统的 Ad Hoc 网络应用方面所广泛接受外,还在其他许多应用中被快速商业化,如宽带家庭网络、社区网络、建筑物自动控制、高速城域网以及企业网等。

到目前为止,一些公司已经实现了这一技术并提供无线 Mesh 网产品。在一些大学的研究实验室里已经建立了测试床。但是,要使无线 Mesh 网尽可能完善,还需要大量的研究工作。例如,已有的 MAC 协议和路由协议还不适用于大规模网络;随着网络节点数目以及通信跳数的增多,网络吞吐量显著下降。因此,需要加强无线 Mesh 网中现有的协议或重新设计新的协议。有些学者已经开始从无线 Mesh 网的角度重新研究已有的无线网络的协议设计,特别是 IEEE 802.11 网络、Ad Hoc 网络,以及无线传感器网络。工业标准小组,像 IEEE 802.11,IEEE 802.15 以及 IEEE 802.16,正在积极地为无线 Mesh 网定制新的规范。

尽管无线 Mesh 网可以在现有的技术基础上进行组建,现有的无线 Mesh 网方面的试验和实验证明,无线 Mesh 网的性能还远远达不到期望的要求。像文中多处指出的那样,这一领域还有许多需要研究的问题。其中,可扩展性和安全性问题是最重要和最迫切的问题。

① 可扩展性。从现有的 MAC 协议、路由协议及传输层协议来看,网络性能无论是从网络中节点的数量或者节点的跳数来说,都不具有可扩展性。为了减轻这一问题,可以在每个节点上采用多信道/多无线电收发器,或者设计具有更高发射速率的无线电技术。但是,这些方法并没有真正加强无线 Mesh 网的可扩展性,因为,实际上并没有提高资源的利用率。因此,为了实现可扩展性,非常需要为无线 Mesh 网设计新的 MAC 协议、路由协议及传输层协议。

② 安全性。无线 Mesh 网在各个协议层都非常容易受到安全性攻击。当前的安全方案可能对某个特殊的协议层受到的特定攻击有效。但是,仍然需要一种全面的安全机制来抵御或反击在所有协议层上的攻击。

此外,无线 Mesh 网中必须具有自组织和自配置的特点。这就要求无线 Mesh 网中的协议必须是分布的和协作的。然而,当前的无线 Mesh 网只能部分地实现这一目标。由于在同一个 Mesh 路由器中实现多个无线接口及相应的网关/网桥功能还存在困难,当前无线 Mesh 网在集成不同的无线网络方面的能力还非常有限。

尽管还存在这些开放研究问题,无线 Mesh 网将会是最具前景的下一代无线组网技术之一。

3.5.2 异构融合的无线传感网络

以无线传感器网络、移动通信网络和计算机互联网络融合为典型代表的异构融合网络,代表了未来信息网络发展的主要方向。

1. 异构融合无线传感网络的体系结构

异构融合传感网络由无线传感器网络、手机移动网络和计算机网络融合互联组成,其体系结构如图 3-45 所示[45]。无线传感器网通过 Sink(汇聚)节点与移动网络和计算机网互连,同时,计算机网通过兼容的通信协议栈完成与移动网络的互连。在无线传感器网络中,Sink 节点类似于网关,它负责区域内数据的采集和融合,以及与其他异构网络之间数据的传输。

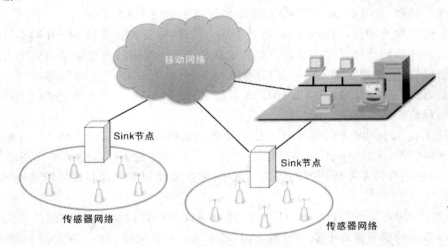

图 3-45　异构融合传感网络的体系结构

无线传感器网络依托 Sink 节点与其他异构网络通信时,Sink 节点的实现形式多种多样。图 3-46 给出了典型的通信模式:Sink 节点由功能强大的主板集成多个通信模块组成。UART 模块实现传感器网络的通信协议,GPRS 模块实现移动网络的通信协议,TCP/IP 模块实现计算机网络的通信协议。模块之间依靠 Sink 节点主板的主处理器完成协议转换。

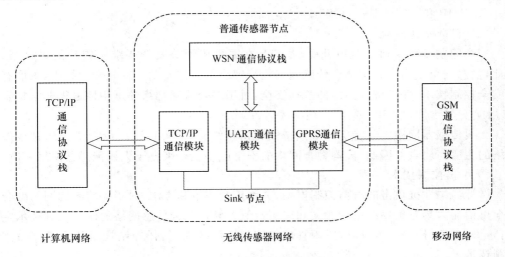

图 3-46　异构融合传感网络的典型通信模式

2. 异构融合无线传感网络的关键技术[46]

（1）融合技术

目前,异构融合传感网络的融合方式有很多,选取一个安全、可靠、稳定的融合模型,有助于提高网络连通的抗毁性,加强信息传输的可靠性,扩大网络的覆盖范围,增强网络的扩展性。典型的融合方式主要有:代理融合方式、延迟容忍模型、全 IP 方式和重叠模型等。

代理融合方式是在异构网络之间设置代理节点,通过代理点实现无线传感器网络协议和 TCP/IP 协议的相互转换。其优点在于,无线传感器网可以完全根据自身的特点设计相应的通信协议,模型也相对简单;缺点在于,网络存在薄弱环节,抗毁性能差,一旦代理节点出现故障,计算机网将无法与无线传感器网正常通信。

延时容忍模型是针对复杂的网络环境提出的。在恶劣的环境下,常用的融合网络并不能满足用户的需求。延迟容忍模型通过设立多个延迟容忍网关,利用其基于存储-转发的消息传递机制和协议栈顶层的 Bundle 层来暂存因网络环境恶劣而无法传输的数据,待网络环境转好再转发到目标端。其最大的缺点在于在现有的网络协议栈顶层部署 Bundle 层花费代价较大。

全 IP 方式是让无线传感器网络也支持 TCP/IP 协议,实现异构网络的无缝连接。其最大的优势在于,不同网络之间的互联不再需要经过网关进行协议转换或协议承载,网络具有更大的灵活性。缺点在于,传感器节点实现 TCP/IP 协议将大大消耗节点的能量,同时节点的存储能力和计算能力也面临着严峻的考验。

重叠模型是在异构网络采用不同协议栈的情况下，通过协议承载而不是协议转换来实现彼此之间的互联。无线传感器网与计算机网之间的重叠方式可细分为两种：WSN over TCP/IP 和 TCP/IP over WSN。

（2）安全控制技术

安全问题日益受到人们的重视，尤其是在军事应用等安全要求比较高的场合当中。因此，信息安全成为了异构融合传感网络亟待解决的关键问题。在融合网络中，采取有效的安全控制技术，保护融合网络的数据安全，对于融合传感网络的可用性显得非常重要。

① 安全威胁

无线传感器网络因其特殊的节点特性和拓扑结构，使得该网络成为了异构融合传感网络的主要脆弱点。因此，异构融合网络的安全威胁主要来自于无线传感器网络一侧。

② 可信控制技术

设计高柔性抗攻击的可信控制模型、关键控制技术和方法，对于提高异构网络融合的安全可信能力具有重要的理论意义和应用价值。异构融合传感网络的可信控制技术主要包括：可信路由控制技术、异构资源管理与访问控制技术、信任控制技术和网络行为监测控制技术。

可信路由控制技术是在路由层增加安全机制，实现异构融合网络传输路由安全可信的技术。根据传感器网络节点地址的配置协议和多跳多路径路由服务的激励机制，结合异构融合传感网络的固有特点，提出了基于分簇的安全路由协议 SECCN。该协议引入信誉度评判机制，采用多跳多路径自适应的路由算法实现信任，构建了异构网络间统一的安全路由协议框架，实现了异构网络可信路由协议的无缝连接。

异构资源管理与访问控制技术重点解决异构网络资源的可信管理与访问控制问题。研究者提出了基于"多重业务区分"策略的准入控制方法，针对融合网络在提供多种业务时造成的网络负荷不均的问题，基于进化博弈论，提出联合负载均衡机制，实现了不同业务的合理分配；针对融合网络的移动性管理和跨域访问控制问题，提出了能够自适应多准则的访问控制判决算法。

信任控制技术解决异构融合网络中信任关系的建立和传递、接入认证与控制问题，是可信控制的核心技术。研究者分析了计算机网固定节点和传感器网移动节点的通信密钥管理需求，提出了基于 CPK 密钥管理机制的融合网络密钥管理方案。该方案优化了分组密钥的管理策略，根据异构融合传感网络资源的跨信任域信任管理关系，实现了无中心授权的第三方间接信任模型。

建立了异构网络融合的接入认证体系，有效解决了异构融合传感网络的安全可信问题。

网络行为监测控制技术是通过对异构融合传感网络节点行为的监测分析，从而发现网络异常并加以控制的技术。网络行为监测的主要内容是网络节点的能量特性和合作行为特性等。通过建立与异构融合传感网络特征相适应的可扩展行为分级检测体系,分析融合网络中移动环境部分数据信息的局部特性,研究基于不完整信息的行为监控分析方法,建立异构融合传感网络的监测属性值集合。

总之,异构无线网络及其相关技术已被认为是未来网络融合发展的潮流和趋势,也必将逐步进入人们日常生活的方方面面。

3.5.3　异构无线网络的移动性管理

未来网络呈现出异构、多样、智能特性,网络体系结构的适变性、可扩展性,组织管理的自主性、可协同性以及用户业务需求的多样性,均对移动性管理技术提出诸多新的挑战。现阶段异构网络的移动性管理的研究主要是在移动通信网络领域。

有效的异构网络移动性管理将是实现移动用户、传感网终端无缝连续通信和满足多种业务需求的重要保证[47]。移动性管理包括两个基本任务,位置管理和切换管理,分别对应移动主机的空闲模式和活动模式。位置管理使得系统能够跟踪连续通信的移动终端的位置,包括位置注册和信息传递两个部分。切换管理是指移动终端从一个接入点进入到另外一个接入点的时候保持其通信的连续性。由于移动用户在活动模式下的服务质量更加重要和敏感,切换管理的技术和策略显得尤为关键。此外,从异构网络的角度看,下一代无线系统要求异构网络中移动管理技术的融合和相互之间的合作,不同网络间的互联互通和融合协作成为当前移动性管理技术一个重要研究方向。

针对未来网络架构与融合协作将面临的需求与挑战,国际各组织均展开了相关研究:IEEE 802.21 工作组制定的媒体独立切换(Media Independent Handover,MIH)标准,通过借助事件服务、命令服务、信息服务来辅助网络选择实体,能够屏蔽异构网络下层不同的链路技术,帮助高层移动性管理实体在异构环境下进行切换决策和执行,从而优化异构媒体间的切换。移动通信方面,3GPP(3rd Generation Partnership Project)于 2004 年 12 月正式成立了 LTE 研究项目,并随后启动了 SAE(System Architecture Evolution)研究项目,其主要目标是研究一种能够支持高数据速率、低延迟和优化分组数据应用演进方向,同时支持多种无线传输技术的网络架构。欧盟第六框架组项目 AN(Ambient Network)的研究目标是提出并发展一种革新的、工业可利用的未来网络的概念。在 AN 中,移动性可以定义为一系列功能,能够允许通信系统无缝地、优化地自我调整以改变物理或逻辑上的连接。在我国,中国通信标准化协会 WG6 工作组以及未来移动通信论坛(FUTURE FORUM)都在 B3G 的报告中提出融合多种网络的移动泛在业务环境,即 MUSE(Mobile Ubiquitous Service Environment),代表了下一代移动无线互联网络的重要发展方向。

异构无线网络的发展为移动性管理技术提出了更多的挑战和需求,与此同时,各种新技术、新业务、新场景的不断涌现,需要现有移动性管理技术不断增强适应性、扩展性、准确性、通用性。如何融合不同的无线接入技术,满足用户业务多样化需求,最大可能地利用现有的网络资源和用户资源,实现不同接入技术下的无缝连续通信和业务质量保证,成为当前移动通信技术以及物联网通信技术发展中最为紧迫的问题之一。

3.5.4　小结

混合网络最显著的特点在于异构性与移动性。节点能量、带宽、链路以及计算能力的异构性不仅可以提高网络的能量使用效率(即节点的能量使用效率)、网络吞吐量,网络可靠性和扩展性,同时扩展了无线传感器网络的应用领域并使商业化的部署变得简单可行。移动性使设备可动态进行信息挖掘,有效地减少传输链路长度、能量消耗,减轻了能量分布不均衡程度。

同时,能量和链路等方面的异构性也带来诸多优势。网络中包含足够"高能"节点,可解决多对一传输中网关附近节点成为能量瓶颈的问题,数据包可不经由能量较低节点转发而到达网关,增大网络生命期。并且,链路异构性减少了节点向网关发送数据的平均跳数。传感网络链路可靠性较低,每一跳均明显地降低了端到端的传输率。而骨干链路提供了一个跨网的高速链路,有效地增加了传输率、降低能耗。此外,一些移动设备较普通节点具备更高的容错性、可编程性、便携性,尤其是手机使用日益普及,在城市已形成较为成熟的规模化基础设施架构。

本章参考文献

［1］　谢东亮,王羽. 物联网与泛在智能［R］.中兴通信技术,2011.

［2］　孙利民,等. 无线传感器网络［M］.北京:清华大学出版社,2005.

［3］　杨辉,王毅. 物联网与嵌入式系统的关系研究［J］.计算机与现代化,2011(8).

［4］　何立民. 物联网时代的嵌入式系统机遇［J］.单片机与嵌入式系统应用,2011(6).

［5］　陈希军. 一类无线传感器网络嵌入式操作系统及其节点定位的关键技术研究［D］.中国科学技术大学,2009.

［6］　李晶,王福豹,等. 无线传感器网络节点操作系统研究［J］.计算机应用研究,2006.

［7］　IEEE Standard for Part 15.4：Wireless Medium Access Control Layer (MAC) and Physical Layer (PHY) Specifications for Low Rate Wireless Personal Area Networks (LR-WPANS)［S］. IEEE,2006.

［8］　Hui J,Culler D,Chakrabarti S. 6LoWPAN：Incorporating IEEE802.15.4 into the IP Architecture［R］. Internet Protocol for Smart Objects(IPSO) Alliance,2009,1.

［9］　龚江涛,陈金鹰,方根平. Zigbee 技术特点及其应用［C］// 四川省通信学会

2005 年学术年会论文集．四川：2005，382-385．

[10]　Montenlgro G，Kushalnagar N，Hui J，et al．RFC 4944-IPv6 over low power wireless personal area network（6LoWPAN）[R]．RFC，2007．

[11]　Shib E，Cho S，et al．Physical layer driven protocol and algorithm design for energy-efficient wireless sensor networks[M]．Rome：ACM Press，2001，272-286．

[12]　Dam T V，Langendoen K．An Adaptive Energy-Efficient MAC Protocol for Wireless Sensor Networks[C]//．1st ACM Conf．Embedded Networked Sensor Sys．Los Angeles：CA，2003.11．

[13]　Christian C．Enz，Amre El-Hoiydi et al．WiseNET：An Ultralow-Power Wireless Sensor Network Solution[J]．IEEE Computer Society，2004.11．

[14]　Buettner M，Yee G，Anderson E，et al．X-MAC：a short preamble MAC protocol for duty-cycled wireless sensor networks[C]// Proceedings of the 4th international conference on Embedded networked sensor systems（SenSys'06）．New York：ACM，2006：307-320．

[15]　Zheng T，Radhakrishnan S，Sarangan V．P-MAC：An Adaptive Energy-efficient MAC Protocol for Wireless Sensor Networks[C]// Proceedings of the Parallel and Distributed Processing Symposium Piscataway．USA：IEEE Computer Society，2005：237-247．

[16]　李垄．基于 6LowPAN 的 IPv6 无线传感器网络的研究与实现[D].南京航空航天大学，2008．

[17]　余子轩．无线传感网和物联网中网络的地位和作用[R].专家论坛，2008．

[18]　Wendi Rabiner Heinzelman，Anatha Chandranson，Hag Balagshnan．Energy-Efficient Communication Protocol for wireless Micro-sensor Networks[C]// Proceedings of the 33rd Hawaji international Conference on System Sciences．Piscataway，USA：IEEE，2000：3005-3014．

[19]　物联网与传感器[EB/OL]．http：//www．ancc．org．cn/Knowledge/article．aspx？id＝278．

[20]　国家传感器网络标准工作组．GB 7665—87[S]．

[21]　北京交通大学物流标准化研究所．标识技术——物联网公共技术[J].中国自动识别技术 CHINA AUTO-ID，2011(2)．

[22]　商品编码[EB/OL]．http://zh．wikipedia．org/wiki/EAN．

[23]　张益．基于无线射频识别技术的物联网信息安全体系的研究[R].信息产业部计算机安全技术检测中心，北京：2008．

[24]　条码、RFID 及 EPC 之间的关系辨析[EB/OL]．http://www．eccn．com/tech_

260_2007090413510039. htm.

[25] 指纹识别[EB/OL]. http://baike. baidu. com/view/7245. htm.

[26] 山世光. 人脸识别理论与应用研究[R]. 中国科学院计算技术研究所数字化技术研究室.

[27] 童恩栋,物联网情景感知技术研究[J]. 计算机科学,2011.38(4).

[28] Jiawei Han,Micheline KambeL. 数据挖掘概念与技术[M]. 北京:机械工业出版社,2001.

[29] Tom M. Mitchell(America). Machine Learning. China Machine Press,2003.

[30] 王丽坤,王宏,陆玉昌. 文本挖掘及及其关键技术与方法[J]. 计算机科学,2002,29:12-19.

[31] Applet D E. Isreal D J. Introduction to Information Extraction Technology. A Tutorial for IJCAI-99,1999.

[32] 李保利,陈玉忠,俞士汶. 信息抽取研究综述[J]. 计算机工程与应用,2003(10).

[33] 视频编码技术的发展历程[EB/OL]. http://www. seccn. net/.

[34] John G. Proakis. 数字通信[M]. 4 版. 张力军,等,译. 北京:电子工业出版社2002.

[35] 何业军,陈永泰,数据压缩与编码技术[J]. 电信快报,2001(6).

[36] 孟宪伟. 图像压缩编码方法综述[J]. 影像技术,2007(1).

[37] 多媒体数据压缩编方法码[EB/OL]. http://info. broadcast. hc360. com/.

[38] Haifeng Hu,Zhen Yang,Bao Jianmin. Wavelet Transform-based Distributed Compressed Sensing in Wireless Sensor Networks[J]. China Commmunications,2012,9:1-12.

[39] 刘云浩. 物联网导论[M]. 北京:科学出版社,2011.

[40] 高翔,王勇. 数据融合技术综述[J]. 计算机测量与控制,2002,10 (11):706-709.

[41] 3G 网络概述 [EB/OL]. http://info2. 10010. com/profile/xwdt/ztbd/file693. html.

[42] 李仲贤. 我国无线通信技术的现状和发展前景[J]. 信息与电脑,2011,7.

[43] 杨震,暴建民. 物联网应用与技术导论[M]. 2011.

[44] 祁超. 无线 Mesh 网络的概念及关键技术[J]. 电信快报,2008(1).

[45] 徐启建,吴作顺. 异构融合传感网发展研究[J]. 移动通信,2009(9).

[46] 胡浩. 异构无线网络中的若干关键技术研究[D]. 北京邮电大学博士学位论文,2009.

[47] 孟旭东. 异构网络的移动性管理[J]. 南京邮电大学学报,2009(12).

第4章 物联网的 M2M 技术

机器与机器通信（M2M）是一种数据传送方式，允许机器直接与另一台机器进行通信，而无须人工交互或者人工干预。这里的机器通常指无线手持装置或无线车载装置，所以，M2M 有时也被称为无线机器与机器通信。M2M 通信技术的研究和标准化工作起源于移动电信系统的标准化组织，例如，第三代移动通信技术的权威标准化机构 3GPP（第三代移动通信伙伴计划）。M2M 应用覆盖了广泛的应用领域，例如，智能仪表、健康护理监控、导航管理和跟踪，以及远地安全监测等。

通常把 M2M 技术作为物联网的使能技术，从系统组成结构看，M2M 技术只涉及物联网系统结构中感知装置以上的部分。从 M2M 的定义可以看出，M2M 只关注于没有人工干预的通信，但这仅仅是物联网关心的几个特征之一。物联网不仅要求没有人工干预，还要求能够在信息与通信系统中准确获取应用特定位置、特定时刻和特定特征的物品数据。M2M 仅仅关注于物联网的基本通信方式，即自主通信方式，并没有关注于基于物联网数据和应用的通信方式，这样也就无法达到基于物联网数据和应用的系统优化设计和实现。

只是从侧重于自主通信的 M2M 技术的研究和标准化进程就可以看到物联网将对现有的网络技术发展提出巨大的挑战，物联网无论对于接入网络、连接网络、端到端的传送网络以及网络应用都提出了新发展和提升的需求，物联网并不仅仅是现有网络技术的应用。

4.1 M2M 的基本需求

要了解 M2M 技术发展的动因，就必须分析 M2M 的基本需求。要分析 M2M 的基本需求，就需要分析 M2M 的典型用例。M2M 作为一种新型通信方式，其应用更加容易被工业界理解。例如，用于公共安全领域的"安全通道和监控"M2M 用例，这是在日常生活十分熟悉的例子，如果应用了 M2M 技术，可以大量节省人力成本，提高安全防范的能力；用于交通运输领域的"跟踪与发现"M2M 用例，其应用需求十分明确，需要对车辆，以及车载货物、乘客等进行实时的跟踪和监测，提高交通运输的质量和效率；用于公共卫生领域的"电子健康监测"M2M 用例，通过对监测对象的定时身体状况的远地监测，可以提高健康护理的效率和质量，降低公共卫生的支出，满足广大民众对专业健康护理的需求。由以下用例可知，在 M2M 的基本需求是：实时传输、低时延、安全可靠、接入优先级、功耗小、成本低等。

4.1.1 "安全通道和监控"用例

"安全通道和监控"用例包括了用于防范盗窃车辆和擅自闯入建筑物的 M2M 应用，建筑物和车辆都可以装配 M2M 装置，在监测到运动物体时，可以把数据实时传递给 M2M 服务器。当监测到乱动车辆或擅自闯入建筑物时，M2M 服务器将向 M2M 用户发送报警信号。当检测到运动物体时，M2M 装置也可以配置触发 M2M 装备的视频监控摄像机，实时记录视频并且发送到 M2M 服务器。在这个用例中的 M2M 装置也可能是移动的。

通常情况下短距离无线通信足以实现这类用例，但对于某些应用场景，例如，区域较大的工厂、露天停车场、农场等，需要采用广域的无线通信技术。

"安全通道和监控"用例对 M2M 技术的安全性、可靠性、数据实时传输、定时数据传输、接入优先级等方面提出了不同于一般通信技术的要求。

4.1.2 "跟踪与发现"用例

"跟踪与发现"用例主要包括基于位置跟踪信息的 M2M 应用，例如，导航、交通流量监测、公路收费、自动应急呼叫、不停车缴费等车辆跟踪的应用。在这类应用实例中，车辆通过车载的 M2M 装置，定时或者按需把车辆的位置、速度、方向等状态数据发送给 M2M 服务器。M2M 服务器通过分析从车载 M2M 装置获取的数据，产生有关交通流量、导航等方面的信息，再发送给 M2M 用户。

"跟踪与发现"的用例还包括对动物、人、休闲车辆(如游船、公园观光车)、建筑设备、工厂机械、货运和车队的跟踪与发现方面的应用。"跟踪与发现"用例可以与现有的信息管理系统连接，构成一个实时的信息管理系统。例如，可以通过车载 M2M 装置与车载 RFID 阅读器连接，实时把车载货物的信息，在某个地点、某个时刻装载和卸载货物的信息发送给 M2M 服务器，M2M 服务器再把这些信息实时传送给物流管理系统，这样物流管理系统就可以实时记录所有运送货物的位置，及时掌握仓库容量和车辆负载情况，优化车辆的调度和管理，向用户提供实时货运状态查询服务。

4.1.3 "电子健康医疗"应用实例

M2M 电子健康医疗的应用实例包括对人群的健康监测和咨询、对病人的病情和行为监测、对老人的日常生活监测和咨询、医务人员的远程健康咨询、医务人员的远程诊断、医务人员的远程护理等。电子健康医疗的目的是以更低的开销、更高的质量、满足社会广大民众日益增长的对保健和医疗的需求。电子健康医疗将逐步成为未来社会的基础设施，成为社会不可缺少的部分。电子健康医疗将使得老年人、慢性病患者、行动不方便的人员(如孕妇、先天残疾人)、特殊工种人员(如边防军人、远洋船员)、偏远地区人员都能够及时享受高质量的保健和医疗服务。

　　在 M2M 支撑的电子健康医疗系统如图 4-1 所示，被监测的人群、老年人或病人都携带具有传感器的 M2M 装置，可以感知一个人的健康和健身的生理指标，例如，血压、体温、心率等；也可以感知一个人的行为，例如，行走、跌倒、在某个区域等。这些感知的数据将通过 M2M 装置和 M2M 网络，传递给 M2M 服务器。这些电子健康医疗的相关监测数据经过"健康医疗信息系统"的处理之后，形成对医护人员有专业价值的保健监测结果或医疗诊断辅助结果之后，提交医护人员在线处理。医护人员根据电子健康医疗系统提供的信息，判定被监测对象身体状况或病情正常、临界或异常。针对处于"临界"或"异常"的被监测对象，医护人员将进行在线咨询、诊断和护理，同时根据身体状况或病情的发展情况，可能调度就近的医护人员和救护车，启动现场医疗救护的流程。

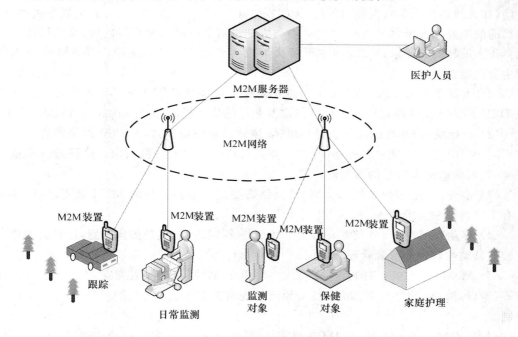

图 4-1　M2M 支撑的电子健康医疗用例

　　电子健康医疗系统要求 M2M 系统提供即时的数据传递，能够及时提供监测对象相关的感知数据；提供 M2M 装置定位和跟踪，保证在发现被监测对象身体状态或病情异常情况下，能够及时定位被监测对象的位置，跟踪被监测对象的运动方向，特别是跟踪乘坐交通工具的被监测对象的运动方向；提供不同优先等级的数据传递，能够保证需要及时处理的被监测对象能够获得网络服务质量的保证；提供极低延迟 M2M 装置的网络连接和数据传递，能够在紧急状态下，能够实时定位被监测对象的位置，实时获取被监测对象的感知数据；提供具有隐私保护能力的数据传递，保证个人的保健和医疗信息不被他人恶意使用。

4.2　M2M 的技术特征

要了解 M2M 的技术特征，就需要在 M2M 的基本用例基础上，进一步分析 M2M 面临的技术挑战和 M2M 的技术特征。

4.2.1　M2M 面临的技术挑战

现在的无线网络是为了人与人之间通信而优化设计的，这里人与人之间的通信表示通信双方都是由人工参与的通信，例如，人与人之间的话音通信（如无线话音业务）、数据通信（如无线短信业务）、视频通信（如无线视频业务）等。而 M2M 参与方主要是机器，根据目前的工业化发展水平，作为 M2M 参与方的机器是可以大规模制造的，这些机器将不能具备人的智能。所以，M2M 将主要解决大规模机器之间的自主通信，M2M 在技术方面主要面临以下的挑战：

（1）大量终端的接入。M2M 网络需要连接大量装置，M2M 终端数量将远远大于传统 H2H 网络连接的终端数，M2M 网络需要相应的优化机制，避免网络拥塞和系统过载。

（2）小批量、经常性的通信流量。M2M 装置的通信量模式与 H2M 网络的通信量模式不同，M2M 装置可能经常性访问网络，并且只传送很少的一批数据。这种通信流量的聚合，也可能形成大容量的数据流。

（3）多种类型的 M2M 终端。M2M 网络需要支持多种类型的 M2M 装置，运行多种具有不同特征和需求的 M2M 应用。

（4）移动和固定 M2M 终端的混合。由于许多 M2M 装置是固定装置，这样就需要优化较低移动性装置的资源管理和定位。

（5）M2M 终端和网络的自主管理能力。由于 M2M 装置可能部署在无人监视的环境下，所以，M2M 网络和 M2M 装置需要支持先进的自配置、自愈合、自优化和自保护的机制。

根据 M2M 的应用需求，M2M 在系统标识、网络接入、数据传输、网络服务质量、应用场景等方面都具有相应的技术特征。

4.2.2　系统标识特征

系统标识是 M2M 系统必须首先面临的一项关键技术问题，其中包括 M2M 装置的标识和寻址，以及 M2M 装置的群组标识和寻址。

大量 M2M 装置的寻址，这是与 M2M 装置的标识相关的一个技术问题，如何对每个 M2M 装置进行标识并且映射成为合适的网络地址？这对于由大量的 M2M 装置组成的 M2M 系统而言，是一个需要面对的技术难题。这里不仅需要扩展地址空间、更新寻址机制,还需要构建一套可缩放的 M2M 装置标识与网络地址的动态分配的技术体系。

M2M 装置的成组配置,这是一种简化大量 M2M 装置配置和寻址的有效方法,可以基于预先设定的多种指标划分群组,例如,所处的位置、不同的功能、标识的分类等,配置或更新组标识、成组配置网络地址等。

4.2.3　网络接入特征

大量 M2M 装置同时的接入,是 M2M 网络接入的主要特征。所有的网络系统对于接入站点的数量都有一定的限制,这就是网络系统的额定容量。由于 M2M 系统是机器自主通信的系统,系统必须具有自主处理接入过载的机制,使得最大限度地能够保证 M2M 系统中大部分 M2M 装置或者重要应用的 M2M 装置即使在接入过载的情况下,也能够正常工作。

为了解决由于网络接入过载而可能造成的 M2M 装置接入受阻等问题,需要增强 M2M 装置的接入优先级控制方法,建立更加具体、更加灵活、更加智能的接入优先级控制策略,使得 M2M 系统能够优先处理报警、应急通信,以及其他需要立即处理的通信。

M2M 系统不仅要求能够提升关键 M2M 装置的优先级,还要求能够识别对网络接入时延不敏感的 M2M 装置,在 M2M 网络接入可能过载的时刻,适当延缓这些装置的接入,缓解 M2M 网络接入的过载现象。

4.2.4　数据传输特征

少量数据的瞬间突发传输是 M2M 网络传输的主要特征,由于存在大量的 M2M 装置,少量的突发数据传输也可能叠加在一起,形成瞬间网络系统的拥塞。针对少量突发传输,需要考虑优化无线传输网络的带宽请求/分配协议、信道编码、帧结构以及低开销的控制信令。

基于 M2M 装置或数据安全性,有些 M2M 应用要求单向数据传输,或者仅仅是装置发出数据,或者是装置接收数据。这种数据传输特征需要改变网络接入和寻址协议,可以简化带宽的请求和分配协议。

大部分用于监测的 M2M 装置都要求定时传输数据,即要求在限定的时间间隔内传输数据,实现实时或即时的监测。这是物联网的一个重要特征,只有在物联网应用环境下的 M2M 系统才会提出这种应用需求。定时数据传输要求在传输网络就提供服务质量保证,这是传统互联网服务质量保证机制难以实现的功能。物联网技术体系将更加侧重于网络互连技术与网络传输技术的融合。

4.2.5　服务质量特征

对于健康护理等性命攸关的紧急应用或涉及重大事件处置的应急通信等应用场景,要求 M2M 装置具有极低的接入延迟和极低的传输延迟,这是 M2M 一项重要的特征。

这项特征对于网络的接入协议、传输协议、控制信令都提出了优化需求。

高可靠性是指无论何时,无论何地,只要触发了 M2M 装置之间或者 M2M 服务器之间的通信,就必须保证 M2M 装置的连接和可靠数据传输。高可靠性对于无线移动网络一直是一个很大的技术挑战,不仅需要坚固的调制和编码方法,还需要抗干扰的协议、装置之间的协同和备份路径技术的支撑。

由于没有人工干预,保证 M2M 装置的安全性是一项较为困难的技术问题。传统由人工干预的安全机制都无法适用于 M2M 装置,M2M 装置和 M2M 系统要求自主的安全性。这里包括了对 M2M 装置直接接触的安全防范、M2M 装置的身份验证、M2M 网络的访问控制,以及 M2M 数据的保密传输、完整性传输等保障机制。

4.2.6　应用场景特征

应用场景的特征之一就是极低的功耗,能够保证 M2M 装置在较长时间内消耗极少的能量,这个特征主要针对无法连接电源的、很少人工干预的、充电成本很高的装置。这就要求系统提供增强型的节省能耗的机制。需要这种特征的用例包括移动装置的跟踪、安全访问和监视,以及公共安全等。

低移动性是 M2M 也是一个突出的应用场景,有些 M2M 装置在很长时间不需要移动,或者在有限范围内移动,例如,公共安全监控装置、关键路口的监控装置等。这就需要简化对于移动性方面的操作和处理,减少 M2M 装置的处理负荷,降低 M2M 装置能耗,提高 M2M 装置应用处理的效率。

非经常性的数据传输是一种典型 M2M 应用特征,对于监视状态变化缓慢的物体,例如,山体的移动监视、进出货较少的库房的监视等,并不需要经常性地传输数据。从降低M2M 装置的能耗,优化网络资源的使用角度考虑,可以采用事件触发、定时启动等控制策略,简化睡眠/闲置模式的控制。

M2M 在具体应用场景的部署中,要求低成本大范围的部署 M2M 装置,这样可能要求超长距离的 M2M 装置的接入。IEEE 802.16m 定义的无线覆盖距离可以达到100 km,如果超出了这个距离,需要扩展相关的技术规范。

4.3　M2M 的组网技术

M2M 技术发展历史就是 M2M 技术的标准化历史,M2M 技术研究起源于 3GPP 标准化组织。3GPP 主要侧重于 M2M 的组网技术研究,包括基于 M2M 的网络优化技术。在某些 3GPP 的研究组,M2M 可能改称为机器类通信(MTC)。3GPP 主要研究了 M2M 的通信方式以及 M2M 对网络优化的需求和具体方法。

IEEE 802.16 是制定全球范围微波接入(WiMAX)技术系列标准的机构,其中的802.16p工作组主要从事与 M2M 相关的标准化工作。802.16p 于 2010 年 11 月被正式批准作为一个 802.16 的工作组,随后提出了与 M2M 相关的技术研究报告。IEEE 802.16主要是从广域无线组网结构角度研究适用于 M2M 的组网技术规范。

4.3.1　3GPP 有关 M2M 的组网技术

3GPP 于 2005 年 11 月启动了"促进全球移动系统(GSM)和全球移动电信系统(UMTS)中的机器与机器通信(M2M)"研究项目,并于 2008 年 3 月完成了研究报告,3GPP 的服务与系统工作组(SA1 WG)定义了机器类通信(MTC)的服务需求。

3GPP 在研究机器类通信(MTC)的过程中,提出了 M2M 的系统架构,如图 4-2 所示,确定了两种形式的机器类通信:第一种形式是 MTC 装置与一个或多个 MTC 服务器的通信,网络运营商提供 MTC 装置与 MTC 服务器的网络连接。其中 MTC 服务器可以属于网络运营商的管理域也可以不属于网络运营商的管理域。后者的模式可以支持第三方服务供应商。第二种形式是 MTC 装置之间的通信。由于这种 MTC 通信形式在实际部署中的复杂性和不确定性,3GPP 的版本 10 中没有考虑第二种形式的机器类通信。也就是说,目前的3GPP 网络技术并不能完全支持 M2M 的通信方式,M2M 技术发展还存在许多技术难题,切不可低估网络系统在提供 M2M 以及物联网服务过程中面临的技术难度。

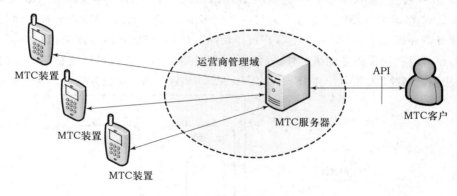

图 4-2　3GPP 的 MTC 系统架构

由于 M2M 可能的应用环境和应用领域较为宽泛,难以设计统一的 M2M 系统优化方案,因此,3GPP 提出了一个 MTC 特征的列表,用于研究和开发不同应用环境下 MTC 的优化机制。MTC 的特征包括低移动性、特定位置触发、非经常性的传输、成组的 MTC 等。

在 2008 年 3 月 3GPP 完成的第一个有关 M2M 的技术报告(TR22.868)基础上,在3GPP 的不同工作组设立了多个 M2M 的工作和研究项目,例如,SA3 安全工作组于 2009 年12 月完成了"M2M 业务远地提供和更改的安全性"技术报告(TR33.812);SA2 工作组于2010 年 3 月完成了"机器类通信的网络改进(NIMTC)"研究项目的第一阶段工作,通过了研究报告(TR22.368);无线电接入网第二工作组(RAN2 WG)针对"版本 10 中用于 MTC 的RAN 改进"研究项目提出了技术报告(TR37.868);2010 年 3 月 SA1 工作组又批准了关于进一步改进 MTC 的服务需求的研究项目,以及相关的技术报告(TR22.888)。

由于进展缓慢,SA2 工作组决定在"机器类通信的网络改进(NIMTC)"研究项目的第二阶段工作中,仅仅关注于通用的能力,例如,对于具有低移动性和延迟容忍特征的 MTC,研究过载和拥塞控制的能力。推迟了对于其他特征 MTC 和功能的支持。

从 M2M 的技术研究和标准化工作的进展可以看出,以 M2M 为代表的物联网技术,在网络方面提出了很高的要求,面临很多技术挑战,无论是 3GPP,还是其他标准化组织在支撑 M2M 网络方面的技术研究进展较为缓慢,我们不能低估物联网对网络技术提出挑战的难度,更不能把物联网仅仅看做是现有互联网的一种应用,这样,会误导物联网技术研究的方向,阻碍物联网技术的研究、开发和应用。

4.3.2 IEEE802.16 有关 M2M 组网技术

IEEE 802.16p 工作组的目标是标准化对 802.16 网络的增强,支持要求在许可带宽内进行广域无线覆盖的、自动的装置之间的通信,无需人工的发起或控制。

IEEE 802.16p 提出了基于 IEEE 802.16 网络的基本 M2M 服务系统架构(图 4-3)和高级 M2M 服务系统架构(图 4-4)。这里的 IEEE 802.16 M2M 装置表示具有 M2M 功能的 IEEE 802.16 移动站点,M2M 服务器是与一个或多个 IEEE 802.16 M2M 装置通信的实体,M2M 服务器还提供了 M2M 业务的客户可以访问的接口。M2M 服务器可以在连接服务网络之内,也可以在连接服务网络之外。后一种 M2M 服务器的部署可以支持第三方的 M2M 服务供应商。M2M 服务运行在 IEEE 802.16 M2M 装置和 M2M 服务器上。

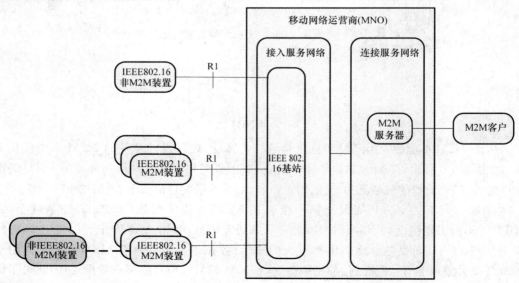

图 4-3 IEEE802.16 的基本 M2M 服务系统架构

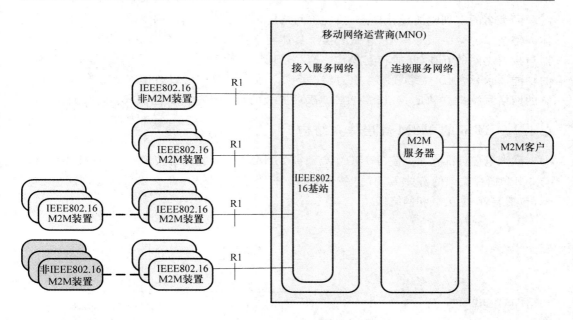

图 4-4   IEEE 802.16 的高级 M2M 服务系统架构

基本 M2M 服务系统架构支持两种类型的 M2M 通信：一个或多个 IEEE 802.16 M2M 装置与一个 M2M 服务器之间的通信；多个 IEEE 802.16 M2M 装置与一个 IEEE 802.16 基站之间的点到多点的通信。在基本 M2M 服务系统架构中，一个 IEEE 802.16 M2M 装置可以作为仅支持本地无线通信的非 IEEE 802.16 M2M 装置（如支持 IEEE 802.11、蓝牙、ZigBee 通信接口的 M2M 装置）的汇聚节点，实现 M2M 装置间的远距离无线通信。

高级 M2M 服务系统架构不仅支持一个 IEEE 802.16 M2M 装置作为多个非 IEEE 802.16 M2M 装置的汇聚点，也支持作为多个 IEEE 802.16 M2M 装置的汇聚点；另外，高级 M2M 服务系统架构还支持 IEEE 802.16 M2M 装置的对等连接。IEEE 802.16 定义的高级 M2M 服务系统架构的组网技术架构已经包括了 3GPP 定义的第二类 MTC 的通信形式，可以实现 M2M 装置之间的相互通信。

比较 IEEE 802.16 的 M2M 服务系统架构与 3GPP 的 M2M 系统架构，可以看出两者总体架构是一致的，都是从网络系统的角度考虑对 M2M 服务的支持。只是 IEEE 802.16 的系统架构中区分了接入服务网络和连接服务网络，更加具体地定义了无线接入层对 M2M 服务的支持、连接层对 M2M 服务的支持，特别是在 IEEE 802.16 的高级 M2M 服务系统架构中，提供了对于 M2M 装置的对等连接的支持。

4.4 M2M 的服务层技术

欧洲电信标准化研究院（ETSI）主要研究 M2M 服务层技术规范，这是一种基于传统互联网著名的端到端的设计理念，独立于网络层及其以下的具体网络协议、网络接口等具体网络技术的网络服务模型，它试图摆脱具体网络技术的限制，仅仅在端到端层面实现机器与机器之间的互连、互通和互操作。M2M SCL 设计理念又考虑了端到端服务对网络的功能需求，增加了网络域服务能力层（NSCL），使得 M2M 可以通过 NSCL 扩展，使得现有的网络系统提供满足 M2M 装置或 M2M 网关的端到端联网功能需求。

4.4.1 ETSI 的 M2M 高层体系结构

欧洲电信标准化研究院（ETSI）主要研究 M2M 的服务能力层技术规范，这样可以避免与 3GPP 研究类似的有关 M2M 的技术规范。ETSI 定义 M2M 高层体系结构，如图 4-5 所示，包括装置/网关域和网络域。

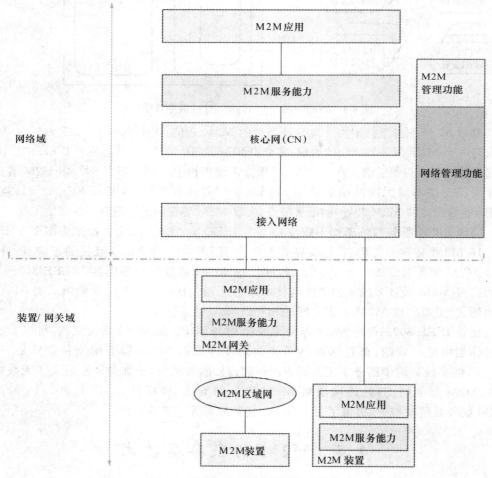

图 4-5 ETSI 的 M2M 高层体系结构

装置/网关域由以下三类元素组成:使用 M2M 服务能力运行 M2M 应用的 M2M 装置,使用 M2M 服务能力运行 M2M 应用的 M2M 网关,以及提供 M2M 装置与 M2M 网关之间连接的 M2M 区域网。

M2M 装置可以通过两种方式连接到网络域,其一是直接方式,即 M2M 装置通过接入网络直接连接到网络域,其中 M2M 装置需要执行的操作包括向网络域注册身份,通过身份验证,获得授权,网络管理和服务提供。M2M 装置可以为连接到它的其他装置(如原来的装置)提供服务,这些其他装置对网络域来说是不可见的。其二是间接方式,即 M2M 装置通过 M2M 网关连接到网络域。M2M 装置通过 M2M 区域网连接到 M2M 网关,再通过 M2M 网关连接到网络域。这里 M2M 网关作为 M2M 装置连接网络域的代理。M2M 网络可能代理的操作包括身份验证、获取授权、网络管理和服务提供。

M2M 区域网可以包括个人区域网络,例如,IEEE 802.15.1 定义的 ZigBee 网络,蓝牙网络等;也可以是本地网络,例如,计量总线(M-Bus),无线计量总线等技术构成的网络等。M2M 区域网络的特征是:连接距离较短,通常采用短距离通信技术。

网络域主要由以下元素组成:①接入网,允许 M2M 装置/网关域与核心网通信;②核心网,提供 IP 连接或其他连接、服务和网络控制、与其他网络互连以及漫游功能的核心网络;③M2M 服务能力,提供不同应用共享的 M2M 功能,通过接口开放这些功能,可以调用核心网功能,简化和优化 M2M 应用开发和部署;④M2M 应用,通过开放接口调用 M2M 服务能力、运行服务逻辑;⑤M2M 管理功能,管理接入网络和核心网的网络管理功能,以及管理网络域内 M2M 服务能力。

M2M 网络域定义的接入网络包括多种类型的用户数字环路(xDSL)网络、无线局域网(WLAN)和全球范围微波接入(WiMAX)网络等,核心网络包括 3GPP 核心网和 3GPP2 核心网等,网络管理功能包括服务提供、监测和故障管理等,M2M 管理功能包括 M2M 服务的自举功能,该功能用于自举 M2M 装置(或 M2M 网关)以及网络域中 M2M 服务能力的永久 M2M 服务能力层安全证书(如 M2M 的根密钥),并且安全地存放在 M2M 身份验证服务器中。

4.4.2　ETSI 的 M2M 服务能力层

ETSI 对于 M2M 技术标准化工作主要聚焦在 M2M 服务能力层的技术规范,要理解 ETSI 定义的 M2M 服务能力层,需要分析和理解 ETSI 定义的 M2M 服务能力功能体系结构框架,如图 4-6 所示。这里的体系结构框架与传统互联网的功能分层体系结构的含义不完全相同:M2M 装置和 M2M 网关内部都包含了 M2M SCL;网络域的 M2M SCL 直接与核心网连接;M2M 服务能力层(M2M SCL)之间定义了开放的 mId 接口,这是 M2M 装置/M2M 网关的 SCL 到网络域 SCL 接口,通过 mId 接口实现 M2M 装置连接到核心网,并且实现与网络域的 M2M 应用交互。

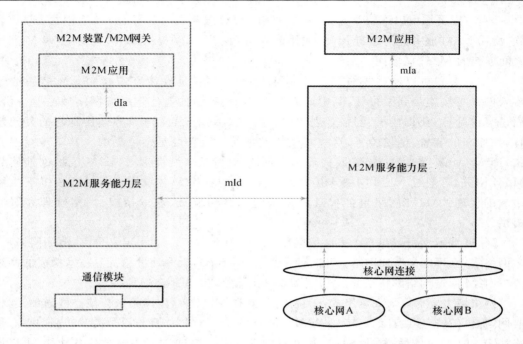

图 4-6　ETSI 的 M2M 服务能力功能体系结构框架

按照 ETSI 的定义，M2M SCL 提供了在参考点上开放的功能。例如，M2M SCL 通过开放 mIa 参考点，允许网络域的 M2M 应用根据应用需要，调用不同的 M2M SCL 功能，通过 dIa 参考点，允许 M2M 装置/M2M 网关根据应用需求，调用不同的 M2M SCL 功能。

在网络域的 M2M SCL 包括网络应用使能（NAE）能力，网络通用通信（NGC）能力，网络可达性、寻址和存储（NRAR）能力，网络通信选择（NCS），网络远地实体管理（NREM）能力，网络安全能力（NSEC），网络历史和数据记忆（NHDR）能力，网络交易管理（NTM）能力，网络互通代理（NIP）能力，网络补偿中介（NCB），以及网络电信营运商开放（NTOE）。

M2M 网关中的 M2M SCL 包括网关应用使能（GAE）能力，网关通用通信（GGC）能力，网关可达性、寻址和存储（GRAR）能力，网关通信选择（GCS），网关远地实体管理（GREM）能力，网关安全能力（GSEC），网关历史和数据记忆（GHDR）能力，网关交易管理（GTM）能力，网关互通代理（GIP）能力，以及网关补偿中介（GCB）。对比网络域的 M2M SCL 和 M2M 网关的 M2M SCL，可以看出，M2M 网关独立于网络系统之外的一个部件。

按照 GGC（网关通用通信）能力的描述，M2M 网关提供了安全密钥协商的建立和撤除，与网络域 M2M SCL 数据交换中的保密性和完整性保护，安全地提交应用数据，以及报告传送的错误。GGC 提供转发从 NGC 到 M2M 网关的报文，转发从 M2M 网关到 NGC 的报文，按照服务类提交报告，处理从 M2M 域发来请求的名字解析，响应出错触发的事件,提供如数据加密和完整性保护的安全传送功能等。

按照 GRAR(网关可达性、寻址和存储)能力的描述,网关提供了 M2M 装置名到可路由网络地址的映射,这样,就意味着网关或 M2M 装置具有网络的能力(注:否则不需要可路由的网络地址封装报文)。

按照 GCS(网关通信选择)能力的描述,当网络域的 M2M SCL 可以通过多个网络或多个运营商到达时,网关提供基于策略的网络选择;或者当前使用的网络或通信服务失败之后,提供其他网络和通信服务选择。

根据以上分析,以及参照 ETSI 有关 M2M 的高层体系结构,可以看出 ETSI 定义的 M2M 功能规范利用核心网的能力,提供了端到端的服务。这里网络域的 M2M SCL 与核心网的服务调用接口没有在 ETSI 的 M2M SCL 技术规范中定义,需要在 3GPP 的技术规范中定义。

4.5　M2M 与物联网的关系

M2M 与物联网的关系看似简单,实际上在目前的研究和技术发展阶段难以完整地描述。目前国际上公认的说法是,M2M 是物联网的一种使能技术,而物联网是一个包罗各类相关技术的大概念,所以,通常把物联网称为一把包罗了 M2M、无线射频标识(RFID)、传感器网络等技术的“伞”。但有关 M2M 与物联网之间的差别,在国际上还是没有明确的表述。

这里还是从 M2M 系统与物联网系统差异的角度,分析 M2M 与物联网的差异。图 4-7 描述 M2M 系统和物联网系统的抽象图,从图中可以看出,M2M 与物联网本质差异在于,M2M 系统面向装置,而物联网系统面向物品。装置是一种物品,但物品并不一定是装置。物品还可以包括自然物品、非电子类物品等,这些都不属于装置。所以,从系统角度可以看出,M2M 技术仅仅是物联网技术的一部分,M2M 技术仅仅关心不需要人工参与的通信这部分技术,并没有涉及对物品数据的识别、分类处理等功能。

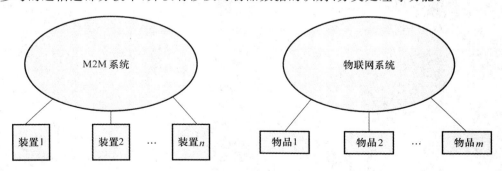

图 4-7　M2M 系统与物联网系统的差异

　　有人可能会质疑："所有的物品都必须通过装置连接到物联网,这样,M2M不就是物联网吗?"这个问题是源于对M2M的需求不了解,实际上M2M系统只能看到装置(M),装置后面连接的物品是M2M系统不可见的,所以,M2M系统是无法提供物联网服务的。只有在M2M系统之上,进一步扩展对物品数据的自主处理能力,M2M系统才能演变成为物联网系统。

本章参考文献

[1]　Kim Chang,Anthony Soong,Mitch Tseng,et. al. Global Wireless Machine-to-Machine Standardization[J]. IEEE Internet Computing,2011,15(2):64-69.

[2]　Cho HanGyu. Machine to Machine (M2M) Communications Technical Report[EB/OL]. IEEE 802. 16 Broadband Wireless Access Working Group,2010-11-11,http://ieee802. org/16/m2m/docs/ 80216p-10_0005. doc.

[3]　European Telecommunications Standards Institute. Technical Specification. Machine-to-Machine communications (M2M);Functional architecture[S]. ETSI TS 102 690 V1. 1. 1 October,2011.

第 5 章　物联网与云计算

5.1　概　　述

物联网与云计算的关系,在 1.3.1 小节中已经进行了描述,物联网是人类社会对物理世界实现"感、知、控"。物联网对物理世界感应方面具有高度并发的特性,并将产生大量深度互联和跨域协作需求的事件,从而使得大规模物联网的信息表现出以下特性:

- 不可预见性。对物理世界的感知具有实时性,会产生大量不可预见的事件,从而需要应对大量即时协同计算要求。
- 涌现智能。对诸多单一物联网应用的集成能够提升对物理世界综合管理的水平。
- 多维度动态变化。对物理世界的感知往往具有多个维度,并且是不断动态变化的。
- 大数据量、实效性。物联网中涉及的传感信息具有大数据量、实效性等特征。

总之,实时感应、高度并发、自主协同和涌现效应等特征要求从新的角度审视物联网信息基础设施,对当前互联网计算,特别是云计算的研究提出了新的挑战,需要有针对性地研究物联网特定的应用集成问题、体系结构及标准规范,特别是大量高并发事件驱动的应用自动关联和智能协作问题[1]。

本章主要对云计算的概念等内容进行较为详细的探讨[2]。

5.1.1　什么是云计算?

云计算的定义,首先需要弄清楚"云"的含义。一般而言,"云"就是数量众多、互相连接的计算机集合。这些计算机可以是个人计算机或网络服务器,它们可以是公共的或是专有的。

谷歌提供了一个由若干微型计算机和大型的服务器组成的云,谷歌云是私有的,即属于谷歌所有;但是,谷歌云又允许大量的谷歌用户公开访问。

这个计算机云已延伸出单一公司或企业的范围,其提供的应用和数据可以服务众多的用户、企业和平台;对于云的访问是通过互联网完成的,这意味着,任何授权用户可以通过任何一台连接到互联网的计算机,访问这些应用和数据。对于用户而言,云背后的技术和结构是不可见的。而至于云服务究竟采用 HTTP,HTML,XML,Java Script 或者某些特定技术的问题,就显得不那么重要了。

通过分析云计算的先行者谷歌是如何看待云计算的,有利于理解云计算机。从谷歌的角度来看,云计算有六个关键特性[2]。

(1)云计算是以用户为中心的:作为一个用户,一旦接入到云,不论储存在云中的是什么——文件、消息、图像、应用,等等,它们都变成了用户的。此外,用户不仅拥有这些数据,而且也可以方便地与他人共享这些数据。

(2)云计算是以任务为中心的:问题的焦点不再是应用程序和应用程序的功能如何,而是用户需要完成什么任务和应用程序如何完成这些任务。传统的应用程序——文字处理、电子表格、电子邮件,等等,与它们所创建的文件数据相比,已经变得不再重要了。

(3)云计算是强大的:成百上千台计算机一起构成的云,能够产生巨大的计算能力,远非单一台式计算机所能比拟的。

(4)云计算是易访问的:因为数据存储在云中,用户可以即时接入访问云,从多个数据源服务器获取更多的信息。而对于传统使用台式计算机而言,用户受限于从单个数据源获取信息。

(5)云计算是智能的:随着各种数据被存储到云中的计算机中,数据挖掘和数据分析可以实现对数据智能访问。

(6)云计算是可编程的:云计算的任务工作必须是自动的。例如,为保护数据的完整性,存储于云中单个计算机的信息必须能复制到云中其他计算机上。如果该单一计算机脱机,云程序将自动把该计算机的数据重新分配到云中一个新计算机上。

根据这些特征,在实际世界中人们该如何构成这个云?云是采用了基于 Web 的、可通过互联网的、支持群组协作的应用。目前,已经有大量的云服务和应用不断出现,最具代表性的云计算应用的例子当属谷歌应用簇:谷歌文档和电子表格、谷歌日历、谷歌邮箱 Gmail、Picasa,等等。所有这些应用是运行在谷歌服务器上,任一用户可以通过连网接入,在世界上任何地方进行群组协作。

简言之,云计算可从计算机到用户,从应用到任务,从孤立数据到随处访问、可与任何人共享数据的共享。用户不再需要承担数据管理的任务,甚至无须记住数据的位置。所有数据在云中,用户自己和其他授权用户都可以使用这些云中的数据。

5.1.2　云计算的简史

云计算的前身是客户机/服务器计算和对等的分布计算。总的说,它就是中心化的存储能力如何进行合作和多个计算机如何进行共同工作,以增加计算能力。

1. 客户机/服务器计算:集中式的应用和存储

在计算的初期阶段(约 1980 年前),一切计算应用都是按照客户机/服务器模式运行。所有的软件应用、数据以及控制都驻留在大型的主机上,这类主机通常被称为服务器。如果一个用户需要访问特定的数据或运行特定的程序,必须连接到主机上,并且获得相当的权限,然后才能执行相应的业务。从根本上来说,用户从服务器"租用"计算资源支撑程序或数据。

　　用户通过一个计算机终端接到服务器上，这个终端被称为工作站或客户端，这个计算机终端有时也称为哑终端，因为它是只依赖于主机才能进行复杂信息处理，哑终端不具有大量的内存、存储空间和处理能力，只有键盘、显示器和连接到主机的通信装置。

　　用户只有在被允许情况下才能访问主机。实际上，主机的处理能力也是非常有限的。IT 工作人员负责访问权限的分发和保障上述主机计算资源的分配。需要指出的是，两个用户不能在同一时间访问同一数据内容。此外，无论 IT 工作人员提供给用户什么，用户都必须接受而不能有任何变化。如用户不能随意定制一份使用新数据的新报表。虽然上述要求，技术可行，但这需要 IT 工作人员的额外工作时间。事实是，当多用户共用一台主机时，即使它是功能强大的巨型机，用户也必须按顺序等待轮流使用。总之，在客户机/服务器环境中，只有在用户使用很少时，即时访问的要求才能显得可行。

　　因此，客户机/服务器模式也提供了类似的集中式存储，但这与云计算不同，因为它不是以用户为中心的。使用客户机/服务器计算，所有的控制是位于主机上，这显然不是以用户为中心的环境。

2. 对等计算：共享资源

　　正如人们可以想象到的，接入一个客户机/服务器系统会有一种"快速准备好后等待"（hurry up and wait）的体验。这种系统的服务器部分也会产生一个巨大的瓶颈。所有的计算机之间的通信必须首先经过服务器才能通信，但这种做法可以是低效率的。

　　不需要经由服务器，将一台计算机连接到另一台计算机，这一需求促使了对等（P2P）计算的开发，对等计算定义为这样一个网络结构，其中的每台计算机具有相等的能力和责任，这与传统的客户机/服务器的网络结构不同。后者的网络结构中，一台或多台计算机专门用于为其他计算机提供服务。这种关系表示为主/从关系，中心服务器是"主"，而客户机则是"从"。

　　P2P 是一个对等的概念。在 P2P 环境中，每一台计算机既是客户机又是服务器，没有"主从"之分。由于所有计算机在网络上是对等的，计算机之间的资源和业务直接交互成为可能。这时，不需要一个中心服务器，因为任何一台计算机在需要的时候都能充当这一角色。

　　P2P 也是一个去中心化的概念。控制是分散的，所有计算机对等运行，内容被分散到不同计算机上。从另一个角度来看，P2P 计算实现就是互联网。根据互联网的原型 ARPAnet 的最初设计，互联网最初是设计为一个对等 P2P 系统，共享分布在美国各地的计算资源。多种 ARPAnet 节点被作为对等方连接在一起，并指明哪个是客户机，哪个是服务器。

　　早期互联网的 P2P 特征可以以新闻组（Usenet）为例。Usenet 创建于 1979 年，它是一个计算机网络，通过互联网访问。其中，每台计算机都能访问整个网络的内容。信息在对等计算机之间传输着。虽然用户访问服务器的连接是传统的客户机/服务器特征，但新闻组服务器之间的关系肯定是 P2P,这算是今天云计算的雏形。

随着 WWW 的发展,计算模式又由 P2P 模式重新回到了客户机/服务器模式。在 Web 上,每个网站都是由一组服务器提供服务,用户通过客户端软件(Web 浏览器)来访问网站。所有的内容是集中式的,所有的控制也是集中式的。

3. 分布式计算:更多的计算能力

P2P 模式的最重要分支之一就是分布式计算,即某个网络甚至整个因特网上的空闲个人计算机被组织起来,用来为大规模的、处理器密集型的任务提供计算能力。

这其实是一个简单的概念,即在多个计算机之间的"时间周期共享"。举例来说,一台每天工作 24 小时,每周运行 7 天的计算机能产生巨大的计算能力,但绝大数人并不会以 24×7 的方式使用计算机,从而计算机资源的很大一部分都未得到有效利用,分布式计算就要利用这些资源。

当一台计算机被用于分布式计算,机器安装相应软件,在计算机空闲期间执行各种处理任务,并将处理结果定期上传到分布式计算机网络中,与来自项目中其他计算机的相关结果进行合并处理,只要有足够多的计算机参与,就可以获得比拟超级计算机的处理能力,特别是对于那些需要复杂的计算项目而言,这更是必需的。例如,基因研究需要强大的计算能力。采用传统的方法,可能需要几年才能解决主要的数学问题,若将数千或数百万台个人计算机连接在一起,就可以获得足够强大的计算能力,求解这些数学问题。一个更实用的分布式计算应用出现于 1988 年,当时 DEC(数字设备公司)系统研究中心的研究人员们开发一款软件,用来向研究中心内的工作站分发大数分解的计算任务。到了 1990 年,一个约 100 个用户的小组利用这一软件,完成了一个 100 位数的因数分解。

第一个主要的基于互联网的分布计算项目出现于 1997 年,它利用了几千台个人计算机破译密码。更大的项目发起于 1999 年 5 月,SETI@home 连接了数百万台个人计算机,用于搜寻太空智能生命。

许多分布计算项目是在大型企业的内部进行的,通过采用传统的网络连接,形成分布式计算网络。更大的项目会利用互联网用户的计算机,通常计算采用其离线模式进行,然后通过互联网接入每天上传一次计算结果。

4. 协同计算:群组工作

从早期的客户机/服务器计算,再到对等计算的发展,始终存在这样的需求:让多个用户一起从事同一个计算任务。这类协同计算就是云计算背后的驱动力,它已经存在超过十年了。

早期的群组协作综合运用了几种不同的 P2P 技术,其目的是让多个用户能够实时、在线合作完成小组项目。要在项目上合作,用户首先必须相互交流,在今天,这就是指即时通信系统,除了文本,通常还具有可选的音频/电话和视频能力,即语音和图像通信。大多数协作系统提供了完全的音频/视频,以用于多用户的视频会议中。

此外,用户们必须能共享文件,并让多个用户同时在相同的文档上开展工作。电子白板提供了一个对所有群组成员可见的虚拟写字板,早期协作系统既有相对简单的(Lotus

Notes 和微软的 NetMeeting），也有十分复杂的（Groove Networks 协同软件，已被微软收购），大多数协作系统都是运行在大型企业的内部专用网络上。

5．云计算：协同计算的下一步

随着互联网的发展，群组协作已经开始拓展出单一的企业网络环境，越来越多的项目合作需要来自跨公司和跨地域的多个地点或来自多个组织。因此，项目必须运行在互联网的云中，从任何能够上网的地点访问。

基于云的文件和业务的概念，随着大型服务器群的发展而迅速发展起来。谷歌已有一个服务器群，它用于支撑海量的搜索引擎。能不能使用同样计算能力来驱动一组诸如超文本查询和浏览的 Web 应用，并支持基于互联网的群组协作呢？这其实已经发生了。当然，谷歌并不是唯一的提供云计算解决方案的公司，在基础设施上，IBM、Sun 等公司正提供必要的硬件以建立云网络；在软件方面，许多公司正开发基于云的应用和存储服务。

目前，人们正利用云服务和云存储创建、共享、查找和组织各种不同类型的信息。今后，这种功能不仅将应用于计算机用户，而且可用于连接到互联网的任何设备的用户：移动电话、便携式音乐播放器，甚至汽车和家庭电视机。

5.1.3　云计算是如何工作

云计算是如何工作？正如 Sun 公司提出的概念——网络就是计算机。从本质上说，一个计算机网络其功能犹如一台计算机，用来在互联网上为用户的数据和应用服务。该网络存在于 IP 地址构成的"云"，即互联网，对外提供大规模的计算能力和存储能力，并实现大范围的群组协作。但这只是简单的解释，下面将详细介绍云计算是如何工作的。

1．理解云架构

云计算的关键是"云"——一个大规模的服务器甚至个人计算机组成的计算机网络，这些服务器和个人计算机在网络环境中互连在一起。这些计算机并行运行，各自的计算资源组合起来形成了足够比拟超级计算机的计算能力。

云是什么？简单说，云就是若干计算机和服务器的集合，它们共同接入互联网中，这些硬件通常归第三方所有，放在一个或多个数据中心里联合运营。这些机器能运行各种操作系统，重要的是机器的处理能力而不是桌面的样子。

如图 5-1 所示，个人用户从其个人计算机或便携设备，经互联网连接到云中。对这些个人用户而言，云被看成是一种单独的应用、设备或文件。云中的硬件是不可见的。

实际上，云架构需要某些智能管理来将所有计算机连在一起，并处理众多的用户任务。但云架构看上去非常简单。正如图 5-2 所示，所有的一切从用户可见的前端界面开始。首先，用户选择一个任务或服务（启动一个应用或打开一个文件）。接着，用户请求被送入系统管理，系统管理会找出正确的资源并调用合适的系统服务。这些服务会从云中划出必要的资源，加载相应的 Web 应用程序，创建或打开所要求的文件。Web 应用程序启动后，系统的监测和计费功能就会跟踪云的使用，确保资源分配和归属于合适的用户。

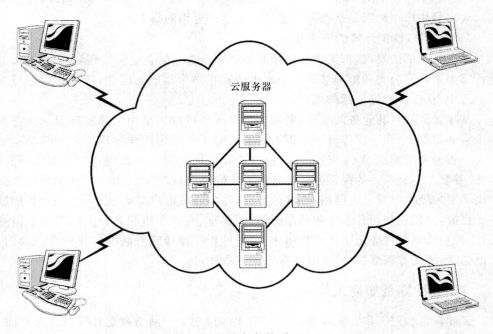

图 5-1　用户如何接到云

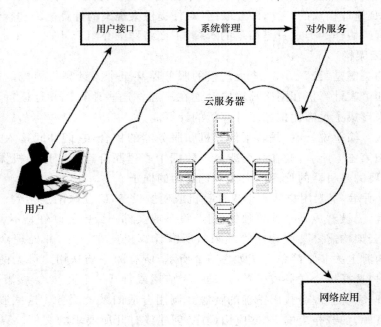

图 5-2　云计算系统后的体系

可见,云计算概念的关键在于许多管理任务的自动化。如果一个系统需要人来管理资源分配的工作,那它就不是云系统。

2. 理解云存储

云计算的主要用途就是数据存储。利用云存储,数据被存储于多个第三方的服务器,而不是像传统网络,将数据存储于专门的服务器中。

当存储数据时,用户看到的是一个虚拟服务器,换句话说,数据貌似以特定的名称被存储在某个特殊的地方,但在现实中,这个地方并不存在。它只是一个假名,用于标示云中划分的虚拟空间。实际上,用户的数据可能存储于云中任一或多台计算机。因为云动态地管理着可用的存储空间,所以其实际存储位置可能每天甚至每分钟都不同。当然,尽管位置是虚拟的,用户所看到数据在一个"静"态位置,而且能实际地管理该存储空间,犹如它在本地个人计算机上。

云存储有经济和安全方面的优势。从经济上来说,云中的虚拟资源要比那些连接到个人计算机或网络的专有资源要更便宜。从安全角度来看,数据存于云中,数据会被复制到多个物理机器上,这样数据不会面临意外删除或硬件受损的问题。由于始终有多个数据副本,即使一个或多台机器进入离线状态,云仍然可以正常地工作着。如果一台机器被损坏了,数据会被云自动复制到其他机器上。

3. 理解云服务

通过云计算提供的任何基于 Web 的应用或业务都称为云服务。云服务包括从日历到文字处理和幻灯片演示的多种应用。几乎今天所有大的计算公司,从 Google、Amazon 到微软,都在开发各种类型的云服务。

利用云服务,应用本身被驻留在云中。一个用户在互联网上要操作该应用,典型的就使用一个 Web 浏览器。该浏览器访问该云服务,一个应用的实例在浏览器窗上被打开。一旦启动,该基于 Web 的应用运行起来,其效果就像一个标准的桌面应用程序。唯一区别就是,应用程序和工作文档驻留于相应的云服务器中。

云服务具有诸多优势。如果用户的个人计算机崩溃了,它既不会影响到云主机上的应用,也不会影响到打开的文件。此外,个人用户可从任何位置的任何个人计算机访问其应用和文件。不论是在家、办公室或远方的某个地方,用户不必随身携带每个应用程序和文件的副本。最后,文件驻留在云中,多个用户可采用任一可用的互联网连接,实时地协作处理同一文件。

5.1.4　云计算的现状

我们正处在云计算革命的初期阶段。虽然今天许多云服务正在应用,但更多的令人感兴趣的应用仍在发展中。这就是说,今天云计算正吸引着最优秀、最大的公司,他们希望建立基于云的可赢利的商业模式。

正如本章开头所说,也许最引人注目的、抓住云计算模式的公司目前就是谷歌。众所周知,谷歌已经提供了一组功能强大的基于 Web 应用,它们都是通过云架构提供服务。无论用户是需要基于云的文字处理(谷歌文档)、演示软件(谷歌演示文稿)、电子邮件(Gmail),还是日历/日程安排功能(谷歌日历)。最重要的是,谷歌为它的所有基于 Web 的应用都提供了相互之间的接口,这些云服务被有效地关联起来。

其他大公司也参与了云服务的开发工作。例如,微软提供了基于 Web 应用的 Windows Live Web 应用套件。Amazon 有其弹性计算云(EC2),用来为应用开发人员提供以云为基础的可调整的计算能力。IBM 已建立了一个云计算中心,用来向客户提供云服务和研究。许多创新的小公司都推出了各自的基于 Web 应用,主要是利用云服务的协作特性。

5.1.5 云计算的重要性

为什么云计算如此重要? 因为对开发人员和用户来说,云技术都意味着很多东西。

对开发人员而言,在提供他们开发的应用时,云计算提供了更多的存储和计算能力来运行开发的应用。云计算也带来了信息获取、数据处理和分析以及从世界上任何地方、任何地点连接人和资源的新方法。云计算使得开发人员不用再忍受有限物理资源的约束。

对用户而言,云计算提供了更多好处。一个使用基于 Web 的应用的人,再也不会受限于一个 PC、一个地点或一个网络。无论他在何处,他就能访问应用程序和文件,即使一个计算机坏了,不再担心数据丢失。其次有利于群组协作,用户可实时地和其他用户协作完成同一文件、应用和项目。

相比于传统的网络计算,云计算更有效地共享资源,成本更低。使用云计算,硬件不一定要在物理上紧邻固定的办公室或数据中心。云计算的基础设施可位于任何地方,尤其是那些房地产和电力成本更低的地区。

5.1.6 云计算和 Web 2.0

Web 2.0 是一类同云计算类似的概念。

Web 2.0 究竟是什么? 不同人有不同的理解。有"Web 2.0 之父"之称的蒂姆·奥莱理(Tim O'Reilly)将其定义为"网络作为平台,贯穿所有接入的设备"。有人定义 Web 2.0 的概念为从信息孤岛过渡到互相连接的计算平台,从用户感觉来看,该平台如同本地软件一样运行。还有人用协作术语来描述 Web 2.0,因为所有的网站都会从用户的动作中获得其价值。

Web 2.0 的这些定义听起来很像没有技术支撑的云计算。这就是说,云计算是由其架构和基础设施(作为一个整体相互连接的计算机/服务器的栅网)来定义的。而Web 2.0是通过用户看待系统/使用系统提供的服务来定义。换言之,云计算是关于计算的,而 Web 2.0 却是关于人的服务。

因此,Tim O'Reilly 这样认为:"云计算就是互联网作为计算平台的应用,Web 2.0则是开发和说明该平台的业务规则。"也许,云计算和 Web 2.0 只是观察同一现象的两个不同方法。或许,云计算是一种特定的 Web 2.0 技术。

5.2　如何开发云服务

5.2.1　为何开发基于 Web 的应用？

一个典型的 IT 部门需求：在满足规定的预算要求下，为公司内的所有用户提供足够的计算能力和数据存储。实际困难在于：为了满足峰值需求或增加用户容量，会导致 IT 预算大幅度增加。对大多数公司而言，为了满足只在少数时间用得到的计算能力，而大幅增加预算是不明智的。IT 部门需要一种方法，可增加容量或提升性能，但不需投资新服务器、网络设备，或许可新软件。云计算正是应这一需求而生。

云服务采用了集中式、基于 Web 应用形式，这对于 IT 专业人员也有吸引力。具体来说，云中的一种应用与安装在每个用户台式机上的类似功能软件的单个拷贝相比，更便宜更易于管理。升级一个云服务只需要做一次，而升级传统的软件需要针对每一台安装该软件的个人计算机进行。另外，云带来了协作能力，而传统的桌面应用是很难做到。

云服务开发的优势对小企业尤为明显，它们没有开发大规模应用的预算和资源。通过将本地开发的 Web 应用部署在云中，小企业就可避免购买昂贵的硬件设备。

总之，研究开发云服务有许多好处。一个开发自己的基于 Web 的应用的公司在得到功能的同时还降低了业务费用。云的聚合能力伴随着更低的软件购置和管理费用。

5.2.2　云开发的优缺点

云开发的一个根本好处是其经济性。利用由云计算供应商提供的基础设施，与在单一的企业内开发相比，云服务开发者可提供更好、更便宜和更可靠的应用。如果需要，该应用可利用该云的全部资源。至于成本，因为云服务遵循一对多的模式，与单独的桌面程序使用相比，所需成本极大地降低了。

IT 部门喜欢云应用，因为所有的管理活动由一个中心位置所管理，而不是由个别工作站管理。这就意味着，IT 工作人员远程地通过 Web 接入应用。它也有利于快速地向用户提供所需软件。再加上更多的计算资源。当用户需要更多的存储空间或带宽时，公司只需要从云中添加另外一个虚拟服务器。这比在自己的数据中心购买、安装和配置一个新的服务器容易得多。

对开发者而言，升级一个云应用比采用传统的桌面软件更容易。只需要升级集中式的应用程序，应用的特征能被快速顺利地得到更新，而不必手工升级每台台式机上的单独的应用程序。有了云服务，一个改变就能影响运行应用的每一个用户，这大大的降低了开发者的工作量。

云开发所能感觉到的最大不足就是所有基于 Web 的应用带来麻烦的问题：它安全吗？基于 Web 的应用很久以来一直被认为有潜在的安全风险。正是这个原因，许多公司宁愿将应用、数据和 IT 操作保持在自己的掌控之下。尽管可以说,一个大的云托管操作可能比一般的企业有更好的数据安全和冗余的工具,但利用云托管的应用和存储在少数情况下会产生数据丢失。

5.2.3 云服务开发的类型

1. 软件即服务(Software as a Service,SaaS)

软件即服务也许是云服务开发中最普通的类型。有了软件即服务,一个简单的应用从供应商的服务器中被提供给成千上万个用户。用户并不为拥有该软件而付费,他们只为使用它而付费。用户通过一个 API 在 Web 上的接入,就接入一个应用。被该供应商所服务的每一个组织被称为一个承租者,这种类型的安排称为一个多承租者结构。供应商的服务器被虚拟地化分成多个部分,从而每个组织都可以利用定制的应用进行工作。

对用户而言,软件即服务并不需要前期的服务器或软件许可投资。对应用开发者而言,只有对多个用户维护一个应用。

许多不同类型的公司都在利用软件即服务模型开发应用。也许最常见的 SaaS 应用即由 Google 为自己的用户群所提供的一系列应用。

2. 平台即服务(Platform as a Service,PaaS)

平台即服务(PaaS)是指把整个开发环境作为一个服务而提供。狭义的平台即服务仅指适用于特定应用的分布式并行计算平台,如 Google、微软、IBM 等。而广义的平台即服务涵盖了更多的底层技术,这些底层必须符合云计算的技术特征,如百度、腾讯。更广义的平台即服务基本上不考虑技术,只考虑商业模式,如 B2C 的物流平台、淘宝网商务平台。

还有一类平台即服务,主要由传统的 IT 企业推动,如苹果、英特尔、惠普、戴尔等目前已广为流行。

3. 基础设施即服务(Infrastructure as a Service,IaaS)

基础设施即服务改变了 IT 平台的构造方式和 IT 服务的提供方式。传统的电信运营商正在转向基础设施即服务,其实谁都可以提供基础设施即服务。

虚拟化技术将一台物理设备动态划分为多台在逻辑上独立的虚拟设备,不仅为充分复用软硬件资源提供了技术基础,还能将所有物理设备资源形成对用户透明的统一资源地,并能按用户需要生成不同配置的子资源,从而大大提高了资源分配的弹性和效率。

基础设施即服务的典型融合应用如 Amazon 的云计算服务。

总之,云计算的融合服务模式已是日益流行,成为不可阻挡的潮流。

5.2.4 云开发服务的工具

1. Amazon

Amazon 是互联网上最大的零售商之一,也是世界云服务开发业务提供者之一。Amazon 已花了大量时间和费用建立起一个服务器群,以便为其普及的万维网站服务,而且正在利用这些巨大的硬件资源为所有的开发者所使用。

这项服务称之为弹性计算云,也称 EC2。这是一种商业上的 Web 服务,它先允许开发者和公司租用亚马逊公司拥有的服务器云的能力,它往往是世界上最大的服务器群之一。客户可以请求指定数量的虚拟机,并在其上加载他们选择的任何应用,EC2 使得可扩展的应用成为可能。因此,客户可以按需创建、启动和终止服务器实例,从而形成真正的"弹性"操作。

Amazon 为客户提供了三种配置的虚拟服务器:

① 小型的。等效于 1.7 GB 存储块,160 GB 存储器和一个虚拟 32 位核处理器。

② 大型的。等效于 7.5 GB 存储块,850 GB 存储器和一个虚拟 64 位核处理器。

③ 超大型的。等效于 15 GB 存储块,1.17 TB 存储器和 4 个虚拟 64 位核处理器。

换言之,客户只需要选择想要的虚拟服务器的配置和计算能力,而其他的事情就由 Amazon 来负责完成。

EC2 是 Amazon 提供的 Web 服务产品集的一部分,它向开发人员提供直接接入到 Amazon 的软件和机器。通过 Amazon 已建成的计算能力,开发人员能够建立可靠、强大、低成本的 Web 应用。Amazon 提供云,开发者负责其余的部分,他们只需为他们所用的计算资源支付相应的费用。

2. Google 应用引擎

Google 是 Web 应用的领导者,因此它提供云开发业务是并不奇怪的,这些业务以 Google App Engine 的形式出现。该引擎使开发者建立起其自己的 Web 应用。

Google App Engine 提供一个完整的综合的应用环境。利用 Google 开发工具和计算云,App Engine 应用易于建立、维持和扩大,用户所需做的全部只是开发用户的应用(利用某 API 和 Python 程序语言),并把它装入到 App 引擎中,然后它已准备好为用户的用户服务。

Google 提供了一个可靠的云开发环境,它具有如下特征:

(1) 动态的 Web 服务;

(2) 全方位支持的通用 Web 技术;

(3) 带有查询、分类和事务处理的持久存储;

(4) 自动扩展和负载均衡;

(5) 用户认证和使用谷歌账户发送 E-mail 的 API。

此外,Google 提供一个类似 Google App Engine 的具有完全特征的本地开发环境。

3. IBM

IBM 推出了一整套面向中小企业的基于云的按需服务,通过其蓝云(Blue Cloud)。

蓝云是一系列的云计算产品,使得企业能够将他们的计算需求分散到可全球访问的资源网格中。其中的一个产品是快速优势(Express Advantage)套件,它包括数据反馈和发现,电子邮件的连续和存档以及数据安全功能。

为了管理其云硬件,IBM 提供了开源负载调度软件 Hadoop,该软件是基于 Google 的 MapReduce 软件。

4. Sales Force. com

Sales Force. com 最著名是它的销售管理 SaaS。它也是在云计算开发方面的一个领袖。其云计算体系称做 Force. com。该平台作为一个服务运行在互联网上,是完全按需请求的。ScaleForce 提供其自己的 Force. com API 和开发者的工具箱。

5. 其他云服务开发工具

- 3tera(www. 3tera. com)提供 App Logic 网格操作系统和用于按需计算的云件(Cloudware)架构。
- 10gen(www. 10gen. com) 提供了一个平台供开发者构建可扩展的基于 Web 的应用。
- Cohesive Hexibe Technologies(www. cohesiveft. com)提供称为"按需弹性服务器"的虚拟服务器平台。
- Joyent(www. joyent. com)为 Web 应用开发者提供的可扩展按需的基础设施以及面向小企业的 Web 应用套件。
- Skytap 提供按需 Web 自动化解决方案,它使得开发者能够利用预配置的虚拟机构建和配置实验室环境。

5.3 云服务的使用

随着云计算的迅速发展,各种各样的云服务层出不穷、不断创新。当前已经形成一定规模的云服务主要包括以下几类:在线日历、会议日程、计划与任务管理、在线图片编辑、数字照片共享、基于 Web 的桌面系统、在线文字处理、云存储和网络存储、在线书签服务和基于 Web 的数据库等。表 5-1 给出了上述的相关主要产品和说明链接信息。

表 5-1　当前主要的云服务分类和在线产品

云服务		说明
在线日历	Google 日历	www. google. com/calendar/
	Yahoo! 日历	calendar. yahoo. com
	微软日历	calendar. live. com
	Apple 日历	www. apple. com
会议日程	Jiffle	www. jifflenow. com
	Presdo	www. presdo. com
计划与任务管理	iPrioritize	www. iprioritize. com

续　表

云服务		说明
在线图片编辑	Photoshop Express	www. photoshop. com/express/
	FotoFlexer	www. fotoflexer. com
	Picnik	www. picnik. com
	Picture2Life	www. picture2life. com
	Pikifx	www. pikifx. com
	Preloadr	www. preloadr. com
	Pixenate	www. pixenate. com
	Phixr	www. phixr. com
	Shipshot	www. snipshot. com
数字照片共享	Flickr	www. flickr. com
	DPHOTO	www. dotphoto. com
	Fotki	www. fotki. com
	MyPhotoAlbum	www. myphotoalbum. com
	Photobucket	www. photobucket. com
	Pixagogo	www. pixagogo. com
	pictureTrail	www. picturetrail. com
	SmugMug	www. smugmug. com
	WebShots	www. webshots. com
	Zenfolio	www. zenfolio. com
	Zoto	www. zoto. com
基于 Web 的桌面系统	ajaxWindows	www. ajaxwindows. com
	Deskjump	www. deskjump. com
	Desktoptwo	www. desktoptwo. com
	eyeOS	www. eyeos. org
	g. ho. st	www. ghost. cc
	Glide	www. glidedigital. com
	Nivio	www. nivio. com
	StartForce	www. startforce. com
	YouOS	www. youos. com

续 表

云服务		说明
在线文字处理	GoogleDocs	docs. google. com
	微软 Live Office	www. microsoft. com
	百会	www. baihui. com
	Zoho	www. zoho. com
	Buzzword	www. adobe. com
	ThinkFree	www. thinkfree. com
云存储和网络存储	Amazon S3	aws. amazon. com/s3/
	Dropdox	www. dropbox. com
	Box	www. box. com
	盛大网盘	www. everbox. com
	115 网盘	www. 115. com
在线书签服务	BinkList	www. blinklist. com
	ClipClip	www. clipclip. org
	Clipmarks	www. clipmarks. com
	Delicious	www. delicious. com
基于 Web 的数据库	Blist	www. blist. com
	Cebase	www. cebase. com
	Dabble	www. dabbledb. com
	Lazybase	www. lazybase. com
	MyWebDB	hu. oneteamtech. com/myWebdb. html
	QuickBase	quickbase. intuit. com
	TeamDesk	www. teamdesk. net
	Trackvia	www. trackvia. com

5.3.1　日历应用

目前,尽管传统的挂壁式日历还没有消亡,但是越来越多的计算机用户通过其个人计算机进行日程日历安排管理。然而,采用诸如 Microsoft Outlook 或 Windows 的日程表之类的日历软件,往往由一台独立的计算机保存用户的所有日程安排信息。这意味着,如果用户的日程表在家庭计算机上,那么在旅途中用户将无法使用日程表,这势必给带来诸多不便。

基于 Web 的日程安排程序可以解决上述问题,它将用户的日程表存储在互联网上。用户可以在任意地点接入到网络访问个人日程表,而且其同事和家人可以在其日程表上添加新的日程安排。这样用户不再局限于那些和自己在同一个办公室的人,还可以协调来自其他地区、其他公司的人员的日程安排。

下面,简要介绍几款最常用的日历程序。

（1） Google 日历

毫无疑问,凭借其强大搜索引擎等功能,Google 推出的 Google 日历程序是最普及的。它拥有绝大部分日历安排的功能要求且是免费的。它允许创建和共享个人日程表,可以方便地跟踪商业、家庭和团体的日程安排事件。

如图 5-3 所示,Google 日程表的界面是非常友好的。人们可以进入账号的页面,日程安排事件可以按每天、每周、每月显示。

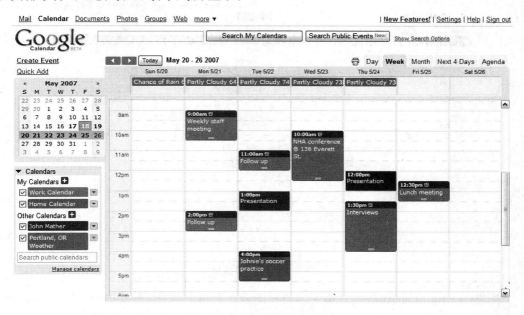

图 5-3　Google 日程表的界面

Google 日历如同其他基于 Web 的日程软件一样,它把用户的日程安排信息都存储在 Google 服务器网络构建的云中,而非用户的个人计算机上。这就意味着,用户可以从任何地方、任何一台计算机接入到 Google 服务器网络,访问自己的日程表。

Google 日程表的类型:个人的、公用的、朋友的、假日的。它不仅允许用户创建私人的日程表,也可以为公司或组织创建公用日程表,然后允许所有雇员通过 Web 方式接入访问公共日程表。此外,通过特殊事件的邀请功能可以方便地邀请其他人参与到私人和公用日程表中来。Google 允许用户创建多个不同类型的日程表,用户可以创建一个家庭日程表,一个工作日程表,甚至可以创建一个儿子足球队日程表。上述日程表统一出现在用户的 Google 日历页面上,为了便于区分,往往采用不同颜色区分。

创建一张新日程表是容易的,当用户登录进入 Google 日历页,用户日程表已在等待输入状态。此外,Google 日历可以平滑地综合 Gmail 应用。Google 日历可以获得 Gmail 访问消息和次数;而在 Gmail 中只需少量的操作就可以产生基于 Gmail 消息的事件。

(2) Yahoo!日历

Google 日历主要竞争者之一是 Yahoo!日历(Calendar. yahoo. coom),这种基于 Web 的日历看起来感觉和功能十分类似于 Google 日历,也是可免费使用的。如图 5-4 所示,Yahoo!日历的一个微妙的区别在添加任务工作按钮的出现,这反映出 Yahoo!日历除了事件还加上任务功能。

图 5-4　Yahoo!日历

当然,Yahoo!日历还能与其他用户在一个合作环境中共享,只要单击"共享"按钮,并指明如何共享:不共享、允许朋友看、允许任何人看、只允许特殊朋友看、允许编辑。

现在,Yahoo!日历只让用户产生一个单独的日历,所有用户的事件,不管是公共的,还是私人的,必须被存于该日历上,用户不能产生具有不同功能的不同日历,这点 Google 比 Yahoo! 做得更好。

(3) 微软日历

Hotmail 日历是微软的基于 Web 的日历,如图 5-5 所示。事实上是 Hotmail 电子邮件业务的一部分,提供多任务、多日历添加。像 Yahoo!日历一样,也与其他 Hotmail 授权用户分享用户的日历,可用于群组协作。

(4) Apple 日历

iCal 是 Apple 公司的一个日程管理应用程序,运行在 Mac OS X 操作系统。iCal 是第一个提供多日历支持,并可以在 WebDAV 服务器上发布/订阅日历的日程管理程序。
iCal日历的界面如图 5-6 所示。

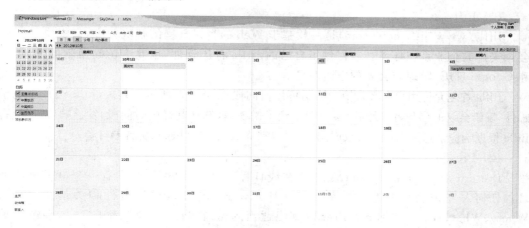

图 5-5　Hotmail 日历

图 5-6　iCal 日历

5.3.2　会议日程应用

（1）Jiffle

Jiffle(www.jifflenow.com)是一款基于 Web 的会议日程的解决方案,它提供了协调会议安排的企业系统环境。它提供了自己的 Jiffle 日历软件,也允许访问微软的Outlook和 Google 日历,跟踪与会者的空闲时间。

Jiffle 首先允许用户在其日历上标明可用时间段,如图 5-7 所示。其次,Jiffle 会产生电子邮件,发给会议的参与者。然后,参与者看到了邀请信,选择其优先时间段,发出响应。最后,Jiffle 根据响应信息选出最佳会议时间,通过自动确认电子邮件通知所有参与者。

（2）Presdo

Presdo(www.presdo.com)是一个在线日程工具,用户可以与具有一个电子邮件地址的任何人安排会议和事件。如图 5-8 所示,Presdo 可以添加事件相关信息:Who、Where、What、When 和标题。Presdo 邮出适当的邀请,当一个参与者响应了,会被自动地加到事件的客人表中。Presdo 可以加一个事件到一个用户的 Microsoft Outlook,Yahoo! Calendar 或 Apple calendar。

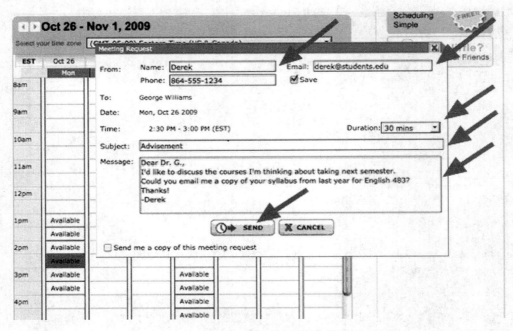

图 5-7　用 Jiffle 召集会议

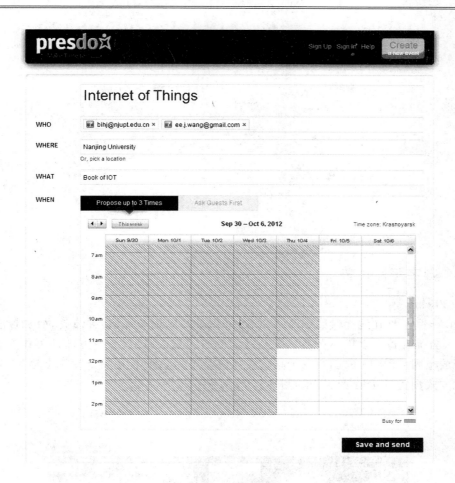

图 5-8 Presdo 的界面

5.3.3 计划与任务管理应用

在任何时间,任何地方接入访问工作计划和任务表格对家庭、团体和企业来说是十分重要的。简单的任务表可以只是购货清单表,复杂的任务表可以是一个团体或企业的活动项目安排。

iPrioritize(www. iprioritize. com)是一种基于 Web 的计划任务管理应用软件。如图 5-9所示,授权用户可以创建一张新制的任务表,添加某些项目到该任务表,通过修改和删除任务。

当用户创建好一张表,用户可以把它打印出来,发电子邮件给其他人,通过 RSS 在表中作变化并签名甚至在手机上观看该表,在超市时,用户可以查询自己的杂货表。

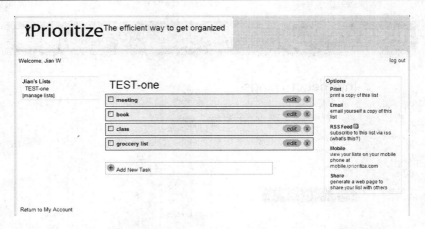

图 5-9　iPrioritize 的界面

5.3.4　数字照片共享

1. Flickr

Flickr 是一款在线提供数字照片存储、分享方案应用及服务，并支持网络社交功能。Flickr 一方面支持众多用户在 Flickr 上分享他们的私人照片，另一方面还可作为博客图片的存放空间。Flickr 的创新在于其在线社交模式及工具，能够将照片标上标签(Tag)并且以此方式浏览，Flickr 的界面如图 5-10 所示。

图 5-10　Flickr 界面

Flickr 集合了借由用户间的关系彼此相互连接的数字图像,图像还可依其内容彼此产生关系。图片上传者可自己定义该相片的关键字,也就是"标签"(Tags),如此一来搜索者可很快找到想要的相片,例如,指定拍摄地点或照片的主题,而创作者也能很快了解相同标签(Tags)下有哪些由其他人所分享的照片,Flickr 也会挑选出最受欢迎的标签名单,缩短搜索相片的时间。Flickr 也让用户能将照片编入"照片集"(Sets),或是将有相同标题开头的照片结成组群。然而,照片集比传统的文件夹分类模式更有弹性,因为一张照片可被归类到多个照片集中,或是仅分至一个照片集中,或是完全不属于任何的照片集。

2. Picasa Web Albums

Picasa Web Albums 是 Google 旗下的一个流行的在线服务,如图 5-11 所示,具有 Windows 和 Linux 的桌面客户端软件:Picasa。Picasa 网络相册得益于 Picasa 和 Google 账户的无缝集成,使得这个服务得以快速成长。免费的 Picasa 网络相册账户有 1G 的免费存储空间。

Picasa 对于本地照片有着相当强大的管理功能,和 Gmail,Google Blogger,Google Earth 都有接口,与此同时,Google 拥有庞大的用户群和良好的品牌效应,同时还拥有很强的网络应用开发团队。Google＋Picasa 产生出来的网络相册 Picasa Web Albums 如果策略得当,有能力成为 Flickr 的杀手。

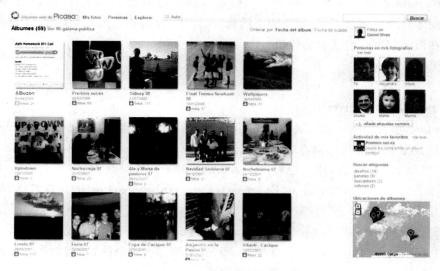

图 5-11　Picasa Web Albums 界面

3. Instagram

Instagram 是一款支持 iOS,Android 平台的移动应用,允许用户在任何环境下抓拍下自己的生活记忆,选择图片的滤镜样式(Lomo/Nashville/Apollo/Poprocket 等十多种胶圈效果),一键分享至 Instagram,Facebook,Twitter,Flickr 或者新浪微博平台上,Instagram的功能界面如图 5-12 所示。

图 5-12　Instagram 软件界面

　　Instagram 不仅仅是拍照,作为一款轻量级但十分有趣的 App,Instagram 在移动端融入了很多社会化元素,包括好友关系的建立、回复、分享和收藏等,这是 Instagram 作为服务存在而非应用存在最大的价值。

5.3.5　在线图片编辑

1. Photoshop Express

　　Photoshop Express 是一款简单易用、轻量级的照片处理软件,配合PhotoShop. com,可以实现数字照片的在线储存、分享、编辑等服务。Adobe 允许用户存储 2 GB 的照片,同时,它也和 Flickr 合作,用户也可把拟编辑的照片导入 Flickr 网站。

　　如图 5-13 所示为 Photoshop Express(www. photoshop. com)的管理界面,提供了多种的图片编辑操作。

　　编辑数字照片的界面如图 5-14 所示,它提供如下各种不同的编辑选择。

　　(1)基本操作:裁剪、旋转、自动校正、曝光、瑕疵和模糊消除,彩色饱和度控制。

　　(2)调整操作:白平衡、变亮、锐化、软聚焦。

　　(3)高级操作:弹出彩色、改变色调、黑与白、色调浓淡、素描、失真、结晶等。

2. Foto-Flexer

　　Foto-Flexer (www. fotoFlexer. com)类似于 Photoshop Express,完全免费使用的。它提供类似 Photoshop 的编辑功能,甚至还有更有趣的增强工具。

　　如图 5-15 所示,Foto-Flexer 编辑窗显示装入的照片,用一个标志接口,每一个标志设计成用于一特定的编辑/增强任务,只要按下顶部的选择锁即可。还有装饰动画制作、失真等特殊效应的按键。

图 5-13　在 Photoshop Express 的管理界面

图 5-14　Photoshop Express 的编辑功能界面

图 5-15 Foto-Flexer 的基本编辑功能

5.3.6 基于 Web 的桌面系统

一个基于 Web 的桌面系统〔或者称做 Web 桌面（Web Desktop 或 Webtop）〕实质上是在 Web 浏览器中显示的虚拟计算机桌面，其内容是通过 Internet 连接传递的。一个 Web 桌面有一个像 Windows 或 Mac OS 的图形用户接口 GUI，经常包括了一个或多个功能实用的应用程序、Web 桌面和所有的应用程序，以及个人对桌面风格的喜好都存储在云上，可以通过 Web 访问它。

一个典型的 Web 桌面会包括像 Web 浏览器、电子邮件程序、Web 日历，还可能有 IM 客户端。在很多情况下，应用包中还包括字处理、电子表格和演示文稿程序。换句话说，所有的人们在办公室或旅途中需要的应用都包含进去了。当然，一个基于 Web 的桌面的主要好处是人们得到了自己的个性化计算环境，这个环境会伴随着每个人从一台计算机切换到另一台计算机。

目前已有很多公司试图开发在线操作系统，主要有 Desktoptwo，EyeOS，AjaxWindows，VMware View，Nivio，AppFlower，Cloudo，Glide，YouOS，G. ho. st，Deskjump 等产品不断涌现，向人们预示着 Webtop 时代来临。下面简要说明一下 AjaxWindows 和 EyeOS 两种基于 Web 的桌面系统。

1. AjaxWindows

AjaxWindows 是一款充分模拟 Windows 用户界面的网络操作系统，使人可以尽情地享受 Web 的 Windows 操作体验；同时，AjaxWindows 还内置了基于 Firefox 内核的 Web 浏览器、Foobar 媒体播放器、GizmoCall 网络电话、Meebo 网络即时聊天以及 BOX

网络存储服务,等等,如图 5-16 所示。

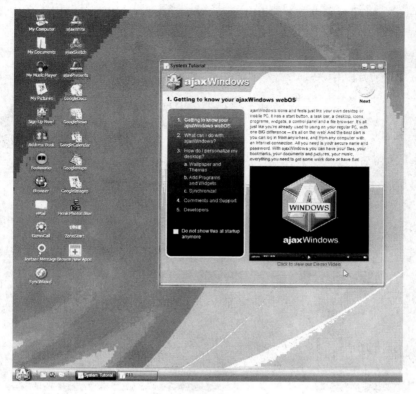

图 5-16　AjaxWindows 的全屏幕界面

　　而 AjaxWindows 不同于一般网络操作系统的地方:AjaxWindows 可以轻松地在自己服务器上建立用户本地计算机的一个数据镜像,也就是说,用户可以在世界上的任何一个角落中远程链接到自己的计算机上并使用和分享自己计算机上的数字多媒体文件,等等。AjaxWindows 致力于复制桌面环境,可以在线同步音乐、图片、文件夹,以及墙纸等。AjaxWindows 的主要特性除了同步外,还有安全连接于 1G 的免费文档存储空间(加上 MP3 的空间可能会更多)。它也有各种应用程序,其中大多是网络应用。

　　2. EyeOS

　　EyeOS 是一个开源基于 Web 的桌面系统,也称做 Web 操作系统(Web OS)或 Web Office。该系统的基础模块包括了一些办公和 PIM(个人信息管理)软件。还可对 EyeOS 进行扩展,使其具有日历、计算器、地址本、RSS 阅读器、文字处理器、FTP 客户端、浏览器、服务器内部消息、多款游戏、聊天室以及其他若干程序等,如图 5-17 所示。

　　EyeOS 是当今全球领先的云桌面,也是整个欧洲最大开源项目之一,目前 EyeOS 已经获得了超过 100 万的下载量。IBM 已经选定作为其首选的开源云计算平台。EyeOS

代码使用 PHP5 开发，数据库采用 MySQL，运行服务器采用 Apache。有了 EyeOS，就可以建立用户自己的私有云桌面。使用 EyeOS Web Runner，用户可以用本地应用程序，通过浏览器打开 EyeOS 文件，可以自动把它们保存到用户自己的云桌面上。

图 5-17　EyeOS 的全屏幕界面

5.3.7　在线文字处理

人们经常使用文字处理软件，以便写备忘录、信件、感谢信、报告……因此文字处理软件成为人们日常生活中一个重要部分。一般情况下，大多数人会使用 Office 之类文字处理软件。但如果没有文字处理器时，可在云中，找到基于 Web 的在线文字处理。

目前基于 Web 的办公套件很多，从开发技术上来看，主要分为两类，一类主要基于 HTML，AJAX 技术，主要产品包括：谷歌文档（docs. google. com）、微软的 Live Offeice 和 ThinkFree 办公软件（www. thinkfree. com）、百合在线办公软件（www. haihui. com）和 Zoho 办公软件（www. zoho. com/docs/）；还有一类是采用 Flex 技术的在线办公套件，典型的代表是 Adobe Buzzword。下面简述谷歌文档 Google Docs 和 Adobe Buzzword。

1. Google Docs

Google Docs（docs. google. com）是应用最普及的基于 Web 的文字处理。Docs 事实上是一组应用，它包括 Web 版本的文字处理、电子表格、演示文稿等应用工具。它允许用户在线创建和编辑文档，并且支持网上共享和协同编辑。Google Docs 包括了 Writely 和 Spreadsheets 两项功能部件。

使用者可以在谷歌文件中建立文件、电子制表和演示档案，也可以透过 Web 接口或电子邮件汇入到谷歌文件中，如图 5-18 所示。预设情况下这些档案保存在 Google 的服务器上，使用者也可以将这些档案以多种格式（包括 OpenOffice、HTML、PDF、RTF、文字文件、Word）下载到原生计算机中。正在编辑的档案会被自动保存以防止数据遗失，编辑更新的历史也会被记录在案。为方便组织管理，档案可以存盘或加上自订的标签。

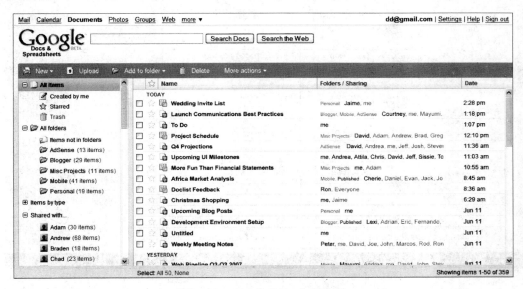

图 5-18　Google Docs 主页界面

Google Docs 支持多使用者协同工作。文档可以同时被多个使用者共享，开启和编辑。在电子制表中，使用者可以设定透过电子邮件提醒任何指定区域的更改。程序支持 ISO 标准的 OpenDocuments 格式。支持流行的文档格式，包括 .doc，.docx，.xls 和 .xlsx 等。

2. Adobe BuzzWord

Adobe BuzzWord 是一款基于 Flash 的在线文档编辑应用。BuzzWord 可以读取本地或网络上的文档文件（如 Microsoft Word）进行在线操作，支持多人协同工作，免去了繁琐的电子邮件交流；BuzzWord 的图文混排基本跟 Microsoft Word 一样，十分方便好用。图 5-19 给出了基于 Flash 的 Adobe BuzzWord 的界面。

BuzzWord 最大的特色是完全基于 Flash 技术架构，其视觉上的表现能力以及用户体验都要远远地优越于它的竞争对手，目前这款 BuzzWord 线上文字处理软件已经被整合至 Adobe Acrobat 项目组中。

不同于谷歌文档，BuzzWord 在 Flash 中运行，对于那些使用老式个人计算机或因特网连接缓慢的人来说，这可能是个问题。不管怎么说，利用 Flash 实现使得 BuzzWord 具有华丽的界面和某些高级编辑和格式化功能。

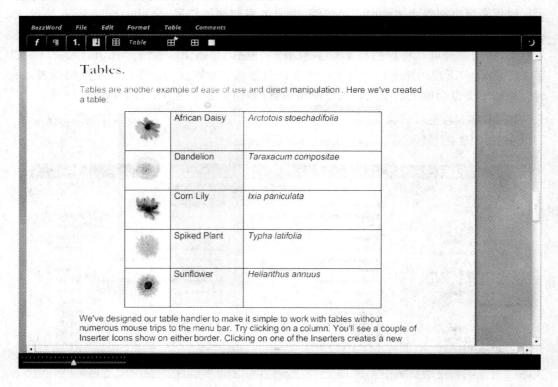

图 5-19　BuzzWord 的界面

BuzzWord 支持全文和段落格式化、页眉和页脚、页码编排、尾注以及键盘快捷键。可以使用当前字数统计、在输入的同时进行拼写检查、插入评论以及获得对文件的修订历史。

在任何 BuzzWord 文档中导入 JPG，GIF 和 PNG 格式的文件，然后按照个人的喜好设置图像的大小和位置。当与其他用户协作时，可以对协作者进行不同粒度的控制，他们分别是共享（读者）、发表意见（评论者），以及向文件中填写内容（合著者）。

5.3.8　云存储和网络存储

云存储是在云计算概念上延伸和发展而来，是指通过集群应用、网格技术或分布式文件系统等功能，将网络中大量的、各种不同类型的存储设备通过应用软件集合起来协同工作，共同对外提供数据存储和业务访问功能的一个系统。当云计算系统运算和处理的核心是大量数据的存储和管理时，云计算系统中就需要配置大量的存储设备，那么云计算系统就转变成为一个云存储系统，所以云存储是一个以数据存储和管理为核心的云计算系统。

网盘是一种在线存储服务,向用户提供文件的存储、访问、备份、共享等文件管理功能,使用起来十分方便。随着 DropBox 的推出,网盘已经成为一个重要的互联网应用。网盘帮助个人用户同步不同终端上的数据。

云存储和网盘都能够存放数据,但实际含义差异巨大。①用户不同。云存储的用户是各类网络应用,这也包括网盘在内。网盘的用户群是终端用户,网盘为他们提供个人数据存储、同步和分享等功能。②功能不同。云存储专门提供数据对象的存放和读取功能,但不负责帮助用户组织数据。这是因为不同的网络应用都会有各自不同的数据组织方式,因此云存储只提供最简单,但最具灵活性的功能,以适应各种应用的需求。网盘作为具备一个特定业务模式的应用,有具体的需求,必须提供完整的数据组织模型。网盘作为具备一个特定业务模式的应用,有具体的需求,必须提供完整的数据组织模型。但正因为引入了复杂的数据组织模型,网盘的可靠性、数据一致性和服务可用性同云存储之间存在数量级的差别。

5.4　云计算的技术[3-4]

5.4.1　云计算原理框架

图 5-20 为物联网云计算原理示意图。由图可见,物联网与云计算平台之间具有紧密的关系。物联网或传感器网提供大量的文件物理数据,它们的计算、处理、分析可由云计算平台进行。

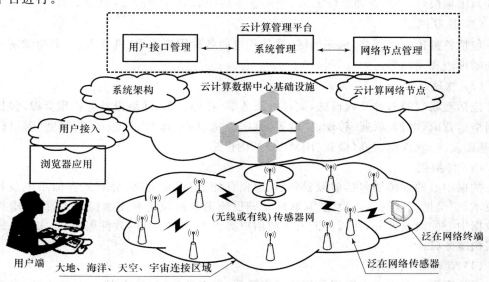

图 5-20　物联网与计算原理示意图

最现实、最简单的云计算服务步骤如下：

首先是用户端接入,这个用户端包括无线或有线的传感器网络中所有的各种用户,其步骤和一般的浏览器应用类似。用户登录云服务数据中心的"网页",单击"网页"的服务内容,经由"链接"传送,申请定制所需的服务,请求接入云服务数据中心的云计算管理平台。

其次,该管理平台在鉴权后,组织协调云计算网络内各服务节点资源,制作出所定制的业务,并交付该端用户。

最后,用户启动并使用满足该所需服务的云计算服务,完成该服务后,按需计费、交费。

由图 5-20 可见,云计算的关键技术有三个,即智能基础设施技术、智能计算平台技术、智能知识存储技术。

其中,智能基础设施技术是将各类物理资源的虚拟化,包括智能虚拟连接一切可以连接的物理资源,弹性管理该虚拟连接的各种物理资源,按用户需要智能支付用户需的计算资源。

智能计算平台技术即智能管理平台技术,其核心为云计算的智能操作系统。

智能知识存储技术,其核心是云计算的知识存储组织。

下面分别对这三项云计算的关键技术进行描述和讨论。

5.4.2　智能基础设施

从功能而言,云计算的智能基础设施包括 5 个层次,即物联网层、物理层(互联网资源服务)、虚拟层(IaaS)、管理层(PaaS)、应用业务层(SaaS),如图 5-21 所示。

(1) 物联网层

包括各种传感器网络、汽车网络,及其相应的各种用户终端、机器人等,即物联网的各种基础设施和用户等。

(2) 物理层

包括互联网的各种基础设施,如各种服务器、存储设备、网络设备等物理资源,包括宽带网络运营商(电信、联通、移动、广电等)基础设施、网站运营商(Google、百度、阿里巴巴等)基础设施、软件运营商(微软、IBM 等)基础设施。

(3) 虚拟层

数据中心的虚拟层包括虚拟服务器、虚拟存储器、虚拟网络、分布式存储系统及其虚拟技术,它是把物联网基础设施、互联网基础设施的物理设备利用虚拟技术,统统虚拟成云数据中心的组成部分,并以极低成本向用户提供各种云计算的软件服务的,实际上即提供架构服务(IaaS)。

(4) 管理层(中间件)

云计算平台即中间件管理员包括动态部署、动态调度、容量规划,以及计费监控、安全等功能。采用弹性管理该虚拟的基础设施资源,计算出用户按需使用的资源费用,以及对用户进行身份验证、用户许可、用户定制管理、安全功能、监视功能。显然,其核心即云计算的操作系统,实际上即提供平台服务(PaaS)。

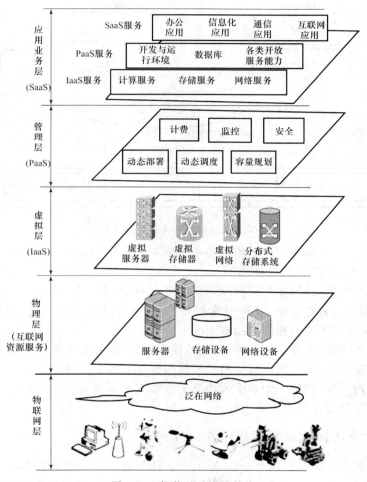

图 5-21　智能基础设施技术

(5) 应用业务层

应用业务层主要是向软件开发商提供相应的应用软件,实现 SaaS 如办公应用、信息化应用、通信和会议应用、互联网应用等,也可把开发与运行环境数据库、开发服务能力等,即 PaaS 包含在应用业务层中。

5.4.3　云计算的系统(管理和应用平台)

云计算操作系统的服务对象包括数据中心和数据终端,如图 5-22 所示,图中的云即数据中心是提供数据服务一方,而图中的矩形即数据终端则是申请数据服务的一方。

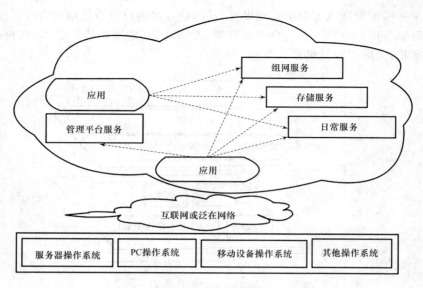

图 5-22　云计算操作系统的服务对象

一方面,研发者提供数据中心给出的基于服务和应用的程序,另一方面,提供数据中心给出的按需的计算能力和存储能力。

其中的应用服务:云计算用户有相当多的公共资源,个人信息是存储在数据中心的,它们按品种,资源等分类总结,统称日常服务。用户终端输入所需的应用服务类别及数据,可从日常服务架构实现相应的读取。

其中的业务服务:业务层包括组网服务、接入控制、服务集成及工作流等,它确保云计算应用程序的安全性,组网服务使分布式云应用程序变得更简单。

其中的数据服务:提供一个基于云计算的分布式关系数据库,提供结构化、非结构化甚至没有结构的数据存储和检索。

5.4.4　云计算的知识存储组织

云计算的知识存储组织如图 5-23 所示。云计算的操作系统首先识别云系统结构内的所有设备,然后,把它们虚拟化为系统结构的组织节点,从而实现系统结构及其组织节点的虚拟化配置和虚拟化存储,具体配置步骤如下:

(1) 下载组织管理维护操作系统,创造虚拟主机。不论本地区还是远程服务器,这些服务器从云计算数据中心下载并在该服务器上安装基于云计算系统结构的节点服务器操作系统。该操作系统具有节点组织及维护的功能,使该服务器成为云计算的节点服务器。

(2) 该服务器运行该操作系统,与云计算数据中心相连接。

(3) 云计算数据中心通过组织管理器把该服务器创造为系统结构的虚拟节点主机。

(4) 组织管理器通过该虚拟节点主机创造服务器主机分区,从而在数据中心构造虚拟主机,并实现虚拟存储等功能。

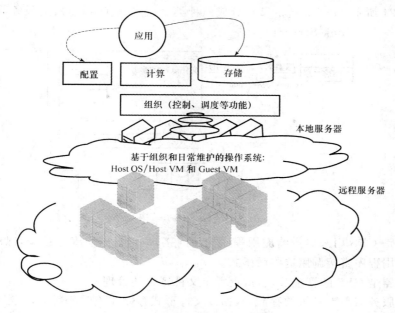

图 5-23 云计算的知识存储组织

5.4.5 典型云计算平台——Google

由于云计算的应用已成为一个潮流,各工厂巨头纷纷加入,产生了不同的云计算理论和实现架构,下面以 Google 为例作一扼要介绍。

Google 云计算平台能实现大规模分布式计算和应用服务,该平台包括 MapReduce 分布式处理技术、分布式文件系统 GFS(Google File System)、分布式结构化的数据表 (Big Table)存储系统,以及 Google 及其他云计算支撑结构。

1. MapReduce 分布式处理和编程技术

MapReduce 是 Google 开发的 Java,Python,C++编程工具。它是云计算的核心技术,为了使用户能更轻松地享受云计算带来的服务,让用户能利用该编程模型编写程序,该编程模型必须十分简单,这是一种简化的分布式编程模式。

"Map"(映射)和"Reduce"(化简)的概念都是从函数式编程语言中借来的,它极大地方便了编程人员在不会分布式并行编程的情况下,进行简单的编程,并将程序运行在分布式系统上。

MapReduce 模式的思想是将要执行的问题分解成 Map 和 Reduce 两种处理方式,先通过 Map 程序将数据切割成不相关的区块,分配给大量的计算机处理,达到分布运算的效果,然后再通过 Reduce 程序将结果汇整,输出开发者需要的结果。

2. Google 文件系统 GFS

GFS 是一个大型的分布式文件系统,它为 Google 云计算提供海量存储。

如图 5-24 所示，GFS 系统的节点分成三种类型：客户端（Client）、主服务器（Master）和数据块服务器（Chunk Server）。

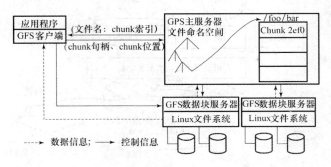

图 5-24　GFS 体系结构

客户机是 GFS 用来提供给应用程序的访问接口，这是一组专用接口，以库文件的形式提供。应用程序直接调用这些库函数。

主服务器是 GFS 的管理节点，负责整个文件系统的管理。

数据块服务器负责具体的存储，数据以文件形式存储在该服务器上，数据块服务器可以有多个，它的数目决定了 GFS 的规模。GFS 将文件按固定大小进行分块，通常默认 64 MB，每一块成为一个 Chunk（数据块），每个 Chunk 都有一对应的索引号（Index）。

客户端访问 GFS 时，首先访问 Master 节点，获取将与之交互的数据块服务器的控制信息，然后直接访问相应的数据块服务器完成数据存取。GFS 这种控制流与数据流分离的统计方法，极大地降低了 Master 的负载，使之不致成为系统性能的一个瓶颈。

客户端与数据块服务器之间的直接传输数据流。同时，由于文件被分成多个数据块进行分布式存储，因而客户端可以同时访问多个数据块服务器，从而使整个 GFS 系统的 I/O 高度并行，系统整体性能和效率得到明显提高。

3. 分布式结构化数据表 Bigtable

Bigtable 是 Google 开发的基于 GFS 和 Chubby 的分布式存储系统。Google 的很多数据如 Web 索引、卫星图像数据等在内的海量结构化和非结构化数据都存储在 Bigtable 中。

Bigtable 是一个分布式多维映射表，表中的数据是通过一个行关键字（Row Key）、一个列关键字（Column Key）以及一个时间戳（Timestamp）进行索引的。Bigtable 对存储在其中的数据不做任何分析，一律只视为字符串，具体数据结构的实现需用户自行处理。

Bigtable 由三部分组成：客户端程序库、一个主服务器、多个子表服务器（Table Server）。当客户访问 Bigtable 时，首先要执行库函数 Open（）操作打开一个锁（即获取文件目录），锁打开后，客户端就可与子表服务器进行通信。主服务器主要进行元数据的操作，以及子表服务器之间的调度，而实际数据则存储在子表服务器上的。

图 5-25 中 Word Queue 是一个分布式任务调度器，主要用来处理分布式系统队列分

组和任务调度。

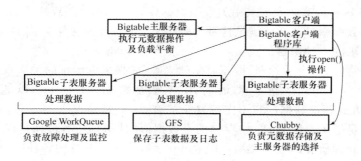

图 5-25　Bigtable 基本架构

可见,Bigtable 是建立在 GFS 之上的大型分布式数据库,但它与传统的数据库不同,它把所有的数据都作为对象来处理,形成一个巨大的表格,用来分布储存大规模结构化数据。

Google 很多项目使用 Bigtable 来存储数据,包括网页查询、Google Earth 和 Google金融,这些应用对 Bigtable 的要求各不相同,数据大小不同,反应速度不同(从后端的大批处理到实时数据服务)。对不同的服务,Bigtable 都成功地提供了灵活离散的服务。

5.4.6　典型的云计算平台——Amazon

亚马逊是最早实现云计算商业化服务的公司,它为软件开发人员和开发商提供云计算服务平台,简介如下。

1. 面向服务的亚马逊平台架构

如图 5-26 所示,其整个平台架构是完全分布式的、中心化的。其主要服务包括高可用性存储系统 Dynamo、弹性计算云 EC2、简单数据库等。

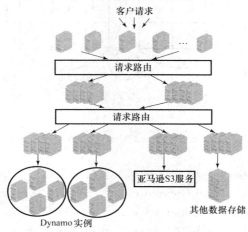

图 5-26　亚马逊平台架构

2. 高可用性存储系统 Dynamo

Web 服务各平台最初大多采用关系型数据库,由于大量的 Web 数据是非结构化的,传统的关系型数据库日益无法满足这种存储要求,亚马逊的存储架构 Dynamo 就是为满足这种存储要求的一种平台。

常用的购物、信息会话管理、推荐商品列表等,如果采取传统的关系数据库方式,将导致效率降低,Dynamo 存储了大量的用户服务数据。Dynamo 以很简单的键/值(Key/Value)方式存储数据。它不支持复杂的查询,通常情况下用户只需要根据键读取其对应的值就足够了。Dynamo 中存储的是数据值的原始形式,也就是以位的形式存储,这使它几乎可处理所有的数据类型。Dynamo 存储使用云服务的各种用户数据。

3. 弹性计算云 EC2

EC2 是亚马逊提供的云计算环境的基本平台。网络数据流向非常复杂。企业和个人的网络平台所需的计算能力也随着网络流量而不断变化着,利用亚马逊提供的各种应用接口,用户可按自己的需求随时创建、添加或删除实例,通过配置实例数据可保证计算能力随着通信量的变化而变化,这对降低中小企业成本而言是非常有利的。这种弹性计算云 EC2 具有以下特征:灵活性、低成本、安全性、容错性。

4. 简单数据库服务(Single Data Base,SDB)

SDB,使亚马逊计算服务平台可提供多样化、全面化的服务。SDB 主要用于存储结构化数据,并为这些数据提供查找、删除等基本的数据库功能。SDB 的基本结构如图 5-27 所示,它包含了以下概念:用户账户、域、条目、属性、值等。当用户创建数据库后,SDB 会自动地对用户添加的数据进行索引,这可在查询数据时加快速度。

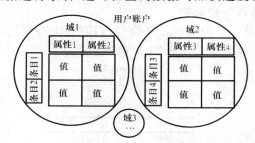

图 5-27　SDB 基本结构

本章参考文献

[1]　韩燕波,赵卓峰,王桂玲,等. 中国计算机学会通信[J].2012,6(2):58-62.

[2]　Michael Miller. Cloud Computing:Web-Based Applications That Change the Way You Work and Collaborate[M]. Que Publishing,2008.

[3]　李虹. 物联网与云计算[M].北京:人民邮电出版社,2011.

[4]　伍新华,陆雨萍. 物联网工程技术[M].北京:清华大学出版社,2011.

第6章 物联网的安全体系

6.1 物联网安全体系架构

6.1.1 物联网安全特征

物联网的体系结构按功能划分,从下到上依次有三个层次,即感知层、传输层和应用层。其中,感知层通过各种传感器节点获取各类数据,包括物体属性、环境状态、行为状态等动态和静态信息,通过传感器网络或射频识别器等网络和设备实现数据在感知层的汇聚和传输;传输层主要通过移动通信网、卫星网、互联网等网络基础实施,实现对感知层信息的接入和传输;同时传输层还要承担对上层应用服务建立高效可靠的技术支撑平台,通过并行数据挖掘处理等过程,为应用提供服务,屏蔽底层的网络/信息异构性等;应用层则是根据用户的需求,建立相应的业务模型,运行相应的应用系统。

物联网作为一个多网的异构融合网络,不仅存在与传感器网络、移动通信网络和因特网同样的安全问题,还有其特殊性,如隐私保护问题、异构网络的认证与访问控制问题、信息的存储与管理等。从物联网的信息处理过程来看,感知信息经过采集、汇聚、融合、传输、决策与控制等过程,整个信息处理的过程体现了物联网安全的特征与要求,也揭示了所面临的安全问题。

一是感知网络的信息采集、传输与信息安全问题。感知节点呈现多源异构性,感知节点通常情况下功能简单(如自动温度计)、携带能量少(使用电池),使得它们无法拥有复杂的安全保护能力,而感知网络多种多样,从温度测量到水文监控,从道路导航到自动控制,它们的数据传输和消息也没有特定的标准,所以没法提供统一的安全保护体系。

二是核心网络的传输与信息安全问题。核心网络具有相对完整的安全保护能力,但是由于物联网中节点数量庞大,且以集群方式存在,因此会导致在数据传播时,由于大量机器的数据发送使网络拥塞,产生拒绝服务攻击。此外,现有通信网络的安全架构都是从人通信的角度设计的,对以物为主体的物联网,要建立适合于感知信息传输与应用的安全架构。

三是物联网业务的安全问题。支撑物联网业务的平台有着不同的安全策略,如云计算、分布式系统、海量信息处理等,这些支撑平台要为上层服务管理和大规模行业应用建立起一个高效、可靠和可信的系统,而大规模、多平台、多业务类型使物联网业务层次的安全面临新的挑战,是针对不同的行业应用建立相应的安全策略,还是建立一个相对独立的安全架构?

另外,从信息与网络安全的角度来看,目标是要达到被保护信息的机密性(Confidentiality)、完整性(Integrity)和可用性(Availability)。因此,还应从安全的机密性、完整性和可用性来分析物联网的安全需求。信息隐私是物联网信息机密性的直接体现,如感知终端的位置信息是物联网的重要信息资源之一,也是需要保护的敏感信息。另外在数据处理过程中同样存在隐私保护问题,如基于数据挖掘的行为分析等,要建立访问控制机制,控制物联网中信息采集、传递和查询操作,不会由于个人隐私或机构秘密的泄露而造成对个人或机构的伤害。信息的加密是实现机密性的重要手段,由于物联网的多源异构性,使密钥管理显得更为困难,特别是对感知网络的密钥管理是制约物联网信息机密性的瓶颈。

物联网的信息完整性和可用性贯穿物联网数据流的全过程,网络入侵、拒绝攻击服务、Sybil 攻击、路由攻击等都使信息的完整性和可用性受到破坏。同时物联网的感知互动过程也要求网络具有高度的稳定性和可靠性,物联网是与许多应用领域的物理设备相关连,要保证网络的稳定可靠,如在仓储物流应用领域,物联网必须是稳定的,要保证网络的连通性,不能出现互联网中电子邮件时常丢失等问题,不然无法准确检测入库和出库的物品。

因此,物联网的安全特征体现在感知信息的多样性、网络环境的多样性和应用需求的多样性,呈现出网络的规模和数据的处理量大,决策控制复杂,给安全防范提出了新的挑战。

6.1.2 物联网安全架构

对应于物联网的体系结构,图 6-1 为物联网的一个安全层次结构,其中安全管理都贯穿于所有层次。感知层安全威胁主要针对射频识别安全威胁、无线传感网安全威胁和移动智能终端安全威胁。传输层安全威胁主要针对数据泄露或破坏以及海量数据融合等方面的安全问题。应用层安全威胁主要体现在用户隐私泄露、访问控制措施设置不当与安全标准不完善等问题。

应用层	智能交通、环境监测、内容服务等服务数据挖掘、智能计算、并行计算、云计算等平台	信息处理安全系统平台安全
传输层	WiMAX、GSM、3G 通信网、卫星网、互联网等	网络安全信息系统安全
感知层	RFID、二维码、传感器、红外感应等	信息采集安全物理安全

图 6-1 物联网安全层次结构

图 6-2 为物联网在不同层次可以采取的安全措施。以密码技术为核心的基础信息安全平台及基础设施建设是物联网安全,特别是数据隐私保护的基础,安全平台同时包括安全事件应急响应中心、数据备份和灾难恢复设施、安全管理等,而安全管理涉及法律问题。安全防御技术主要是为了保证信息的安全而采用的一些方法,在网络和通信传输安全方面,主要针对网络环境的安全技术,如 VPN、路由等,实现网络互连过程的安全,旨在确保通信的机密性、完整性和可用性。而应用环境主要针对用户的访问控制与审计,以及应用系统在执行过程中产生的安全问题。

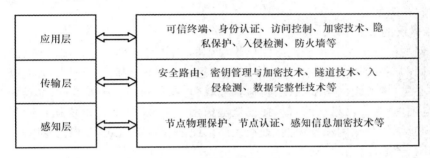

图 6-2　物联网安全技术架构

1. 感知层的安全

感知层的任务是多层次感知外界信息,或者说是原始信息的收集。该层的典型设备包括各类 RFID 装置、各类传感器(如红外、超声、温度、湿度、速度等)、图像捕捉装置(摄像头)、全球定位系统(GPS)、激光扫描仪等。

这一层所面临的主要安全问题包括物理安全和信息采集安全。物理安全主要是指保证物联网信息采集节点不被欺骗、控制、破坏。信息采集安全则主要包括防止采集的信息被窃听、篡改、伪造和重放攻击。根据以上的分析,感知层的安全问题主要表现为相关数据信息在机密性、完整性、可用性方面的要求,主要涉及 RFID/EPC、传感技术的安全问题等。

实现 RFID 安全性机制所采用的方法主要有物理方法、密码机制以及二者相结合的方法,使用物理途径来保护 RFID 标签安全性的方法主要有如下几类。

(1)静电屏蔽。通常采用由金属网或金属薄片制成的容器,使得某一频段的无线电信号(或其中一段的无线电信号)无法穿透。当 RFID 标签置于该外罩中,保护标签无法被激活,当然也就不能对其进行读/写操作,从而保护了标签上的信息。这种方法的缺点是,必须将贴有 RFID 的标签置于屏蔽笼中,使用不方便。

(2)阻塞标签。采用一种标签装置,通过发射出假冒标签序列码的连续频谱信号,来隐藏其他标签的序列码。这种方法的缺点是需要一个额外的标签,并且当标签和阻塞标签分离时其保护效果也将失去。

(3)主动干扰。用户可以采用一个能主动发出无线电信号的装置,以干扰或中断附近其他 RFID 读写器的操作。主动干扰带有强制性,容易造成附近其他合法无线通信系统的正常通信。

（4）改变读写器频率。读写器可使用任意频率,这样未授权的用户就不能轻易地探测或窃听读写器与标签之间的通信。

（5）改变标签频率。特殊设计的标签可以通过一个保留频率传送信息。然而,该方法的最大缺点是需要复杂电路,容易造成设备成本过高。

（6）感知信息加密。除一些物理方法的安全保护方法外,对感知信息的加密也是一种有效的保护方法。

2. 传输层的安全

物联网的网络层主要用于把感知层收集到的信息安全可靠地传输到信息应用层,然后根据不同的应用需求进行信息处理,实现信息的传送和通信。这一层又可以细分为接入层和核心层,主要是网络基础设施,包括互联网、移动网和一些专业网(如国家电力专用网、广播电视网)等。网络层既可依托公众电信网和互联网,也可以依托行业专业通信网络,还可同时依托公众网和专用网,如接入层依托公众网,核心层则依托专用网,或接入层依托专用网,核心层依托公众网。

传输层面临的安全问题主要分为两类:一是来自于物联网本身(主要包括网络的开放性架构、系统的接入和互连方式,以及各类功能繁多的网络设备和终端设备的能力等)安全隐患;二是源于构建和实现物联网网络层功能的相关技术(如云计算、网络存储、异构网络技术等)的安全弱点和协议缺陷。对安全的需求可以概括为数据机密性、数据完整性、数据流机密性、DDoS 攻击的检测与预防,以及移动网中认证与密钥协商机制的一致性或兼容性、跨域认证和跨网络认证等方面。

在物联网发展过程中,目前的互联网或者下一代互联网将是物联网传输层的核心载体,多数信息需要经过互联网传输。互联网遇到的 DoS 和分布式拒绝服务攻击(DDoS)等仍然存在,因此需要有更好的防范措施和灾难恢复机制。另一方面,在物联网信息传输过程中,需要经过一个或多个不同架构的网络进行信息交接。异构网络的信息交换将成为安全性的脆弱点,特别在网络认证方面,存在中间人攻击和其他类型的攻击(如异步攻击、合谋攻击等)。这些攻击都需要有更高的安全防护措施。

传输层的安全机制可分为端到端机密性和节点到节点机密性。对于端到端机密性,需要建立如下安全机制:端到端认证机制、端到端密钥协商机制、密钥管理机制和机密性算法选取机制等。在这些安全机制中,根据需要可以增加数据完整性服务。对于节点到节点机密性,需要节点间的认证和密钥协商协议,这类协议要重点考虑效率因素。机密性算法的选取和数据完整性服务则可以根据需求选取或省略。考虑到跨网络架构的安全需求,需要建立不同网络环境的认证衔接机制。另外,根据应用层的不同需求,网络传输模式可能区分为单播通信、组播通信和广播通信,针对不同类型的通信模式也应该有相应的认证机制和机密性保护机制。

简言之,传输层的安全架构主要包括如下几个方面:

(1) 节点认证、数据机密性、完整性、数据流机密性、DDoS 攻击的检测与预防。

(2) 移动网中兼容性、跨域认证和跨网络认证。

(3) 相应密码技术。如密钥管理(密钥基础设施 PKI 和密钥协商)、端对端加密和节点对节点加密、密码算法和协议等。

(4) 组播和广播通信的认证性、机密性和完整性安全机制。

3. 应用层的安全

应用层所涉及的某些安全问题,通过前面几个逻辑层的安全解决方案可能仍然无法解决,如隐私保护等。此外,应用层还将涉及到知识产权保护、计算机取证、计算机数据销毁等安全需求和相应技术。

应用层面临的需求和挑战主要来自于以下几个方面:如何根据不同访问权限对同一数据库内容进行筛选;如何提供用户隐私信息保护,同时又能正确认证;如何解决信息泄露追踪问题;如何进行计算机取证;如何销毁计算机数据;如何保护电子产品和软件的知识产权等。

由于物联网需要根据不同应用需求对共享数据分配不同的访问权限,而且不同权限访问同一数据可能得到不同的结果。例如,道路交通监控视频数据在用于城市规划时只需要很低的分辨率即可,因为城市规划需要的是交通堵塞的大概情况;当用于交通管制时就需要清晰一些,因为需要知道交通实际情况,以便能及时发现哪里发生了交通事故,以及交通事故的基本情况等;当用于公安侦查时可能需要更清晰的图像,以便能准确识别汽车牌照等信息。因此如何以安全方式处理信息是应用中的一项挑战。

随着个人和商业信息的网络化,越来越多的信息被认为是用户隐私信息。需要隐私保护的应用至少包括了如下几种:①移动用户既需要知道(或被合法知道)其位置信息,又不愿意被非法用户获取该信息;②用户既需要证明自己合法使用某种业务,又不想让他人知道自己在使用某种业务,如在线游戏;③病人急救时需要及时获得该病人的电子病历信息,但又要保护该病历信息不被非法获取,包括病历数据管理员。事实上,电子病历数据库的管理人员可能有机会获得电子病历的内容,但隐私保护采用某种管理和技术手段使病历内容与病人身份信息在电子病历数据库中无关联;④许多业务需要匿名性,如网络投票。很多情况下,用户信息是认证过程的必须信息,如何对这些信息提供隐私保护,是一个具有挑战性的问题,但又是必须要解决的问题。例如,医疗病历的管理系统需要病人的相关信息来获取正确的病历数据,但又要避免该病历数据跟病人的身份信息相关联。在应用过程中,主治医生知道病人的病历数据,这种情况下对隐私信息的保护具有一定困难性,但可以通过密码技术手段掌握医生泄露病人病历信息的证据。另外,在使用互联网的商业活动中,特别是在物联网环境的商业活动中,计算机取证和电子产品的知识产权保护将会提高到一个新的高度。

基于物联网应用层的安全挑战和安全需求,需要如下的安全机制:①有效的数据库访问控制和内容筛选机制；②不同场景的隐私信息保护技术；③叛逆追踪和其他信息泄露追踪机制；④有效的计算机取证技术；⑤安全的计算机数据销毁技术；⑥安全的电子产品和软件的知识产权保护技术。

针对这些安全架构，需要发展相关的密码技术，包括访问控制、匿名签名、匿名认证、密文验证(包括同态加密)、门限密码、叛逆追踪、数字水印和指纹技术等，以及建立相应健全的法律法规，实现对用户行为的约束。

6.2　物联网隐私保护策略

物联网应用不仅面临信息采集的安全性问题，也要考虑到信息传送的私密性问题，要求信息不能被篡改和非授权用户使用的同时，还要考虑到网络的可靠、可信和安全。物联网能否大规模推广应用，很大程度上取决于其是否能够保障用户数据和隐私的安全。物联网隐私保护策略涉及技术层面和法律层面两个方面。

在技术层面涉及数据加密、用户认证与访问控制、决策与控制等。就传感网而言，在信息的感知采集阶段就要进行相关的安全处理，如对 RFID 采集的信息进行轻量级的加密处理后，再传送到汇聚节点。这里要关注的是对光学标签信息的采集处理与安全，作为感知端的物体身份标识，光学标签显示了独特的优势，而虚拟光学的加密解密技术为基于光学标签的身份标识提供了手段，基于软件的虚拟光学密码系统由于可以在光波的多个维度进行信息的加密处理，具有比一般传统的对称加密系统有更高的安全性，数学模型的建立和软件技术的发展极大地推动了该领域的研究和应用推广。

数据处理过程中涉及到基于位置的服务与在信息处理过程中的隐私保护问题。ACM 于 2008 年成立了 SIGSPATIAL(Special Interest Group on Spatial Information)，致力于空间信息理论与应用研究。基于位置的服务是物联网提供的基本功能，如物流系统。基于位置的服务是定位、电子地图、基于位置的数据挖掘和发现、自适应表达等技术的融合。定位技术目前主要有 GPS 定位、基于手机的定位、无线传感网定位等。无线传感网的定位主要是射频识别、蓝牙及 ZigBee 等。

基于位置服务中的隐私内容涉及两个方面，一是位置隐私；二是查询隐私。位置隐私中的位置指用户过去或现在的位置，而查询隐私指敏感信息的查询与挖掘，如某用户经常查询某区域的餐馆或医院，可以分析该用户的居住位置、收入状况、生活行为、健康状况等敏感信息，造成个人隐私信息的泄露，查询隐私就是数据处理过程中的隐私保护问题。所以，人们面临一个困难的选择，一方面希望提供尽可能精确的位置服务，另一方面又希望个人的隐私得到保护。这就需要在技术上给以保证。目前的隐私保护方法主要有位置伪装、时空匿名、空间加密等。

位置伪装就是根据用户的查询需求，在提供真实位置的同时，混杂提供几个假的位置，使攻击者无法区分真假位置，达到隐私保护的目的；时空匿名指将一个用户的位置通过在时间和空间维度上进行扩展，变成一个时空区域，达到匿名的目的；空间加密指通过位置加密达到匿名的效果。很显然加密是安全度最高的方法，但问题是计算的复杂性高。其他两种方法计算复杂性相对低，效率高，但安全性低。因此，寻求轻量级的加密方法是研究的内容之一。

在认证与访问控制方面，网络中的认证主要包括身份认证和消息认证。身份认证可以使通信双方确信对方的身份并交换会话密钥。保密性和及时性是认证的密钥交换中两个重要的问题。为了防止假冒和会话密钥的泄密，用户标识和会话密钥这样的重要信息必须以密文的形式传送，这就需要事先已有能用于这一目的的主密钥或公钥。因为可能存在消息重放，所以及时性非常重要，在最坏的情况下，攻击者可以利用重放攻击威胁会话密钥或者成功假冒另一方。成功的消息重放所提供的消息看似正确但实际并不求正确，这至少会影响正常的操作。

消息认证中主要是接收方希望能够保证其接收的消息确实来自真正的发送方。有时收发双方不同时在线，例如，在电子邮件系统中，电子邮件消息发送到接收方的电子邮件中，并一直存放在邮箱中直至接收方读取为止。广播认证是一种特殊的消息认证形式，在广播认证中一方广播的消息被多方认证。

传统的认证是区分不同层次的，网络层的认证就负责网络层的身份鉴别，业务层的认证就负责业务层的身份鉴别，两者独立存在。但是在物联网中，业务应用与网络通信紧紧地绑在一起，认证有其特殊性。例如，当物联网的业务由运营商提供时，那么就可以充分利用网络层认证的结果而不需要进行业务层的认证；当物联网的业务由第三方提供也无法从网络运营商处获得密钥等安全参数时，它就可以发起独立的业务认证而不用考虑网络层的认证；或者当业务是敏感业务，如金融类业务时，一般业务提供者会不信任网络层的安全级别，而使用更高级别的安全保护，那么这个时候就需要做业务层的认证；而当业务是普通业务时，如气温采集业务等，业务提供者认为网络认证已经足够，那么就不再需要业务层的认证。

在物联网的认证过程中，传感网的认证机制是重要的研究部分，无线传感器网络中的认证技术主要包括基于轻量级公钥的认证技术、预共享密钥的认证技术、随机密钥预分布的认证技术、利用辅助信息的认证、基于单向散列函数的认证等。

① 基于轻量级公钥算法的认证技术。鉴于经典的公钥算法需要高计算量，在资源有限的无线传感器网络中不具有可操作性，当前有一些研究正致力于对公钥算法进行优化设计使其能适应于无线传感器网络，但在能耗和资源方面还存在很大的改进空间，如基于 RSA 公钥算法的 TinyPK 认证方案，以及基于身份标识的认证算法等。

② 基于预共享密钥的认证技术。SNEP 方案中提出两种配置方法：一是节点之间的共享密钥，二是每个节点和基站之间的共享密钥。这类方案使用每对节点之间共享一个主密钥，可以在任何一对节点之间建立安全通信。缺点表现为扩展性和抗捕获能力较差，任意一节点被俘获后就会暴露密钥信息，进而导致全网络瘫痪。

③ 基于单向散列函数的认证方法。该类方法主要用在广播认证中,由单向散列函数生成一个密钥链,利用单向散列函数的不可逆性,保证密钥不可预测。通过某种方式依次公布密钥链中的密钥,可以对消息进行认证。目前基于单向散列函数的广播认证方法主要是对 μTESLA 协议的改进,先广播一个通过密钥 K 认证的数据包(控制信息),然后在单位时间后公布密钥 K。在密钥 K 公布之前没有任何有关 K 的信息可供利用,在该数据包被正确认证之前也就不会被破解并伪造。

TESLA(Timed Efficient Stream Loss-tolerant Authentication)协议是针对互联网上的流媒体传输设计的认证协议,直接使用到传感器网络中还有很多不足之处:一是 TESLA 使用数字签名进行初始包认证。显然数据签名对于传感器节点来说计算量太大,签名存储起来也占用资源。二是标准的 TESLA 协议会给每个包带来 24 B 的开销。这对于传统网络不算什么,但对于传感器节点,通常一个数据包只有 30 B,TESLA 相关数据将占一个数据包的 50%。三是单向密钥链不适合无线传感器节点的内存。

针对 TESLA 协议的不足,人们提出了微型基于时间的、高效的、容忍丢包的流认证协议 μTESLA,该协议以 TESLA 协议为基础,对密钥更新过程、初始认证过程进行了改进,使其能够在无线传感器网络有效实施。μTESLA 通过延迟公开对称密钥引入非对称机制克服了这一问题,其基本思想是先广播一个通过密钥 K_{mac} 认证的数据包,然后公布密钥 K_{mac}。这样就保证了在密钥 K 公布之前,没有人能够得到认证密钥的任何信息,也就没有办法在广播包正确认证之前伪造出正确的广播数据包。μTESLA 协议包含三个过程:发送方设置、发送和认证信息包;导入一个新的接收者;认证信息包。

访问控制是对用户合法使用资源的认证和控制,目前信息系统的访问控制主要是基于角色的访问控制机制(Role-Based Access Control,RBAC)及其扩展模型。RBAC 机制主要由 Sandhu 于 1996 年提出的基本模型 RBAC96 构成,一个用户先由系统分配一个角色,如管理员、普通用户等,登录系统后,根据用户的角色所设置的访问策略实现对资源的访问,显然,同样的角色可以访问同样的资源。RBAC 机制是基于互联网的 OA 系统、银行系统、网上商店等系统的访问控制方法,是基于用户的。对物联网而言,末端是感知网络,可能是一个感知节点或一个物体,采用用户角色的形式进行资源的控制显得不够灵活,一是本身基于角色的访问控制在分布式的网络环境中已呈现出不相适应的地方,如对具有时间约束资源的访问控制,访问控制的多层次适应性等方面需要进一步探讨;二是节点不是用户,是各类传感器或其他设备,且种类繁多,基于角色的访问控制机制中角色类型无法一一对应这些节点,因此,使 RBAC 机制的难于实现;三是物联网表现的是信息的感知互动过程,包含了信息的处理、决策和控制等过程,特别是反向控制是物物互连的特征之一,资源的访问呈现动态性和多层次性,而 RBAC 机制中一旦用户被指定为某种角色,他的可访问资源就相对固定了。所以,寻求新的访问控制机制是物联网,也是互联网值得研究的问题。

决策与控制是物联网隐私保护的另一个关注点。物联网的数据是一个双向流动的信息流,一是从感知端采集物理世界的各种信息,经过数据的处理,存储在网络的数据库中;二是根据用户的需求,进行数据的挖掘、决策和控制,实现与物理世界中任何互连物体的活动。在数据采集处理中,我们讨论了相关的隐私性等安全问题,而决策控制又将涉及另一个安全问题,如可靠性等。前面讨论的认证和访问控制机制可以对用户进行认证,使合法的用户才能使用相关的数据,并对系统进行控制操作。但问题是如何保证决策和控制的正确性和可靠性。

隐私保护既是安全问题,也是法律问题,如个人的位置信息、个人的健康情况等,要用法律的手段规范对隐私数据的使用。欧洲通过了《隐私与电子通信法》,对隐私保护问题给出了明确的法律规定。而随着物联网应用的不断深入推广,相关的法律条文必将得到建立健全。

6.3　无线通信技术的安全机制

由于无线网络采用公共的电磁波作为载体,任何人都有条件窃听或干扰信息,因此对越权存取和窃听的行为也更不容易防备。

6.3.1　广域网的安全机制

广域网包括 2G,2.5G,3G 及 4G,覆盖范围为几百千米及全球。传输距离长,且最后一段为空中传输,保障广域网的安全十分重要。

1. 2G 系统的安全机制

GSM 为 2G 移动通信技术,起源于欧洲。GSM 由移动站(MS)、基站子系统(BSS)和网络子系统(NSS)组成。GSM 中基站和移动电话之间的通信使用无线信道,ITUT 建议考虑基站和移动站之间的信息加密。GSM 安全机制主要要提供用户的身份鉴别、用户身份的保密性、信令即数据的保密性。

GSM 是单方向鉴别,即基站提供对移动站的鉴别,移动站不对基站鉴别。GSM 对移动站的鉴别通过以后,移动站就可以进行数据加密和传输了。通过监听无线信道上的信令传输有可能获取真实的客户识别码 IMSI,用户的真实身份便被暴露。可使用临时识别码 TMSI 来代替 IMSI,来保护用户 IMSI 的保密。TMSI 由网络子系统中的 MSC/VLR 分配,并不断更换,以保证安全。在移动站侧由 SIM 卡提供安全机制。一张 SIM 卡中包含以下安全信息:代表用户唯一的身份标志的国际移动用户号(IMSI)、用户电话号码、鉴别算法(A3)、加密密钥生成算法(A8)、个人识别号(PIN)、单个用户鉴别密钥(Ki)、加密算法(A5)等。

2. 2.5G 系统的安全机制

GPRS 通常被认为是介于 2G 和 3G 技术之间的一种技术,俗称"2.5G"。GPRS 采用分组交换方式传输数据,需要在 GSM 网络系统上增加相关网络节点以提供无线分组传输的功能。

如图 6-3 所示,GPRS 系统在 GSM 系统中加入了分组控制单元(PCU)、服务 GPRS 支持节点(SGSN)、网关 GPRS 支持节点(GGSN)。SGSN 为移动站提供服务,对逻辑链路和无线资源进行管理,并且提供鉴权和加密的功能;GGSN 提供 GPRS 和公共分组数据网以 X.25 或 X.75 协议互联,也支持 GPRS 和其他 GPRS 的互联,并提供网间安全机制。

GPRS 的安全性主要体现在用户身份验证和数据传输过程的加密。GPRS 身份认证机制与 GSM 的鉴别机制类似,都是单向鉴别,即网络端对客户端做鉴别,具体身份认证机制过程为:①由移动站发送接入请求到 SGSN,SGSN 发送认证请求到 HLR/AUC,HLR/AUC 产生随机数 RAND,将用户的 Ki 和 RAND 做 A3 计算,得出签名响应 SRES,再将 Ki 和 RAND 做 A8 计算,得出加密密钥 GPRS-Kc,将鉴权三元组(RAND,SRES,GPRS-Kc)发往 SGSN。②SGSN 向移动站发出认证请求消息,消息中包括 RAND。移动站做同样的计算得到 SRES 和 GPRS-Kc,并将 SRES 发送到 SGSN。③SGSN 将 HLR/AUC 和移动站发来的 SRES 做比较,若一致,则鉴权通过,允许移动站接入;若不一致,则拒绝移动站接入。

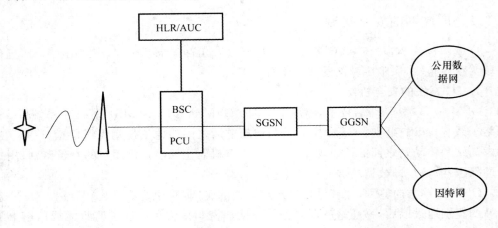

图 6-3　GPRS 系统的构成

GPRS 的数据加密过程为:发送端将 GPRS-Kc 通过 GEA 算法产生密钥流,此密钥流与要加密的明文逐比特异或得到密文,该密文在无线信道上传输。接收端做同样的计算,将 GPRS-Kc 与 GEA 计算出的密钥流对密文进行逐比特异或,译出明文。GEA 算法是保密的。

3.　3G 系统的安全机制

3G 系统克服了 GSM 和 GPRS 鉴别时单向性的弱点,网络侧和用户侧进行双向鉴别。在 3G 系统的鉴权过程中,USIM 卡根据存储的 K 和从网络侧得到的认证令牌

（AUTN）和随机数（RAND），计算出预期消息认证码（XMAC），并将其与 AUTN 中的 MAC 进行比较，若不一致则立即停止鉴权；若 MAC＝XMAC，且 SQN 符合要求，则用户侧将 K 和 RAND 计算得到 RES、加密密钥 CK、完整性密钥 IK，并将 RES，CK，IK 发送至网络端，网络端将判断期望的认证应答 XRES 和得到的 RES 是否一致，若一致则认证通过，不一致则失败。3G 是通过 f8 算法对信令和数据进行加解密的，f8 算法是一个 128 bit 对称密钥加密算法，其安全性比 GPRS 中的 GEA 算法高。

3G 系统实现了双向鉴权认证、提供了接入链路信令数据的完整性保护、密钥长度达到了 128 bit，并增强了可扩展性。然而，3G 系统仍然存在一些安全缺陷，例如，没有建立公钥密码体制，难以实现数字用户签名，密钥产生机制和认证协议存在一定的安全隐患等。

4. 4G 系统的安全机制

相较于 3G 系统的蜂窝网络，4G 系统使用的是单一的全球范围的蜂窝核心网，并且采用全数字 IP 技术，实现了从网络内智能化及网络边缘智能化向全网智能化的提升。核心网支持不同的接入方式，每个用户设备拥有唯一可识别的号码，通过分层的结构实现异构系统间的互操作。多种业务能够透明地与 IP 核心网连接，具有很好的通用性和可扩展性。

同样，4G 系统也面临着许多安全威胁。首先，4G 系统的全开放性特点导致了大量的外部接入点进入网络；其次，异构系统的不同技术也会带来不同的安全风险；最后，由于 4G 的全 IP 网络特性决定了 4G 将会包含现有互联网的安全缺陷，例如，针对 VoIP 的拒绝服务攻击、基于 VoIP 的 SPAM 攻击、拦截和分析 IP 包以窃听私人通话、钓鱼攻击，等等。4G 系统的安全问题是一个方兴未艾的领域。

6.3.2　无线城域网的安全机制

城域网的覆盖范围介于广域网和局域网之间，通常可覆盖一个城市的范围，简称 MAN。

无线 MAN 技术也称之为 WiMAX。这种无线宽带访问标准主要解决城域网中"最后一英里"问题。IEEE 802.16 标准为无线城域网空中接口规范提供了一个公共的、开放的平台。IEEE 802.16 标准的颁布，将大大加快无线宽带接入网世界范围的配置进程。

这里主要讨论 IEEE 802.16d 和 IEEE 802.16e 的安全机制。

IEEE 802.16 空中接口协议定义了物理层和 MAC 层。特别地，在 MAC 层中定义了一加密子层，该加密子层主要用于解决：①基站（BS）与用户站（SS）之间的密钥分发；②通信数据的加密。如图 6-4 所示。

IEEE 802.16d 标准是 IEEE 802.16 标准系列的一个修订版本。它主要针对固定的无线网络部署，支持多种业务。IEEE 802.16d 存在着一些安全缺陷，如只能单向认证、认证机制缺乏扩展性、缺乏抗重放保护、易遭受穷举攻击等。

IEEE 802.16e 是主要针对移动物体的无线通信标准。相较于 IEEE 802.16d,IEEE 802.16e 在安全机制方面做了如下改进:

(1) 提供了 MAC 层的用户鉴权和设备认证的双重认证。

(2) 引入预认证的概念,支持快速切换。

(3) 引进了 AES-CCM 数据加密协议,增强了抗重放保护,同时也提高了加密算法本身的安全性。

(4) 提供了组播密钥管理机制。

(5) 提出了可扩展认证框架(EAP)。

然而,IEEE 802.16 仍有安全缺陷需要改进,如系统代价高、基站负担重、回应密钥效率低等。

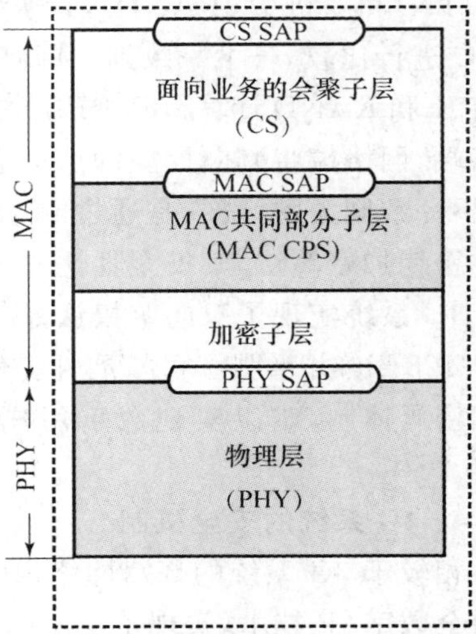

图 6-4　802.16 协议栈

6.3.3　无线局域网的安全机制

802.11 是 IEEE 在 1997 年形成的第一个无线局域网的标准。目前,802.11 标准已经从 802.11 和 802.11a 等,直到 802.11j,这些系列标准对多种频段无线传输技术的物理层、MAC 层、无线网桥,以及 QOS 管理、安全与身份认证作出了一系列规定。

IEEE 802.11b 协议中包含了基本的安全措施,其中常用的有无线网络设备的服务区域认证 ID(ESSID)、MAC 地址访问控制和 WEP 有线等价保密。

ESSID 是用来限制非法接入,在每一个 AP(无线接入点)内都会设置一个服务区域来认证 ID。每当有无线终端来请求连接 AP 时,AP 会检查其 ESSID 与自己的认证 ID 是否一致,若一致,则 AP 则接受请求并提供网络服务,若不一致,则立即拒绝。这种机制也存在缺陷。由于 AP 向外广播其 SSID,因而很容易被攻击者所截获,无法保证整个网络的安全性。

MAC 地址访问控制就是通过限制接入终端的 MAC 地址,来确保只有经过注册的终端设备才能进入网络。具体过程为:在每个 AP 内部建立一张地址表,只有表中含有的 MAC 地址才是可以合法接入的,其余则拒绝连接。这种安全措施也存在着缺陷,该方式要求 AP 不断更新 MAC 地址表,工作量要求很高,且扩展能力较差,因而只适合小规模网络;另外,这样的方式很容易被攻击者窃取合法的 MAC 地址,安全性不高。

WEP(Wired Equivalent Privacy)是 IEEE 802.11b 中最主要的安全措施,主要用于链路层信息数据的加密。WEP 使用 RSA Data Security 公司的 Ron Rivest 发明的 RC4 流密码进行加密,RC4 属于一种对称的流密码,支持可变长度的密钥,有研究表明,RC4 密钥算法存在内在设计缺陷。因此 802.11 中的 WEP 存在着缺少密钥管理、ICV 算法不合适、易被攻击者窃取密钥等问题,安全技术并不能够为无线用户提供足够的安全保护。

为了使 WLAN 技术从这种被动局面中解脱出来,IEEE 802.11i 工作组致力于制定新一代安全标准,主要包括加密技术:TKIP(Temporal Key Integrity Protocol)和 AES(Advanced Encryption Standard),以及认证协议 IEEE802.1x。

我国提出的 WAPI,即无线局域网鉴别和保密基础结构(WLAN Authentication and Privacy Infrastructure)。WAPI 采用公开密钥体制的椭圆曲线密码算法和秘密密钥体制的分组密码算法,实现设备的身份鉴别、链路验证、访问控制和用户信息在无线传输状态下的加密保护,旨在彻底解决目前 WLAN 采用多种安全机制并存且互不兼容的现状,从根本上解决安全问题和兼容性问题。

6.3.4　无线个域网的安全机制

个域网是与广域网、城域网、局域网并列但覆盖范围更小的网络。无线个域网发展迅猛,主要基于 802.15 系列标准,其主要技术有蓝牙、ZigBee、RFID 等。

1. 蓝牙的安全机制

蓝牙是一种支持短距离通信(一般 10m 内)的无线电技术,可在包括移动电话、PDA、无线耳机、笔记本式计算机、相关外设等众多外设间进行无线信息交换。在蓝牙的安全机制中,最重要的两个环节便是鉴权和加密。

鉴权时,申请鉴权方向校验方提出申请,发送一个随机数 RAND,校验方根据当前密钥字、申请者的蓝牙设备地址和 RAND 计算出 SRES1,同时申请方也计算出 SRES,并发送给校验方。校验方判断 SRES1 和 SRES 是否一致,来决定鉴权是否通过。若相等,则鉴权通过;若不相等,则再等待一定时间间隔后重新进行鉴权。

加密时,只对有效载荷加密,识别码和分组头不进行加密。有效载荷的加密采用 E0 流密码实现。

2. ZigBee 的安全机制

ZigBee 是一种低速短距离的无线通信技术,采用 IEEE802.15.4 标准定义媒体接入层与实体层。具有低能耗、低成本等特点,支持多种网络拓扑,应用前景广阔。

ZigBee 提供以下安全机制:

(1) 加密技术。ZigBee 采用 AES-128 加密算法。

(2) 鉴权技术。保证信息的原始性,防止被第三方攻击。

(3) 完整性保护。提供 4 种选择,分别是 0 位、32 位、64 位和 128 位,其中默认 64 位。

(4) 顺序更新。设置计数器以保证数据更新,使用有序编号避免重放攻击。

ZigBee 安全机制建立在 IEEE 802.15.4 标准基础上。MAC 层提供认证和加解密,但只提供单跳通信安全,多跳通信的安全则由上层提供。网络层和应用层主要负责密钥的生成,并对其进行存储、管理和更新等。网络层一般情况下使用链接密钥对数据进行加密,若链接密钥不可用,则使用网络密钥进行加密。应用层安全通过 APS 子层提供,主要使用链接密钥和网络密钥。APS 提供的安全服务有:钥匙建立、钥匙传输、设备服务管理。

ZigBee 采用三种基本密钥:网络密钥、链接密钥和主密钥。网络密钥在数据链路层、网络层和应用层中使用,链接密钥和主密钥只能在应用层及其中使用。

3. RFID 的安全体制

射频识别技术(RFID)是非接触式的数据采集和识别技术,具有速度快、稳定性高、存储空间大等优点,已广泛应用于各行各业中。RFID 通常由标签、读写器和应用系统组成。RFID 的安全问题主要涉及秘密性、真实性、完整性。

常见的 RFID 安全攻击有:

(1) 信息泄密,未被授权的读写器读取标签信号,获得标签信息,从而获得用户的隐私。

(2) 复制一个合法的标签,与读写器进行通信,从而进行非法活动。

(3) 窃听,在读写器或标签附近窃听通信过程。

(4) 拒绝服务攻击,在信道上制造干扰信号来堵塞通信链路,使之不能完成正常的通信。

由于标签的计算能力有限,存储空间小,电源供给有限等成本问题,使得 RFID 系统只能执行轻量级的安全机制。RFID 主要应用于物流和消费等领域,这些领域对私密性的要求不太高,所以 RFID 的安全性并没有引起足够的重视。目前研究人员也提出了不少有效的安全措施,如对标签"kill"和休眠,对卖出物品上的标签进行 kill 操作,使其丧失功能性,保护标签信息,也可以在必要的时候对标签进行休眠,以保护隐私,降低功耗。对标签进行物理隔离也能提供安全保护,如在标签外使用防静电材料阻隔非法读取。随着 RFID 的发展,加强 RFID 的安全性势在必行。

6.3.5 无线异构网络的安全机制

在过去的十几年里,全球移动通信发展迅速,蜂窝移动用户数量迅猛增长,业务类型除了单一的话音业务外,数据业务也获得了极大的增长。然而,无线网络(包括蜂窝网络)仍必须继续不断地提供无处不在的通信能力,以满足人们不断增长的通信以及接入 Internet 的需求。

异构网络融合是个崭新的概念。尽可能将各种类型的网络融合起来,在一个通用的网络平台上提供多种业务一直是人们追求的目标。第四代移动通信(4G)一个主要特征就是能够提供多种不同无线接入技术之间的互操作,即网络融合。目前,无线局域网(WLAN)和 3G 网络的融合,Ad Hoc 与蜂窝网络的融合等,是无线异构网络融合的重要模式,这些网络的融合或集成,可极大地提升蜂窝网络的性能,不仅提供了对传统业务的支持,同时也为引入新的服务创造了条件,成为支持异构互连和协同应用的新一代无线移动网络的热点技术。因此,无线异构网络融合近年来受到了业界的高度重视和研究。

如同所有的通信网络和计算机网络,信息安全问题同样是无线异构网络发展过程中所必须关注的一个重要问题。异构网络融合了各自网络的优点,也必然会将相应缺点带进融合网络中。异构网络除存在原有各自网络所固有的安全需求外,还将面临一系列新的安全问题,如网间安全、安全协议的无缝衔接,以及提供多样化的新业务带来的新的安全需求等。构建高柔性免受攻击的无线异构网络安全防护的新型模型、关键安全技术和方法,是无线异构网络发展过程中所必须关注的一个重要问题。

正如前述,传统的 GSM 网络、无线局域网(WLAN)等无线网络的安全已获得了极大的关注,并在实践中获得应用,然而对异构网络安全问题的研究目前刚刚起步。我们认为,安全路由协议、接入认证技术、入侵检测技术、加解密技术、节点间协作通信等安全技术,将构成无线异构网络重要的安全保障能力。

构建一个完善的无线异构网络的安全体系,一般应遵循下列三个基本原则:

(1) 无线异构网络协议结构符合 OSI 协议体系,因而其安全问题应从每个层次入手,完善的安全系统应该是层层安全的。

(2) 各个无线接入子网提供了 MAC 层的安全解决方案,整个安全体系应以此为基础,构建统一的安全框架,实现安全协议的无缝连接。

(3) 构建的安全体系应该符合无线异构网络的业务特点、技术特点和发展趋势,实现安全解决方案的无缝过渡。

异类网的融合及协同工作在下一代公众移动网络中将是一个很普遍的问题,无线异构网络融合技术作为改善公众移动网络的覆盖和容量,且提供无处不在的(Ubiquitous)通信能力、接入 Internet 的能力以及无处不在的移动计算能力的有效手段,已引起广泛的关注,必将显示其良好的应用前景。构建无线异构网络的安全防护体系,研究新型的安全模型、关键安全技术和方法,是无线异构网络发展过程中所必须关注的一个重要问题。